Peter Kirchhoff

Städtische Verkehrsplanung

Peter Kirchhoff

Städtische Verkehrsplanung

Konzepte, Verfahren, Maßnahmen

B. G. Teubner   Stuttgart · Leipzig · Wiesbaden

Die Deutsche Bibliothek – CIP-Einheitsaufnahme
Ein Titeldatensatz für diese Publikation ist bei
Der Deutschen Bibliothek erhältlich.

Univ.-Prof. **Dr.-Ing. Peter Kirchhoff** ist seit 1987 Inhaber des Lehrstuhls für Verkehrs- und Stadtplanung der Technischen Universität München. Nach dem Studium des Bauingenieurwesens und der
Promotion an der Technischen Universität Braunschweig begann er seine praktische Tätigkeit am
Institut für Landes- und Stadtentwicklungsplanung des Landes Nordrhein-Westfalen in Dortmund,
war beteiligt an der „Planungsgruppe Forschung Stadtverkehr" des Bundesministeriums für Verkehr
und arbeitete von 1976 bis 1987 zunächst als Projektleiter und später als Mitglied der Geschäfts-
führung bei dem Unternehmen Hamburg-Consult, einer Tochtergesellschaft der Hamburger Hoch-
bahn AG.

1. Auflage Mai 2002

Der Verlag B. G. Teubner ist ein Unternehmen der Fachverlagsgruppe BertelsmannSpringer.
www.teubner.de

Umschlaggestaltung: Ulrike Weigel, www.CorporateDesignGroup.de

Gedruckt auf säurefreiem und chlorfrei gebleichtem Papier.
ISBN-13: 978-3-519-00351-9   e-ISBN-13: 978-3-322-84800-0
DOI: 10.1007/978-3-322-84800-0

Vorwort

Grundlage dieses Fachbuchs sind die Vorlesungsumdrucke meiner bisherigen vierzehnjährigen Lehrtätigkeit auf dem Lehrstuhl für Verkehrs- und Stadtplanung an der Fakultät für Bau- und Vermessungswesen der Technischen Universität München.

Der Vorteil von Vorlesungsumdrucken ist, dass sie sich von Jahr zu Jahr weiterentwickeln (können) und dass neue Erkenntnisse sowohl aus der Literatur als auch aus der eigenen Tätigkeit in Forschung und Praxis sofort einfließen. Wegen dieser Vorläufigkeit kann man Vorlesungsumdrucke nicht ohne weiteres als Buch veröffentlichen. Man muss sie zusammenhängend überarbeiten und versuchen, sie in eine geschlossene und durchgängige Form zu bringen. Dennoch habe ich die Diktion des Vorlesungsumdrucks mit einer deutlichen Strukturierung, möglichst vielen Einrückungen und Schlagwörtern sowie möglichst straffen Formulierungen beibehalten. Umdrucke sollen leicht lesbar und die Inhalte leicht lernbar sein. Dies kommt sicherlich auch einem Fachbuch zugute.

Das vorliegende Buch soll in erster Linie ein Lehrbuch sein. Es richtet sich zunächst an Studenten des Bauingenieurwesens, die sich stärker mit dem Verkehrsingenieurwesen befassen. Außerdem soll es den in der Praxis tätigen Verkehrsplanern zur Auffrischung ihrer Grundkenntnisse oder zur Fortbildung dienen. Das Buch ist aber auch für Fachleute anderer Disziplinen gedacht, deren berufliche Tätigkeit Berührung mit dem Verkehrsingenieurwesens hat. Dies gilt vor allem für Geografen, Architekten, Wirtschaftswissenschaftler sowie Sozial- und Verhaltenswissenschaftler. Auch greifen die Inhalte, mit denen sich der Verkehrsingenieur heute beschäftigt, auf Grenzgebiete dieser Disziplinen über, ohne diese Disziplinen nachahmen oder gar ersetzen zu wollen.

Wenn hier von „städtischer Verkehrsplanung" gesprochen wird, ist selbstverständlich nicht nur die Stadt in ihren Verwaltungsgrenzen gemeint sondern der gesamte der städtische Lebensraum einschließlich des Umlandes. Auf den meist anzutreffenden additiven Begriff „regional" habe ich verzichtet, weil dieser Begriff auch in räumlich weiter gefasster Bedeutung (z.B. Regionalplan oder Planungsregion) benutzt wird.

Hauptanliegen des Buches ist es, das Fachgebiet aus einer gesamtheitlichen Sicht von Individualverkehr (IV) und Öffentlichem Personennahverkehr (ÖPNV) darzustellen und die prinzipiellen Vorgehensweisen der städtischen Verkehrsplanung deutlich zu machen. Gleichzeitig bin ich der Meinung, dass der Entwurf des Angebots, und zwar sowohl seiner infrastrukturellen Komponenten wie Straßen- oder Schienennetze als auch seiner organisatorischer Komponenten wie Liniennetze und Fahrpläne nicht losgelöst von der Steuerung des Verkehrsablaufs behandelt werden darf. Um insbesondere bei der Infrastruktur Geld zu sparen, müssen die Möglichkeiten der Verkehrssteuerung bereits bei der Dimensionierung der Infrastruktur berücksichtigt und nicht erst hinterher aufgepfropft werden. Umgekehrt muss die Dimensionierung so erfolgen, dass Maßnahmen der Steuerung überhaupt möglich sind. Ich halte deshalb eine integrierte Behandlung von Maßnahmenentwurf und Verkehrssteuerung für dringend erforderlich.

Bewusst habe ich auf methodische Einzelheiten verzichtet und an den entsprechenden Stellen statt dessen auf weiterführende Literatur verwiesen. Angesichts der heutigen Veröffentlichungspraxis ist es kaum möglich, die in der Literatur angeführten Verfahren im einzelnen nachzuvollziehen. Die Autoren stellen meist eingehend die Problematik dar und nennen ausführlich die Ziele ihres Verfahrens. Abschließend preisen sie dessen Vorzüge und beschreiben erfolgreiche Anwendungen. Wie das Verfahren algorithmisch arbeitet, bleibt – oft auch glücklicherweise – ihr Geheimnis. Ein solches Vorgehen ist geprägt von kommerziellen Interessen. Aus diesem Grunde ist es in der Regel nicht möglich, selbst interessant klingende Verfahren in ein Fachbuch mit aufzunehmen. Auf die Erwähnung solcher Verfahren aus Gründen der Werbung für den jeweiligen Autor habe ich selbstverständlich verzichtet. In der Vergangenheit sind allerdings viele Verfahren mit Angabe algorithmischer Details in Form von Dissertationen veröffentlicht worden. Diese Verfahren sind frei zugänglich, ggf. über Veröffentlichung der entsprechenden Hochschulinstitute.

Ein Buch, das einen Überblick geben will und von einem einzelnen Autor geschrieben wird, ist zwangsläufig unausgewogen. Die Gebiete, mit denen man sich selbst intensiv auseinandersetzt, werden immer ein gewisses Übergewicht haben gegenüber Gebieten, deren Wissen man nur aus der Literatur adaptiert. Die Alternative gegenüber einer solchen Unausgewogenheit wäre, nur als Herausgeber zu fungieren und das Fachwissen von Experten mit unterschiedlichen fachlichen Schwerpunkten zusammenzubinden. Dann gehen aber leicht die Einheitlichkeit der Gedankenführung und der einheitliche Duktus der Darstellung der fachlichen Zusammenhänge verloren. Dieses Buch bemüht sich deshalb, „gleichmäßig an der Oberfläche" zu bleiben. Vertiefendes Wissen muss der entsprechenden Spezialliteratur entnommen werden.

Das Buch beginnt im ersten Kapitel mit Definitionen. Dabei habe ich versucht, eingeführten Definitionen zu folgen. Wo mir dies nicht gelang oder nicht sinnvoll erschien, habe ich selbst definiert. Dies geschah vor allem, um den Individualverkehr und den Öffentlichen Verkehr einheitlich zu behandeln. Solche Definitionen allgemein durchzusetzen, ist kaum möglich. Jeder, der einmal in Definitionsausschüssen mitgearbeitet hat, weiß dies. Ich will es deshalb gar nicht erst versuchen.

Das zweite Kapitel enthält eine Auseinandersetzung mit verkehrsplanerischen Konzepten, die Grundlage einer jeden Planung sind. Solche Konzepte sind unweigerlich durch Werthaltungen geprägt, die sicherlich nicht von allen, wahrscheinlich nicht einmal von einer Mehrheit geteilt werden. Hier ist der Versuch, es allen oder vielen recht machen zu wollen, von vornherein zum Scheitern verurteilt. Also bitte ich den Leser nicht, meine Werthaltungen zu teilen, sondern nur, sie zu respektieren.

Aus den Ausführungen über verkehrsplanerische Konzepte lässt sich entnehmen, dass es mir darum geht, Wege aufzuzeigen, wie man m.E. aus der heutigen Misere des Stadtverkehrs herauskommen kann. Zentrale Aufgabe ist es dabei, auf eine Veränderung der Verkehrsmittelbenutzung hinzuwirken, nicht aus ideologischen Gründen, sondern weil die Stadt schon rein physikalisch das heutige Maß an Kfz-Verkehr nicht verkraften kann und sicherlich erst recht nicht die noch anstehende Zunahme, von ökonomischen, ökologischen, sozialen und ästhetischen Aspekten einmal ganz abgesehen. Mir geht es insbesondere darum, den Zusammenhang zwischen den Zielen und den zu ihrer Erreichung erforderlichen Maßnahmen deutlich zu machen. Die verkehrspolitische Diskussion leidet heute häufig darunter, dass man sich einzelne Ziele und Maßnahmen herauspickt und die Wechselwirkungen mit anderen bewusst oder unbewusst vernachlässigt.

Viele wohlgemeinte Vorschläge zur Verbesserung der Verkehrssituation scheitern heute an ihrer mangelnden Durchsetzung. Deshalb kommt logisch sauberen Verfahren der Planung, an denen die Politik und die Betroffenen von Anfang an beteiligt werden, eine zunehmende Bedeutung zu.

Die im dritten Kapitel dargestellten Verfahren der Planung haben eine zentrale Stellung in der Argumentationskette dieses Buches und sind deshalb den eigentlichen Sachkapiteln vorange- stellt.

Die Maßnahmen zur Verbesserung der verkehrlichen Situation in den Städten lassen sich drei Gruppen zuordnen: Beeinflussung der Verkehrsmittelwahl, Verbesserung des Verkehrsangebots und Steuerung des Verkehrsablaufs. Dieser Gruppierung folgen die nachfolgenden Sachkapitel.

Die Beeinflussung der Verkehrsmittelwahl setzt voraus, dass die Mechanismen dieser Beeinflus- sung erkannt werden. Hier ordne ich die Bemühungen ein, die mit der Entwicklung von Model- len über die Entstehung der Verkehrsnachfrage verbunden sind. Damit befasst sich das vierte Kapitel.

Bei der Darstellung von Verfahren für den Entwurf des Angebots im MIV und ÖPNV, die den Kern des Kapitels fünf bildet, beschränke ich mich auf Maßnahmen zur Organisation des Ange- bots wie die Bildung von Verkehrsnetzen und Fahrplänen sowie die Dimensionierung und die Standortwahl von Parkierungseinrichtungen und das Management des ruhenden Verkehrs. Auf Verfahren zum Entwurf baulicher Anlagen habe ich verzichtet, weil es hierfür vielfältige Regel- werke gibt.

Die Steuerung des Verkehrsablaufs wird häufig begrifflich von der Planung abgegrenzt. Dies ist insofern falsch, als die Steuerung sowohl dazu dient, das Angebot zu verbessern – z.B. zur Er- höhung der Zuverlässigkeit im ÖV und im IV – als auch dazu, das vorhandene Angebot besser zu nutzen – z.B. durch die Lenkung der Verkehrsströme im Netz. In diesem Sinne habe ich die Steuerung des Verkehrsablaufs als sechstes Kapitel angefügt. Hier ist nicht derselbe Detaillie- rungsgrad möglich wie beim Entwurf des Angebots, denn die Steuerungsmaßnahmen sind noch sehr im Fluss und erfordern eine stärkere Spezialisierung als auf den anderen Gebieten. Ich möchte aber die Planer an die Steuerung als wichtige Maßnahme zur Verbesserung der Ver- kehrssituation erinnern: Auch die Steuerung muss geplant werden! Ich gebe hier bewusst nur einen Überblick, wobei es mir vor allem auf die Gliederung der dort vorhandenen Möglichkeiten und auf eine möglichst einheitliche Betrachtung von ÖPNV und MIV ankommt. Der ÖPNV hat in der Telematik m.E. noch einen sehr großen Nachholbedarf. Hier können Analogieschlüsse vom MIV zum ÖPNV aber auch umgekehrt nützlich sein.

Bei der Abfassung des Manuskriptes schulde ich meinem Kollegen und Freund Hans-Georg Retzko besonderen Dank. Er gab mir den Anstoß, meine Vorlesungsumdrucke zu veröffentlichen und hat mit großem Zeitaufwand und Engagement mein Manuskript redigiert. Hintergrund war eine über viele Jahre dauernde intensive fachliche Diskussion. Meinen Mitarbeitern am Lehr- stuhl bin ich ebenfalls zu Dank verpflichtet. Auch wenn sie nicht unmittelbar am Manuskript mit geschrieben haben, danke ich ihnen für die vielfältigen gemeinsamen Diskussionen über die fachlichen Inhalte des Buchs, aus denen ich manche Einsicht gewonnen habe.

Inhaltsverzeichnis

1 Allgemeine Definitionen

Ortsveränderungen sind die Folge von Aktivitäten. Eine Ortsveränderung wird erforderlich, wenn eine nachfolgende Aktivität nicht am Ort der vorhergehenden Aktivität ausgeübt werden kann, sondern zu ihrer Ausübung der Ort gewechselt werden muss.

Aktivitäten sind

- bei Personen
  - Wohnen, Arbeiten, Ausbilden, Versorgen, Erledigen, Ausübung von Freizeittätigkeiten, Bringen und Holen,
- bei Gütern
  - Gewinnen, Erzeugen, Verarbeiten, Lagern, Verteilen, Entsorgen von Materialien und Produkten.

Der Austausch von Nachrichten und der Transport von Energie und Wasser werden hier nicht behandelt. Aktivitäten unter Nutzung der Telekommunikation (Telearbeit, Teleeinkaufen usw.) können häufig am selben Ort ausgeübt werden und benötigen keine Ortsveränderung.

Die Summe der Ortsveränderungen wird als Verkehr bezeichnet.

Während Verkehr nach dieser Definition die Realisierung von Ortsveränderungen bedeutet, wird unter Mobilität die Möglichkeit zur Ortsveränderung verstanden. Neben Verkehr als Mittel zum Zweck gibt es auch Verkehr als Selbstzweck, wie z.B. Spazierengehen, Fahrradtouren und Herumfahren mit dem Auto. Hierauf wird nicht weiter eingegangen.

Ortsveränderungen werden dargestellt als Vektor F_{ij} (abgeleitet aus „Fahrt") von der Quelle Q_i zum Ziel Z_j.

Im Hinblick auf die Art der Ortsveränderung wird unterschieden zwischen

- Weg — Ortsveränderung von Personen,
- Transport — Ortsveränderung von Gütern,
- Fahrt — Ortsveränderung von Fahrzeugen,
- Beförderung — Ortsveränderung von Personen in Fahrzeugen / Flugzeugen.

Die Quellen und Ziele von Ortsveränderungen werden Verkehrszellen zugeordnet. Die Verkehrszellen unterteilen das Verkehrsgebiet.

Unter Bezug auf ein Gebiet oder eine Verkehrszelle wird unterschieden zwischen

- Durchgangsverkehr,
- Quellverkehr,
- Zielverkehr,
- Binnenverkehr.

Die Anzahl der in einer Verkehrszelle beginnenden oder endenden Ortsveränderungen wird als Verkehrsaufkommen der Verkehrszelle bezeichnet und die verkehrliche Verknüpfung zweier Verkehrszellen als Verkehrsbeziehung.

Verkehr lässt sich gliedern nach

- Gegenstand
  - Personen, Güter.
- Verkehrsmittel (=Fahrzeug)
  - nicht motorisiert: zu Fuß, Fahrrad,
  - motorisiert: Krad, Pkw, Lkw, Taxi, Bus, Straßenbahn, U-Bahn, S-Bahn, Regionalbahn, Fernbahn, Schiff, Flugzeug.
- Verkehrsweg
  - Schiene, Straße, Wasserstraße, Luftstraße.

  Verkehr auf der Straße und auf der Schiene wird als bodengebundener Verkehr bezeichnet.
- Organisationsform
  - individuell, öffentlich.

  Die zueinander passenden Begriffspaare wären individuell und kollektiv bzw. öffentlich und privat. Dennoch hat sich das Begriffspaar individuell und öffentlich eingebürgert. Es wird von Individualverkehr gesprochen und von Öffentlichem Verkehr. In der Regel erfolgt öffentlicher Verkehr kollektiv. Eine Sonderstellung nimmt das Taxi ein: Es ist öffentlich, kann aber sowohl individuell (Individualtaxi) als auch kollektiv (Sammeltaxi) benutzt werden.
- Zweck (entsprechend der oben genannten Aktivitäten)
  - Berufsverkehr, Ausbildungsverkehr, Einkaufs- und Erledigungsverkehr, Freizeitverkehr, Serviceverkehr, Lieferverkehr, Ver- und Entsorgungsverkehr.
- Veranlassung
  - privat, geschäftlich/dienstlich
    (geschäftlich/dienstliche Veranlassung = Wirtschaftsverkehr).
- Bewegungsart
  - ruhender Verkehr, fließender Verkehr.
- Länge der Ortsveränderung
  - Nahverkehr (= Stadtverkehr),
  - Regionalverkehr,
  - Fernverkehr.

Dieses Buch beschränkt sich auf den bodengebundenen Verkehr und klammert Schiffsverkehr und Luftverkehr aus, die beide für den städtischen und regionalen Verkehr meist keine Rolle spielen (Ausnahme: Alsterschiffahrt und Elbfähre in Hamburg).

Zwischen Verkehrsmittel, Verkehrsweg und Organisationsform besteht folgender Zusammenhang:

Bild 1.1: Einordnung der Verkehrsmittel

		Organisationsform	
		individuell	**öffentlich**
Verkehrsweg	**Schiene**	X	Fernbahn S-Bahn U-Bahn Stadtbahn
			Straßenbahn *)
	Straße	Kfz, Krad Fahrrad Fußgänger	Bus Taxi

*) Straßenbahn:
Verkehrsweg Schiene und Straße

Verkehrsarbeit ist das Produkt aus bewegten Gegenständen (Personen, Güter) und Länge der zurückgelegten Strecke. Sie wird gemessen
 – bei Wegen und Beförderungen in Personenkilometern [Pkm],
 – bei Transporten in Tonnenkilometern [tkm],
 – bei Fahrten in Fahrzeugkilometern [Fzg-km].
Verkehrsleistung ist Verkehrsarbeit je Zeiteinheit.

Nachfolgend ist eine Gliederung des Sachgebiets Verkehr dargestellt, die sich an dem Wechselspiel zwischen Verkehrsnachfrage und Verkehrsangebot orientiert:

Bild 1.2: Gliederung des Sachgebiets Verkehr

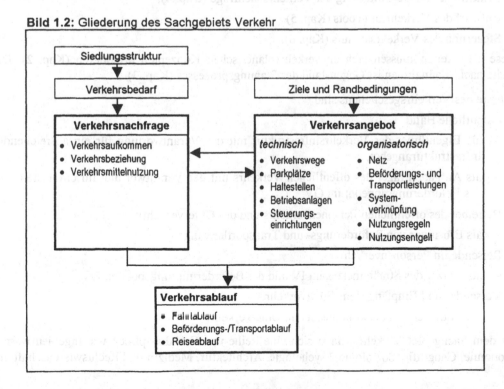

Die Verkehrsnachfrage leitet sich aus dem Verkehrsbedarf ab, der seinerseits durch die Siedlungsstruktur bestimmt wird. Das Verkehrsangebot wird aufgrund der Verkehrsnachfrage festgelegt. Es gliedert sich in Straßen, Beförderungsangebot im ÖV und Transportangebot im Güterverkehr. Vom Verkehrsangebot hängt es ab, welcher Teil des Verkehrsbedarfs als Verkehrsnachfrage realisiert wird. Zwischen Verkehrsnachfrage und Verkehrsangebot besteht damit eine Wechselwirkung. Sie bedingt, dass Verkehrsnachfrage und Verkehrsangebot in ein Gleichgewicht zueinander gebracht werden müssen.

Verkehrsablauf entsteht, wenn die Verkehrsnachfrage mit Hilfe des Verkehrsangebots realisiert wird. Er gliedert sich im Personenverkehr in die Komponenten

- Fahrtablauf   Bewegung des Fahrzeugs auf dem Fahrweg,
- Beförderungsablauf   räumlich-zeitlicher Ablauf der Beförderung von Fahrgästen im Netz,
- Reiseablauf   Bewegung des Reisenden im Netz.

Im Individualverkehr sind Fahrer und Fahrgast identisch, so dass die Komponenten des Beförderungsablaufs entfallen.

Im Güterverkehr tritt an die Stelle des Beförderungsablaufs der Transportablauf, d.h. der räumlich-zeitliche Ablauf des Transports von Gütern im Netz. Die Komponente des Reiseablaufs entfällt, weil Güter im Gegensatz zu Personen bei Ortsveränderungen passiv sind.

Für die Vorhaltung des Verkehrsangebots entstehen Kosten. Bei der Nutzung des Verkehrsangebots müssen Nutzungsentgelte entrichtet und Nutzungsregeln beachtet werden.

Die Realisierung von Verkehrsablauf erfordert folgende Tätigkeiten:

- Ermittlung und Beeinflussung der Verkehrsnachfrage (Kap. 4),
- Entwurf des Verkehrsangebots (Kap. 5)
- Steuerung des Verkehrsablaufs (Kap. 6).

Diese Tätigkeiten müssen sich an verkehrsplanerischen Konzepten orientieren (Kap. 2). Die Suche nach Maßnahmen ist Gegenstand des Planungsprozesses (Kap. 3).

Akteure des Verkehrsgeschehens sind

- Öffentliche Hand
  - als Eigentümer der Verkehrsinfrastruktur mit der Verantwortung für ein ausreichendes Infrastrukturangebot,
  - als Aufgabenträger des öffentlichen Verkehrs mit der Verantwortung für ein ausreichendes Beförderungsangebot im ÖV,
- Betreiber des öffentlichen Personenverkehrs und des Güterverkehrs
  - als Erbringer von Beförderungs- und Transportleistungen,
- Reisende im Personenverkehr
  - als Nutzer des Straßennetzes im IV und des Beförderungsangebots im ÖV,
- Versender und Empfänger im Güterverkehr
  - als Nutzer des Transportangebots im Güterverkehr.

Mit dem Sachgebiet Verkehr befasst sich eine Reihe von Fachdisziplinen wie Ingenieurwesen, Ökonomie, Geografie, Soziologie, Psychologie, Architektur, Medizin und Rechtswissenschaften.

2 Verkehrsplanerische Konzepte

2.1 Probleme und Ziele der Verkehrsentwicklung

2.1.1 Personenverkehr

Der städtische und regionale Personenverkehr ist derzeit geprägt durch eine Zunahme des motorisierten Individualverkehrs (MIV) und einen Rückgang des öffentlichen Personennahverkehrs (ÖPNV). Lediglich in Großstädten mit leistungsfähigen Schnellbahnsystemen und massiven Problemen im Ablauf des Straßenverkehrs konnte der ÖPNV seinen Anteil halten oder erhöhen.

Die wesentlichen Ursachen der Verschiebung vom ÖPNV zum MIV sind:

- Ausdehnung der Städte mit flächigen Siedlungsstrukturen ("Wohnen im Grünen"),
- Verbilligung des Autos als Massenprodukt,
- Steigerung der Kaufkraft breiter Bevölkerungsschichten,
- autofreundliche Steuergesetzgebung,
- Schaffung einer großen Anzahl von Parkplätzen in den Innenstädten,
- Vorteile des Pkw im Hinblick auf Verfügbarkeit, Schnelligkeit, Individualität,
- schlechtes ÖPNV-Angebot,
- Behinderungen des ÖPNV durch den allgemeinen Straßenverkehr.

Die Verschiebung vom ÖPNV zum MIV hat zu folgenden Problemen geführt:

- Der Pkw hat bei hoher Verkehrskonzentration starke Negativwirkungen für die Allgemeinheit (Unfälle, Umweltbelastungen, Flächenverbrauch). Für den Pkw-Nutzer geht der Vorteil der höheren Reisegeschwindigkeit meist verloren.
- Der Ausbau des Straßennetzes kann dem wachsenden Bedarf nicht folgen. Er stößt an Grenzen der Finanzierbarkeit und der politischen Akzeptanz und steht in zunehmender Konkurrenz zu anderen Nutzungen.
- Der ÖPNV gerät in einen negativen Regelkreis: Verlust von Fahrgästen – Einschränkung der Angebotsqualität – Verlust von Fahrgästen.
- Durch die Verschlechterung des ÖPNV-Angebots wird für Einwohner ohne Pkw-Verfügbarkeit die Mobilität eingeschränkt.

Trotz aller Probleme der Massenmotorisierung hat die Entwicklung und Verbreitung des Pkw jedoch auch einen erheblichen Zuwachs an Mobilität gebracht und die Lebensqualität des Einzelnen erhöht.

Verkehr ist – abgesehen von gelegentlichem „Spazierenfahren" – kein Selbstzweck, sondern Mittel, um die Ausübung von Aktivitäten an unterschiedlichen Orten zu ermöglichen und die Bevölkerung mit Gütern zu versorgen. Verkehrsentwicklung ist damit Teil der Gesellschaftsentwicklung. Die Ziele der Verkehrsentwicklung müssen sich deshalb an Zielen der Gesellschaftsentwicklung orientieren. Nachfolgend ist ein Ziele-Maßnahmensystem des Personenverkehrs dargestellt:

Bild 2.1: Ziele-Maßnahmen-System des städtischen Personenverkehrs

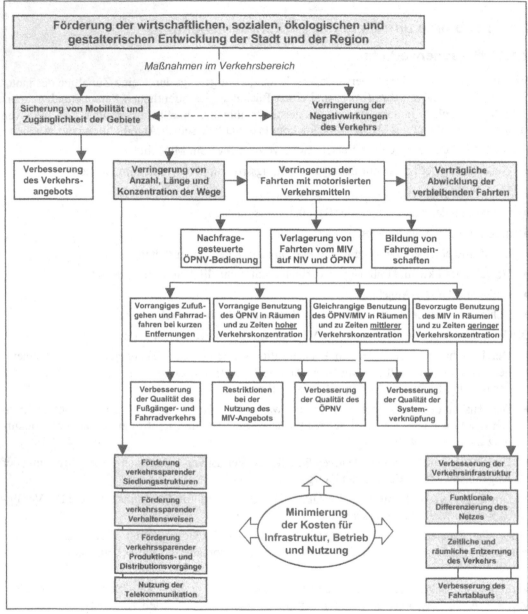

Generelles Ziel der Verkehrsentwicklung im Personenverkehr ist es, die Mobilität von Personen und ihre Versorgung mit Gütern sicherzustellen bzw. zu verbessern und gleichzeitig die Negativwirkungen des Verkehrs zu verringern. Aus diesen Oberzielen leiten sich Ziel-Maßnahmen-Zusammenhänge ab, in denen jedes Element gleichermaßen Ziele- und Maßnahmencharakter hat: Ziel für die Elemente der darunter liegenden Ebenen und Maßnahme für die Elemente der darüber liegenden Ebenen. Eine Eindeutigkeit des Ziel- oder Maßnahmencharakters ergibt sich erst, wenn aus dem System eine Handlungsebene herausgeschnitten wird.

Dieses Ziele-Maßnahmen-System enthält als strategische Ziele der Verkehrsentwicklung die Forderungen nach

- Verringerung von Anzahl, Länge und Konzentration der Wege,
- Verringerung der Fahrten mit motorisierten Verkehrsmitteln (Anzahl und Länge der Fahrten, Fahrzeuggröße),
- verträgliche Abwicklung der verbleibenden Fahrten.

Aus diesen strategischen Zielen leiten sich Maßnahmen auf unterschiedlichen Handlungsebenen ab. Sie werden in den Kap. 2.2, 2.3 und 2.5 näher beschrieben. Weitere Angaben hierzu sowie entsprechende Literaturhinweise finden sich bei KIPKE (1993). Angesprochen sind diese Fragen u.a. auch von CERWENKA et. al.(1987), RETZKO (1990) und KIRCHHOFF (1991).

2.1.2 Güterverkehr

Güterverkehr entsteht

- beim Transport von Gütern zwischen Erzeugern, Lagern, Handelsgeschäften, Verbrauchern und Abfallbeseitigungseinrichtungen,
- bei der Erbringung von Dienstleistungen in Privathaushalten, Geschäften und Verwaltungen unter Mitführung von Material und Werkzeug.

Beim Verkehr zwischen Handelsgeschäften und Verbrauchern kann es sich sowohl um Privatverkehr (Heimfahrt vom Einkaufen) als auch um Wirtschaftsverkehr (Lieferung von Gütern) handeln. In allen anderen Fällen des Güterverkehrs kommt Privatverkehr praktisch nicht vor.

Obwohl sich Einkaufsmärkte und Gewerbeeinrichtungen zunehmend am Rande und im Umland der großen Städte ansiedeln, befindet sich nach wie vor ein großer Teil der Quellen und Ziele des Güterverkehrs im Inneren der Stadt.

Der städtische Güterverkehr hat folgende Probleme:

- Starke Zunahme wegen
  - Veränderungen im Produktionsprozess (zunehmende Arbeitsteilung, abnehmende Lagerhaltung),
  - Individualisierung und Spezialisierung der Transporte,
- wechselseitige Behinderungen mit dem Personenverkehr wegen
  - geringer Geschwindigkeit des Güterverkehrs,
  - hoher Belastung der Verkehrsanlagen durch den Personenverkehr.
  - Halten des Güterverkehrs in der zweiten Reihe bei Ladevorgängen,
- eingeschränkte Befahrbarkeit von Geschäftsbereichen und Fußgängerzonen,
- fehlende Ladezonen im Straßenraum,
- fehlende Möglichkeiten der Nachtanlieferung.

Günstig ist, dass der Güterverkehr hauptsächlich außerhalb der Hauptverkehrszeit des Personenverkehrs stattfindet.

Auch im Güterverkehr müssen sich die Ziele der Verkehrsentwicklung an den Zielen der Stadt-
entwicklung orientieren. Diese Ziele lassen sich genau so wie beim Personenverkehr in einem
Ziele-Maßnahmen-System darstellen:

Bild 2.2: Ziele-Maßnahmen-System des städtischen Güterverkehrs

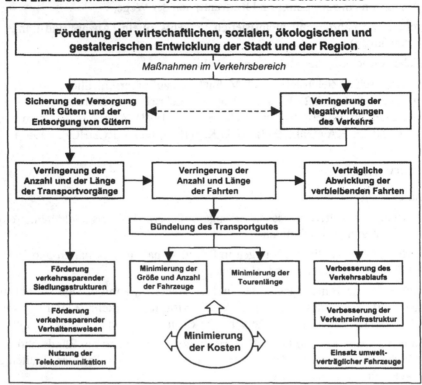

Die Strukturen der Ziele-Maßnahmen-Systeme für den Personenverkehr und den Güterverkehr
sind ähnlich. Dies gilt insbesondere für die Verringerung von Anzahl und Länge der Wege bzw.
Transportvorgänge (linke Säule) und die verträgliche Abwicklung der Fahrten (rechte Säule).
Bei der Verringerung der Anzahl und Länge der Fahrten mit motorisierten Verkehrsmitteln
(mittlere Säule) unterscheiden sie sich auf der Maßnahmenebene: Beim Personenverkehr stehen
die Verlagerung vom MIV auf den ÖPNV im Mittelpunkt und beim Güterverkehr die Bündelung
des Transportguts, die Optimierung der Fahrzeuggröße und die Minimierung der Wegelängen.
Der jeweils andere Aspekt hat auch eine gewisse Bedeutung, tritt aber hinter den spezifischen
Maßnahmen deutlich zurück. Die güterverkehrsspezifischen Maßnahmen sind in Kap. 2.4 näher
beschrieben.

2.2 Verringerung von Anzahl, Länge und Konzentration der Wege

2.2.1 Förderung verkehrssparender Nutzungsstrukturen

Unter dem Begriff „Stadt der kurzen Wege" werden Ansätze der Stadt- und Regionalplanung zusammengefasst, die zu einer Verringerung der Anzahl und Länge der Wege sowie einer verstärkten Nutzung des ÖPNV beitragen sollen, ohne dadurch die Mobilität einzuschränken. Solche Ansätze sind:

- Schaffung polyzentraler Strukturen,
- Mischung der Funktionen,
- Verdichtung der Bebauung.

Auf diese Konzepte kann im Rahmen eines Buches über die städtische Verkehrsplanung nicht im einzelnen eingegangen werden. Nachfolgend werden lediglich Stichworte genannt.

In monozentralen Siedlungsstrukturen entstehen durch eine Bündelung der wichtigsten Einrichtungen im Zentrum hohe Verkehrsbelastungen mit langen Wegen aus den Randgebieten und hohen Konzentrationen im Zentrum. Die damit verbundenen Probleme lassen sich durch eine dezentrale Konzentration von Funktionen erheblich verringern. Bei einer polyzentralen Siedlungsstruktur können ein Teil der Aktivitäten innerhalb des jeweiligen Zentrums ausgeübt sowie Ortsveränderungen zwischen den Zentren verringert werden. Auch ist der ÖPNV besser geeignet, einzelne, in ihrer Ausdehnung begrenzte Flächen miteinander zu verbinden als die bei Monostrukturen vorhandenen flächigen Strukturen zu erschließen. Eine polyzentrale Struktur führt außerdem zu geringeren Grundstückspreisen als eine monozentrale Struktur.

Die Mischung der Funktionen hat zum Ziel, dass die Aktivitäten durch eine engere räumliche Zuordnung unterschiedlicher aber verträglicher Nutzungen auf das engere Siedlungsgebiet beschränkt werden. Für die Gemeinden im Stadtumland heißt dies, dass sie anstreben sollten, Arbeitsplätze, Wohnungen und Wohnfolgeeinrichtungen (z.B. Einkaufsstätten) in einem ausgewogenen Verhältnis zu schaffen. Eine ausgeglichene Bilanz zwischen Arbeitsplätzen und Wohnungen ist allerdings keine Gewähr für eine Minimierung der Pendlerströme, denn die Vielschichtigkeit der Berufsbilder und der Arbeitsstätten schließt eine Arbeitsplatzautonomie der Gemeinden aus. Eine Verringerung der Wege im Einkaufs- und Erledigungsverkehr kann durch die Ansiedlung wohnungsnaher Geschäfte und Dienstleistungseinrichtungen gefördert werden.

Durch eine Verdichtung der Bebauung innerhalb von Siedlungsgebieten ergeben sich geringe Wegelängen zu den Einrichtungen zur Ausübung von Aktivitäten. Die Anordnung von Einrichtungen zum Einkaufen und für Erledigungen innerhalb der Verdichtungsgebiete bewirkt, dass sich ein Teil der Fahrten des Berufs-, Einkaufs- und Erledigungsverkehrs in den Ballungskern erübrigt und im Bereich kurzer und mittlerer Entfernungen Fahrten mit motorisierten Verkehrsmitteln durch Fußgänger- und Fahrradverkehr ersetzt werden können. Die Verdichtung verursacht jedoch Verkehrskonzentrationen sowohl im fließenden als auch im ruhenden Verkehr. Bei nachträglichen Verdichtungen kommt es wegen der damit verbundenen höheren Verkehrsbelastung häufig zu Protesten der Einwohner.

Wenn sich die Flächennutzung im umgekehrten Sinne verändert (Ausdehnung monozentraler Strukturen, Trennung der Funktionen, Ausdünnung der Bebauung) oder sich in ihrem Umfang erweitert, entsteht zusätzlicher Verkehr. Man spricht dann von „induziertem Verkehr".

2.2.2 Förderung verkehrssparender Verhaltensweisen

Eine Veränderung der verkehrsbezogenen Verhaltensweisen lässt sich nur erreichen, wenn die Randbedingungen verändert werden, unter denen Entscheidungen über die räumliche und zeitliche Verteilung der Aktivitäten und die Art der Ortsveränderungen fallen.

Die räumliche und zeitliche Ausprägung des Berufsverkehrs hängt von der gegenseitigen Zuordnung von Wohnung und Arbeitsplatz sowie von den Arbeitszeiten ab. Eine Zuordnung mit kurzen Wegen wird gefördert, wenn die steuerliche Absetzbarkeit der Aufwendungen für den Weg zur Arbeit reduziert oder abgeschafft wird. Die zeitliche Konzentration des Verkehrs nimmt ab, wenn die Arbeitszeiten gestaffelt werden oder gleitende Arbeitszeit eingeführt wird. Durch eine Flexibilisierung und ggf. weitere Verkürzung der Arbeitszeit sowie die Einführung von Telearbeit lässt sich die Anzahl der Arbeitswege während der Hauptverkehrszeit weiter verringern.

Die Wege im Ausbildungsverkehr haben aufgrund der Bildung von Schwerpunktschulen erheblich zugenommen. Diese Entwicklung ist nicht umkehrbar, weil sonst die pädagogischen Vorteile von Schwerpunktschulen wieder verloren gehen. Eine gute ÖPNV-Erschließung der Einzugsbereiche der Schulen kann aber verhindern, dass die Schüler durch ihre Eltern mit dem Pkw gebracht und abgeholt werden.

Im Einkaufsverkehr ist eine Stärkung von Einrichtungen der Nahversorgung erforderlich, um den Großeinkauf mit Pkw in Einkaufszentren am Rande der Stadt in seiner Häufigkeit zu begrenzen und einen zwischenzeitlichen Ergänzungseinkauf im fußläufigen Bereich der Wohnung zu ermöglichen. Die Schaffung von Einrichtungen der Nahversorgung sollte steuerlich gefördert werden. Durch Teleeinkauf können Wege zu den Einkaufszentren am Rand oder im Inneren der Ballungskerne eingespart werden. Dadurch entsteht zwar zusätzlicher Lieferverkehr, bei dem allerdings die Anzahl der Fahrten durch eine Bündelung der Sendungen reduziert werden kann.

Im Erholungsverkehr trägt die Schaffung qualitativ hochwertiger Erholungsmöglichkeiten im Nahbereich der Wohnung („Stadtpark") dazu bei, dass der Drang in weiter entfernt liegende Erholungsgebiete (Wochenendreisen) nachlässt. Gleichzeitig sollte die Attraktivität der Pkw-Benutzung bei der Fahrt in die Erholungsgebiete am Rande der Ballungsgebiete durch Park-and-Ride-Angebote und eine Bewirtschaftung des Parkraums im Inneren der Erholungsgebiete verringert werden.

Wenn sich die Verhaltensweisen in umgekehrtem Sinne verändern (verkehrsverstärkende Verhaltensweisen), entsteht zusätzlicher Verkehr, der als „induzierter Verkehr" bezeichnet wird.

2.2.3 Förderung verkehrssparender Produktions- und Distributionsverfahren

Produktion und Distribution sind geprägt von einer fortschreitenden Arbeitsteilung bei der Herstellung von Gütern und einer rückläufigen Lagerhaltung bei ihrer Weiterverarbeitung und ihrem Vertrieb. Beides war möglich, weil der Anteil der Kosten für den Transport im Verhältnis zu den übrigen Kosten ständig gesunken ist. Dieser relative Rückgang der Transportkosten hat zu einer erheblichen Zunahme des Transportvolumens geführt. Die dieser Entwicklung zugrunde liegenden Prozesse lassen sich zwar durch eine Erhöhung der Transportkosten bremsen oder partiell auch umkehren, aber sicherlich nicht auf das ursprüngliche Maß zurückführen. Bei allen Versuchen, die Anzahl und Länge der Transportvorgänge zu reduzieren, muss darauf geachtet werden, dass nicht die Wettbewerbsfähigkeit der Wirtschaft leidet.

2.2.4 Nutzung der Telekommunikation

Die Telekommunikation kann grundsätzlich bei allen Verkehrszwecken genutzt werden. Dies galt schon für das Telefon, gilt aber besonders für GMS und Internet. Die bisherige Erfahrung zeigt, dass dies nur partiell geschehen wird, weil der menschliche Kontakt bei allen Aktivitäten wichtig ist. Dennoch wird die stärkere Nutzung der Telekommunikation (Telearbeit, Teleausbildung, E-Commerce, Surfen im Internet, Telekonferenzen) die Anzahl der Wege reduzieren. Das hierbei erreichbare Maß ist jedoch noch nicht absehbar. Umgekehrt ist zu erwarten, dass durch den Einsatz solcher Techniken z.B. infolge von Serviceleistungen auch zusätzlicher Verkehr entsteht.

Auch in der Wirtschaft ermöglicht die Telekommunikation eine Verbesserung der Kommunikationsvorgänge. Dies kommt insbesondere der Steuerung der Ersatzteilversorgung und der Transportabläufe (Frachtbörse, elektronischer Frachtbrief, Standortverfolgung von Transporten) zugute. Hier ist eine Grenze, wie sie im Personenverkehr durch das Bedürfnis nach menschlichen Kontakten besteht, nicht vorhanden.

2.3 Verringerung der motorisierten Fahrten im Personenverkehr

Eine Verringerung von Anzahl und Länge der Fahrten mit motorisierten Verkehrsmitteln bei gleichbleibender Anzahl der Wege lässt sich erreichen durch

- Verlagerung von Fahrten des motorisierten Individualverkehrs (MIV) auf den nicht-motorisierten Individualverkehr (NIV) und den öffentlichen Personennahverkehr (ÖPNV),
- Bildung von Fahrgemeinschaften,
- nachfragegesteuerte ÖPNV-Bedienung.

Bei diesen Maßnahmen ist gleichzeitig anzustreben, mit möglichst geringen Fahrzeuggrößen auszukommen. So ist eine Verlagerung vom MIV auf den ÖPNV nur sinnvoll, wenn Fahrten eingespart werden und nicht nur eine Fahrt mit einem kleinen Pkw durch eine Fahrt mit einem großen Bus ersetzt wird.

2.3.1 Verlagerung von MIV-Fahrten auf NIV und ÖPNV

Differenzierung der Verkehrsmittelbenutzung

Die Verkehrsmittelwahl sollte sich an der Umwelt-, Sozial- und der Stadtverträglichkeit der Verkehrsmittel sowie ihrer Eignung zur Erfüllung bestimmter Verkehrsaufgaben orientieren. Eine dementsprechende Aufgabenteilung kann folgendes Aussehen haben:

- Vorrangige Benutzung des Fahrrades und vorrangiges Zu-Fuß-Gehen bei kurzen Entfernungen, insbesondere innerhalb der Wohngebiete.

  Beides ist durch Faktoren wie Witterung, Topographie und Gepäcktransport begrenzt. Fahrrad-Fahren und Zu-Fuß-Gehen stehen hauptsächlich in Konkurrenz zum ÖPNV und weniger zum Pkw. Voraussetzung für das Fahrrad-Fahren und das Zu-Fuß-Gehen sind sichere, direkte, bequeme und mit ausreichenden Informationen versehene Verkehrswege.

- Vorrangige Benutzung des ÖPNV bei Fahrten in oder durch Räume hoher Verkehrskonzentration.

  Die Benutzung des Pkw in Räumen hoher Verkehrskonzentration hat starke Negativwirkungen auf die Umwelt-, Sozial- und Stadtverträglichkeit des Verkehrs. Der ÖPNV verringert diese Negativwirkungen, denn er erreicht dort wegen der hohen Verkehrskonzentration eine hohe Auslastung. Die daraus resultierende höhere Wirtschaftlichkeit ermöglicht außerdem eine höhere Angebotsqualität. Die Forderung nach vorrangiger Benutzung des ÖPNV betrifft vor allem Fahrten im Berufsverkehr in oder durch die Innenstadt von großen und mittleren Städten sowie Fahrten im Freizeitverkehr zu stark besuchten Veranstaltungen.

- Gleichrangige Benutzung von MIV und ÖPNV bei Fahrten in Räumen mittlerer Verkehrskonzentration.

  Um die Bedeutung der Innenstadt als Einkaufs- und Dienstleistungszentrum zu erhalten, müssen die entsprechenden Standorte sowohl für den Pkw zugänglich sein als auch vom ÖPNV ausreichend bedient werden. Der Pkw hat in diesen Verkehrsbeziehungen mittlerer Belastung geringere Negativwirkungen als in Räumen hoher Verkehrskonzentration. Der ÖPNV kann die für den innerstädtischen Berufsverkehr dimensionierte Infrastruktur kostengünstig nutzen und damit eine hohe Fahrtenfolge bieten.

- Benutzung des MIV bei Fahrten in Räumen geringer Verkehrskonzentration.

  Wegen der geringen Anzahl an Fahrten sind die Negativwirkungen des Pkw hier gering. Dem ÖPNV fehlt die für einen wirtschaftlichen Betrieb erforderliche Auslastung, so dass nur ein Angebot möglich ist, das sich weniger an der Konkurrenz zum MIV als vielmehr an den Erfordernissen der Daseinsvorsorge ausrichtet. Die Akzeptanz einer bevorzugten Benutzung des Pkw betrifft vor allem Fahrten im städtischen Freizeitverkehr zu dispersen Zielen sowie tangentialen Verbindungen am Stadtrand oder im Umland.

- Benutzung unterschiedlicher Verkehrsmittel (gebrochener Verkehr) bei Fahrten, die sich aus Abschnitten in Räumen geringer Verkehrskonzentration und Abschnitten in Räumen hoher Verkehrskonzentration zusammensetzen. Solche Fahrten treten auf im

  - Berufsverkehr aus städtischen Wohngebieten geringer Dichte in die Innenstadt,
  - Berufsverkehr aus dem Umland in die Innenstadt,
  - Einkaufs- und Erledigungsverkehr aus dem Umland in die Innenstadt,
  - Erholungsverkehr in Gebiete mit starkem Erholungsverkehr am Rande von Ballungsgebieten.

  Die Kombination unterschiedlicher Verkehrsmittel betrifft

  - ÖPNV-Zubringer-Verkehrsmittel (Busse) mit ÖPNV-Schnellverkehrsmitteln (direkt geführte leistungsfähige Schnellbusse und Schnellbahnen),
  - Pkw oder Fahrrad mit ÖPNV-Schnellverkehrsmitteln in Form von Park-and-Ride oder Bike-and-Ride.

Der Personenverkehr in Ausübung des Berufs (Personen-Wirtschaftsverkehr) unterliegt kommerziellen Zwängen und entzieht sich deshalb teilweise der o.g. Aufgabenteilung. Bei Fahrten unter Mitführung von größerem Gepäck oder von Geräten ist die Kfz-Benutzung in der Regel zwingend. Für die übrigen Fahrten kommen auch die anderen städtischen Verkehrsmittel infrage.

Der Kfz-bezogene Personen-Wirtschaftsverkehr ist denselben Stau- und Parkproblemen unterworfen wie der private Personenverkehr. Die Fahrten in Ausübung des Berufs finden allerdings hauptsächlich außerhalb der morgendlichen Spitzenstunden statt. Zu dieser Zeit treten insbesondere entlang der Einfallstraßen in die Stadt weniger Staus auf. Bei Zielen in der Innenstadt ist das Parken am Straßenrand kaum möglich, so dass öffentliche Stellplätze oder Parkhäuser aufgesucht werden müssen. Dadurch entstehen Mehrkosten und längere Fußwege. Das Suchen eines Stellplatzes erzeugt unnötigen Verkehr, erfordert Zeit und verursacht zusätzliche Kosten. Ein zusätzlicher Zeitbedarf entsteht, wenn längere Wege von einem Parkhaus oder von einem in größerer Entfernung vom Ziel gefundenen Stellplatz aus zurückgelegt werden müssen.

Eine vorrangige Benutzung des ÖPNV und des Fahrrades lässt sich nur erreichen, wenn die Attraktivität dieser Verkehrsmittel ausreichend hoch ist und gleichzeitig die Benutzung des MIV technisch erschwert oder preislich belastet ist. Weitere Wirkungen auf die Verkehrsmittelbenutzung gehen von der Bewusstseinslage über den gesellschaftlichen Nutzen bzw. Schaden der verschiedenen Verkehrsmittel aus (BRÖG, 1992). Die Erfahrung zeigt, dass durch eine Beeinflussung des Bewusstseins ("weiche Maßnahmen") allein keine wesentlichen Veränderungen des Verkehrsverhaltens zu erreichen sind. Die Beeinflussung des Bewusstseins muss Hand in Hand gehen mit einer Verbesserung der Angebotsqualitäten im ÖPNV und Restriktionen bei der Nutzung des MIV ("harte Maßnahmen"):

Bild 2.3: Maßnahmen zur Beeinflussung des Modal-Split

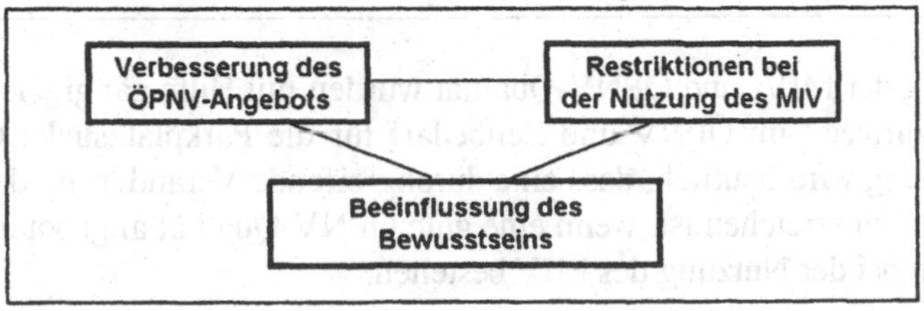

Maßnahmen zur Verbesserung der Angebotsqualität im ÖPNV betreffen in erster Linie das Liniennetz (Kap. 5.3) und den Fahrplan (Kap. 5.4).

Restriktionen bei der Nutzung des MIV sind in den Städten in Form von Stau und Parkplatzmangel heute schon vorhanden und angesichts der Ansprüche anderer Nutzungen an den Stadtraum kaum zu vermeiden. Sie sollten jedoch im Interesse einer möglichst geringen Umweltbelastung (Vermeidung von Stau und Parksuchverkehr) und einer Förderung der Wirtschaftskraft (Zugänglichkeit der Geschäfte für Kunden und Lieferverkehr) stärker gesteuert werden. Mittel der Wahl ist dabei die Parkraumbewirtschaftung mit einer Preisstruktur, die sich an der Engpasssituation des MIV orientiert und die Preise nach Fahrtzwecken differenziert (Kap. 5.5). Durch zeitlich progressiv steigende Preise können Langzeitparker zurückgedrängt und Stellplätze für Kurzzeitparker (Einkaufen, Erledigungen) bereitgestellt werden. Die Parkraumbewirtschaftung trifft nur den Personenverkehr und nicht den für die Wirtschaft wichtigen Güterverkehr. Stauerzeugende Maßnahmen haben zwar eine dämpfende Wirkung auf die Verkehrsnachfrage, die Elastizität dieser Maßnahmen auf die Verkehrsmittelwahl ist aber so gering, dass die dadurch ausgelösten Umweltbelastungen größer sind als die verkehrsreduzierende Wirkung. Staus behindern außerdem den Wirtschaftsverkehr.

Die nachfolgende Darstellung zeigt das Ergebnis einer Befragung in München-Neuperlach. Gefragt wurde nach dem ÖPNV-Anteil in Abhängigkeit vom Verhältnis der Angebotsqualitäten von ÖPNV und MIV (STÖVEKEN, 1988):

Bild 2.4: ÖPNV-Anteil bei unterschiedlicher ÖPNV- / MIV-Qualität

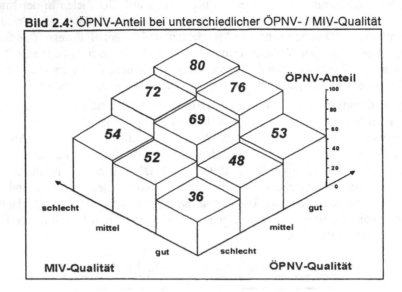

Zur Kennzeichnung der MIV- und ÖPNV-Qualität wurden mit Hilfe gängiger Qualitätsmerkmale wie Fahrzeit, Wartezeit im ÖPNV und Zeitbedarf für die Parkplatzsuche Gruppen gebildet. Aus der Untersuchung wird deutlich, dass eine durchgreifende Veränderung der Verkehrsmittelbenutzung nur dann zu erreichen ist, wenn eine gute ÖPNV-Qualität angeboten wird und gleichzeitig Restriktionen bei der Nutzung des MIV bestehen.

Unabhängig von der geforderten Aufgabenteilung ist eine ÖPNV-Daseinsvorsorge für diejenigen Teile der Bevölkerung notwendig, die keinen Pkw benutzen können, dürfen oder wollen. Diese Daseinsvorsorge ist in Räumen hoher und mittlerer Verkehrskonzentration in der Regel durch den dort erforderlichen Umfang des ÖPNV-Angebotes erfüllt. In Räumen geringer Verkehrskonzentration ist das unter wirtschaftlichen Gesichtspunkten vertretbare ÖPNV-Angebot i.a. zu gering, um die Aufgabe der Daseinsvorsorge erfüllen zu können. Hier muss das Angebot über den nachfragebedingten Umfang hinaus erhöht und nach politischen Vorgaben für die Daseinsvorsorge bemessen werden. Ein günstiges Nutzen-Kosten-Verhältnis kann hier ggf. durch den Einsatz nachfragegesteuerter Bussysteme erreicht werden.

2.3.2 Verbesserung der Angebotsqualität im NIV

Der NIV setzt sich zusammen aus Fußgängerverkehr und Fahrradverkehr.

Die Angebotsqualität des Fahrrad- und Fußgängerverkehrs wird hauptsächlich bestimmt von den Kriterien

- Sicherheit,
- Direktheit,
- Fahrkomfort.

Fahrradverkehr

Maßnahmen zur Verbesserung der Angebotsqualität sind:

- Direkter Verlauf von Fahrradrouten (auch in Gegenrichtung von Einbahnstraßen),
- Führung von Radwegen außerhalb von Hauptverkehrsstraßen über Erschließungs- und Anwohnerstraßen,
- Anlage von Radwegen oder Radstreifen an Hauptverkehrsstraßen,
- sichere Führung an Knotenpunkten,
- bequemer (ebener) Trassenverlauf,
- guter Fahrbahnbelag,
- gute Wegweisung.

Die Anlage von Radwegen oder Radstreifen stößt meist gerade dort, wo sie am dringlichsten ist, auf räumliche Schwierigkeiten. Dabei ist strittig, ob gesonderte Radwege wegen der ungeschützten Überquerung von Straßeneinmündungen nicht unfallträchtiger sind als markierte Radstreifen auf der Fahrbahn. In Straßen, die starken Fahrradverkehr aufweisen und in denen die Anlage gesonderter Radwege nicht möglich oder wegen zahlreicher, stark befahrener Straßeneinmündungen zu gefährlich ist, muss versucht werden, die Anzahl oder Breite der Fahrstreifen für den MIV zu reduzieren und Radstreifen auf der Fahrbahn zu markieren. Eine Markierung von Radstreifen auf Fußwegen ist wegen der Konflikte mit den Fußgängern problematisch. An Knotenpunkten sollten die Radfahrer nur bei sehr hoher Straßenverkehrsbelastung außen herum geführt werden. Eine Einordnung der Abbieger auf den Fahrstreifen der Fahrbahn verkürzt die Wege.

Fußgängerverkehr

Maßnahmen zur Verbesserung der Angebotsqualität im Fußgängerverkehr sind:

- Direkte Führung von Fußwegrouten,
- Führung von Fußwegen außerhalb von Hauptverkehrsstraßen,
- Sicherung der Überquerung stark befahrener Straßen.
- bequemer (ebener) Trassenverlauf,
- gute Befestigung der Wege,
- gute Wegweisung.

Für die Fußgänger sind in der Vergangenheit Fußgängerzonen geschaffen worden, die eine ungefährliche und unbehinderte Bewegung ermöglichen. Von solchen Fußgängerzonen profitieren auch die Geschäfte, sofern in der Nähe Parkmöglichkeiten und Stellplätze für den Lieferverkehr vorhanden sind. Jede Stadt hat jedoch nur eine bestimmte Tragfähigkeit für Fußgängerzonen. Über die heute vorhandenen Fußgängerzonen hinaus müssen deshalb vor allem Straßen geschaffen werden, in denen der Fußgängerverkehr zwar im Vordergrund steht, in denen aber auch motorisierter Andienungsverkehr möglich ist. Diese Straßen mit Vorrang für Fußgänger finden stadtauswärts ihre Fortsetzung in Straßen mit vorrangigem Fahrverkehr (z.B. Geschäftsstraßen außerhalb der Hauptverkehrsstraßen), in denen dem Fußgänger jedoch ausreichend breite Fußwege und ausreichend Hilfen für die Überquerung der Fahrbahn zur Verfügung gestellt werden. Für die übrigen Maßnahmen gelten analoge Argumente wie beim Fahrradverkehr.

2.3.3 Verbesserung der Angebotsqualität im ÖPNV

Teilsysteme des ÖPNV

Bei der geforderten Differenzierung des Verkehrsmitteleinsatzes nach der Struktur der Verkehrsnachfrage und der Eignung für bestimmte Aufgaben kann der ÖPNV kein einheitliches System mit überall und jederzeit gleichen Systemmerkmalen mehr sein, sondern muss in Systeme unterschiedlicher Ausprägung entsprechend der jeweiligen Aufgabenstellung untergliedert werden. Solche Teilsysteme sind:

- Vorrangsystem,
- Konkurrenzsystem,
- Vorsorgesystem.

Die drei Systemausprägungen weisen zwar dieselben Grundmuster auf, unterscheiden sich aber in der Ausprägung ihrer Angebotsmerkmale.

Aus der jeweiligen Aufgabenstellung leiten sich die folgenden Strategien und Ziele ab:

Bild 2.5: Strategien und Ziele bei den Teilsystemen des ÖPNV

Als „Basisqualität" wird diejenige Qualität bezeichnet, die zur Befriedigung der jeweils nachgefragten Leistung erforderlich ist. Sie betrifft die Bereitstellung der notwendigen Anzahl an Plätzen, die von der Fahrzeuggröße und der Fahrtenhäufigkeit abhängt. Jede aus Attraktivitätsgründen notwendige Erhöhung dieser Basisqualität wird als „Zusatzqualität" bezeichnet.

Mit den verschiedenen Systemausprägungen werden folgende Ziele verfolgt:

- Beim ÖPNV als Vorrangsystem geht es darum, mit begrenztem Kostenaufwand möglichst viele Verkehrsteilnehmer zu veranlassen, vom Pkw auf den ÖPNV zu wechseln. Dies gelingt nur, wenn neben einem guten ÖPNV-Angebot die Nutzungsmöglichkeit des Pkw durch Restriktionen erschwert wird. Negative Auswirkungen auf die städtische Wirtschaftskraft sind nicht zu befürchten, weil die Einschränkungen vorwiegend den Berufsverkehr treffen, und ein Wechsel des Arbeitsplatzes allein aufgrund eingeschränkter Nutzungsmöglichkeiten des Pkw kaum zu erwarten ist. Aufgrund der hohen Verkehrsnachfrage befriedigt die Basisqualität des Vorrangsystems bereits einen großen Teil des geforderten Angebotsniveaus.

- Beim ÖPNV als Konkurrenzsystem muss versucht werden – ebenfalls mit begrenztem Kostenaufwand – die gegenwärtige Anzahl der Fahrgäste zu halten oder sogar zusätzliche Fahrgäste zu gewinnen. Mit Einschränkungen der Verkehrsqualität für den MIV muss vorsichtiger umgegangen werden als zu Zeiten und in Räumen mit ÖPNV-Vorrang. Sonst besteht die Gefahr, dass neben der Verlagerung des Verkehrs zwischen den Verkehrsmitteln auch räumliche Verlagerungen mit negativen Wirkungen auf die Wirtschaftsstruktur der betroffenen Gebiete entstehen. Die Bereitstellung eines attraktiven ÖPNV-Angebots zu günstigen Tarifen spielt beim ÖPNV-Konkurrenzsystem eine wesentlich größere Rolle als beim ÖPNV-Vorrangsystem. Beim Einkaufs- und Erledigungsverkehr muss zwischen der Förderung der Wirtschaftskraft durch eine unbegrenzte Benutzbarkeit des Pkw und der Erhöhung der Aufenthaltsqualität in den betreffenden Gebieten durch stärkere Verlagerung des Einkaufs- und Erledigungsverkehrs auf den ÖPNV abgewogen werden. Die zu wählende Strategie richtet sich nach der Ausgangssituation und den Randbedingungen der jeweiligen Stadt.

- Der ÖPNV als System der Daseinsvorsorge ist gekennzeichnet durch eine Ausrichtung des Angebots auf Bevölkerungsgruppen, die zur Gewährleistung der erforderlichen Mobilität auf den ÖPNV angewiesen sind. Im Gegensatz zu den anderen Teilsystemen muss hier versucht werden, bei Gewährleistung einer Mindestqualität den Kostenaufwand zu minimieren. Im Stadtverkehr stellt sich das Problem einer zu geringen Auslastung des ÖPNV erst abends nach 19 Uhr und am Wochenende. In den dünn besiedelten Teilen des ländlichen Raumes tritt dieses Problem jedoch auch tagsüber auf.

Die vorgeschlagene Aufgabenzuweisung an den ÖPNV wirft wirtschaftliche Probleme auf: Die angestrebte Verlagerung des Verkehrs vom MIV zum ÖPNV in den Spitzenzeiten erfordert beim ÖPNV oftmals eine mit hohen Kosten verbundene Kapazitätsausweitung und führt zu einer Ungleichgewichtigkeit in der tageszeitlichen Auslastung der vorhandenen Kapazitäten. Hier wird der Konflikt zwischen betriebswirtschaftlichen Zielen und gesellschaftlichen Zielen deutlich. Dieser Zielkonflikt ist grundsätzlich nicht lösbar; er ist eine hauptsächliche Rechtfertigung für öffentliche Zuschüsse.

Für die einzelnen Teilsysteme erscheinen – ohne empirische Absicherung der Daten – folgende ÖPNV-Anteile erreichbar:

Bild 2.6: Erreichbare ÖPNV-Anteile bei den Teilsystemen

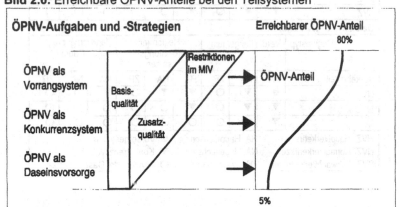

Eine Unterteilung des ÖPNV in Systeme unterschiedlicher Ausprägung kann in der Praxis nicht nach Fahrtzwecken wie Berufsverkehr oder Einkaufsverkehr vorgenommen werden, denn es ist nicht möglich, auf einzelnen Verbindungen oder zu verschiedenen Zeiten Fahrgäste mit bestimmten Fahrtzwecken von der Beförderung auszuschließen (Ausnahme: Freigestellter Schülerverkehr). Das ÖPNV-System lässt sich nur räumlich und zeitlich differenzieren. Da die Fahrtzwecke aber bestimmte räumliche und zeitliche Schwerpunkte aufweisen, kann die angestrebte fahrtzweckspezifische Differenzierung durch eine räumliche und zeitliche Differenzierung angenähert werden.

Die räumliche Differenzierung des ÖPNV erfolgt in Anlehnung an die räumliche Struktur des Siedlungsraums in

- Hauptachsen,
- Nebenachsen,
- Achsenzwischenräume.

Die zeitliche Differenzierung richtet sich nach den unterschiedlichen Verkehrszeiten des Tages:

- Hauptverkehrszeit 6 - 9 Uhr und 16 - 19 Uhr (HVZ),
- Normalverkehrszeit 9 - 16 Uhr (NVZ),
- Schwachverkehrszeit nach 19 Uhr und am Wochenende (SVZ).

Einkaufsverkehr am Samstag in die Einkaufszentren sowie Freizeitverkehr zu großen Veranstaltungen und in wichtige Erholungsgebiete müssen auch zum Hauptverkehr gerechnet werden.

Die Unterscheidung in eine offensive und eine defensive ÖPNV-Politik steckt den Spielraum für die Differenzierung des ÖPNV ab:

Bild 2.7: Räumlich-zeitliche Differenzierung in Teilsysteme

Offensive ÖPNV-Politik

Regionstyp	Verdichtungsraum			Region mit Verdichtungsansätzen			ländlich geprägter Raum		
Verkehrszeit	HA	NA	ZR	HA	NA	ZR	HA	NA	ZR
HVZ	●	●	▼	●	▼	○	▼	▼	○
NVZ	●	▼	▼	▼	▼	○	▼	○	○
SVZ	▼	▼	○	▼	○	○	○	○	○

Defensive ÖPNV-Politik

Regionstyp	Verdichtungsraum			Region mit Verdichtungsansätzen			ländlich geprägter Raum		
Verkehrszeit	HA	NA	ZR	HA	NA	ZR	HA	NA	ZR
HVZ	●	▼	○	▼	▼	○	▼	○	○
NVZ	▼	▼	○	▼	○	○	○	○	○
SVZ	▼	○	○	○	○	○	○	○	○

HVZ Hauptverkehrszeit	HA Hauptachsen	● Vorsorgesystem
NVZ Normalverkehrszeit	NA Nebenachsen	▼ Konkurrenzsystem
SVZ Schwachverkehrszeit	ZR Zwischenräume	○ System der Daseinsvorsorge

Kriterien der Angebotsqualität

Die Maßnahmen zur Verbesserung der Angebotsqualität müssen sich an Zielen orientieren, die sich aus den Anforderungen der Benutzer ableiten.

Die dazugehörigen Zielkriterien sind

- räumliche und zeitliche Verfügbarkeit
  - Haltestellendichte,
  - Fahrtenhäufigkeit,
- Zugänglichkeit
  - Entfernung der Haltestellen von den Nutzungsschwerpunkten,
  - Qualität des Zu- und Abgangsweges,
  - Aufenthaltsbedingungen an den Haltestellen,
- Schnelligkeit der Reise
  - Anmarsch- und Abmarschzeit zu den Zugangspunkten,
  - Wartezeit an den Zugangspunkten,
  - Beförderungsgeschwindigkeit,
- Zuverlässigkeit
  - Fahrplantreue,
  - Anschlusssicherheit,
- Beförderungskomfort
  - Ein- und Ausstiegskomfort,
  - Platzangebot,
  - Gepäcktransport,
  - Fahreigenschaften der Fahrzeuge,
  - Umsteigehäufigkeit,
  - Unfallsicherheit,
  - Sicherheit vor kriminellen Übergriffen,
- Handhabbarkeit
  - Übersichtlichkeit des Angebots (Netz, Fahrplan, Tarif),
  - Information über das Angebot und über den Betriebszustand,
  - Entrichtung des Fahrpreises,
  - Ansprechbarkeit von Personal.

Die einzelnen Kriterien der Angebotsqualität haben für die ÖPNV-Benutzer ein unterschiedliches Gewicht, je nachdem, welcher Aktivität die Ortsveränderung dient. Die Art der Aktivität ist eng mit der Tageszeit korreliert, so dass eine tageszeitliche Differenzierung der Kriteriengewichte nahe liegt:

Tab. 2.1: Differenzierung der Gewichte der Angebotskriterien

ANGEBOTSKRITERIEN	HVZ	NVZ	SVZ
Haltestellendichte	●	•	●
Fahrtenhäufigkeit		•	●
Entfernung Hst. von Nutzungsschwerpunkten	●	•	•
Qualität Zu- u Abgangsgangsweg		•	●
Aufenthalt an der Haltestelle		●	●
Umsteigehäufigkeit	●	•	
An- u. Abmarschzeit zur Haltestelle	●	•	•
Wartezeit an der Hst./Dispositionszeit	●	•	•
Beförderungsgeschwindigkeit	●	•	
Fahrplantreue	●	•	
Anschlusssicherheit		●	●
Ein- u. Ausstiegskomfort		•	•
Platzangebot	●	●	
Gepäcktransport		●	●
Fahreigenschaften der Fahrzeuge	●	●	●
Umsteigehäufigkeit		•	●
Unfallsicherheit	●	●	●
Sicherheit vor kriminellen Angriffen		•	●
Übersichtlichkeit des Angebots		●	●
Info über Angebot u. Betriebszustand	●	●	
Entrichtung des Fahrpreises		●	●
Ansprechbarkeit von Personal		●	●
Informiertheit der Fahrgäste	●	●	●

● sehr wichtig   • wichtig

Maßnahmen zur Verbesserung der Angebotsqualität

Die wichtigsten Maßnahmen zur Verbesserung der Angebotsqualität sind

- Anpassung des Angebots an quantitative und qualitative Anforderungen hinsichtlich
    - Betriebsform (z.B. Einsatz bedarfsgesteuerter Betriebsweisen),
    - Liniennetz,
    - Fahrtenhäufigkeit,
    - Fahrzeuggröße,
- Einsatz moderner Fahrzeuge (Leichtfahrzeuge, Niederflurfahrzeuge),
- bessere Einbindung des straßengebundenen ÖPNV in den allgemeinen Straßenverkehr
    - ÖPNV-begünstigende Differenzierung des Straßennetzes,
    - Führung des ÖPNV im Straßenraum,
    - Steuerung des Fahrtablaufs,
- Einsatz von Betriebsleitsystemen zur Steuerung des Beförderungsablaufs,
- Einsatz elektronischer Informations- und Fahrgelderhebungssysteme.

Durch die Erhöhung der Produktivität werden Kosten frei, die für eine Verbesserung der Angebotsqualität genutzt werden können.

Der Erhöhung der Produktivität dienen vor allem die Maßnahmen

- Automatisierung des Betriebsablaufs bei Schnellbahnen,
- Optimierung der Wagenumlauf- und Dienstpläne,
- Optimierung der Arbeitsabläufe bei der Instandhaltung der Fahrzeuge.

In jüngster Zeit wird zunehmend erkannt, dass der Erfolg des ÖPNV nicht nur von der Qualität der Beförderung, sondern auch vom Marketing abhängt. Marketing umfasst folgende Aufgaben:

- Ermittlung der Anforderungen der Fahrgäste an die Angebotsqualität und die bei ihrer Realisierung erreichbare Verkehrsnachfrage,
- wirkungsvoller Vertrieb der Beförderungsleistung,
- Bewusstseinsbildung im Hinblick auf den gesellschaftlichen Nutzen des ÖPNV.

Wenn durch eine Verbesserung des ÖPNV-Angebots nicht nur Verkehr verlagert wird, sondern neuer Verkehr entsteht, spricht man von „induziertem Verkehr".

Randbedingungen für die Angebotsverbesserung

Der Marktzugang der Verkehrsunternehmen ist nach derzeitiger Rechtslage an Konzessionen gebunden. Dadurch wird vermieden, dass die Bedienung einer Linie durch mehrere Verkehrsunternehmen zu einem ruinösen Wettbewerb führt. Die Laufzeit der Konzessionen ist begrenzt. Der Konzessionsinhaber hat bei eigenwirtschaftlichem Verkehr jedoch faktisch einen Anspruch darauf, dass ihm die Konzession nach Ende der Laufzeit erneut erteilt wird („Großvaterrechte"). Diese Regelung hat zur Verfestigung der Marktstrukturen geführt.

Im Rahmen der Liberalisierung des europäischen Marktes strebt die Europäische Union auch eine Deregulierung des ÖPNV-Marktes an. Da mit dem ÖPNV soziale, ökologische und raumstrukturelle Ziele verbunden sind – Sicherstellung der Mobilität für alle Schichten der Bevölkerung, Entlastung der Umwelt durch Verlagerung von MIV auf den ÖPNV, Zugänglichkeit aller Gebiete –, und der Markt diese Ziele nicht von sich aus verfolgen kann, muss die öffentliche Hand in die Verantwortung für den ÖPNV eingebunden werden. Dies geschieht durch eine Differenzierung in Aufgabenträger und Leistungserbringer:

- Aufgabenträger ist die öffentliche Hand. Sie ist für die Erfüllung der o.g. Ziele verantwortlich und muss deshalb festlegen, welcher Angebotsstandard erforderlich ist und wie hoch die Tarife sein müssen, um die Ziele zu erreichen. Leistungsanforderungen, die über den eigenwirtschaftlich zu erbringenden Anteil hinaus gehen, müssen von der öffentlichen Hand bezahlt werden. Instrument für die Festlegung des Angebotsstandards ist der Nahverkehrsplan, der vom Aufgabenträger aufzustellen ist. Die Vorgaben des Aufgabenträgers umfassen nach der hier vertretenen Auffassung den Verlauf und die Kurse der einzelnen Linien, die Linienverknüpfungen (Umsteigemöglichkeiten) und die Tarifhöhe.

- Leistungserbringer im ÖPNV sind nach wie vor die Verkehrsunternehmen. Bei Eigenwirtschaftlichkeit der Leistung liegt der Angebotsumfang im Ermessen des Verkehrsunternehmens. Wenn der Aufgabenträger ein darüber hinaus gehendes Angebot fordert,. kann die Eigenwirtschaftlichkeit verloren gehen. Die Vergabe der Konzessionen erfolgt in beiden Fällen im Wettbewerb: Im ersten Fall im Qualitätswettbewerb und im zweiten Fall – bei möglichst genauer Definition der quantitativen und qualitativen Vorgaben für das Angebot – im Ausschreibungswettbewerb. Die Ausformulierung des Angebots im Rahmen der Vorgaben sowie die Kalkulation der Kosten sind Aufgabe der Verkehrsunternehmen.

Für eine Reihe von Angebotskriterien sind von unterschiedlicher Seite (Staat, Verbände, Wissenschaft) Anspruchsniveaus in Form von „Richtwerten" formuliert worden. Angesichts ihrer politischen und finanziellen Verantwortung für die Angebotsqualität können solche Richtwerte für die Aufgabenträger nicht bindend sein, sondern nur eine Orientierungshilfe darstellen. Genauso dienen Vorgaben vergleichbarer anderer Aufgabenträger lediglich dem Vergleich. Durch einen solchen Vergleich entsteht allerdings ein politischer Wettbewerb zwischen den Aufgabenträgern um das bessere Angebot.

Parallel zur Deregulierung durch die EU hat der Bund den Schienenpersonennahverkehr regionalisiert und die Aufgabenträgerschaft an die jeweilige Gebietskörperschaft übertragen. In Konsequenz dieser Handlungsweise haben die Länder Landesnahverkehrsgesetze erlassen, die eine entsprechende Regelung auch für den öffentlichen Verkehr innerhalb der Länder vorsehen. Damit ergibt sich folgende Struktur des öffentlichen Verkehrs:

- Schienenpersonenfernverkehr ⇒ Bund,
- Schienenpersonennahverkehr ⇒ Länder,
- ÖPNV außerhalb der kreisfreien Städte ⇒ Landkreise,
- ÖPNV innerhalb der kreisfreien Städte ⇒ Städte.

Die Zuständigkeitsverteilung für den Öffentlichen Verkehr entspricht damit in etwa derjenigen des Straßenverkehrs (Bundesstraßen, Landesstraßen, Kreisstraßen, Gemeindestraßen).

Aufgrund der Deregulierung hat sich die Organisationsstruktur der Verkehrsverbünde geändert. An die Stelle des Verbundes zwischen den Verkehrsunternehmen ist ein Verbund zwischen den im Verkehrsgebiet zuständigen Gebietskörperschaften getreten. Daneben gab und gibt es in Einzelfällen auch Mischverbünde. Das Erscheinungsbild des ÖPNV gegenüber dem Fahrgast ist dabei erhalten geblieben: Dem Verbund obliegen nach wie vor die Information der Fahrgäste über das ÖPNV-Angebot – die Information über den Beförderungsablauf ist Aufgabe der Verkehrsunternehmen – sowie die Fahrgelderhebung. Aufgabe der Verbünde ist ferner die Aufteilung der Einnahmen auf die einzelnen Aufgabenträger. Eine etwaige Angebotsplanung erfolgt nicht mehr im Auftrag der Verkehrsunternehmen, sondern im Auftrag der Aufgabenträger.

2.3.4 Restriktionen gegenüber dem MIV

Die Zuständigkeit für restriktive Maßnahmen gegenüber dem MIV liegt

- beim Gesetzgeber,
- bei der kommunalen Verkehrsplanung.

Maßnahmen des Gesetzgebers

Die Maßnahmen des Gesetzgebers zielen auf die Kostenrelationen zwischen MIV und ÖPNV ab:

- Veränderung der Kfz-Steuer und/oder der Mineralölsteuer,
- Veränderung oder Wegfall der steuerlichen Absetzbarkeit von Aufwendungen für Fahrten zwischen Wohnung und Arbeitsstätte (Entfernungspauschale),
- Besteuerung der kostenlosen Bereitstellung eines Stellplatzes am Arbeitsplatz durch den Arbeitgeber als geldwerten Vorteil,
- Erhebung von Straßenbenutzungsgebühren.

Mit der Kfz-Steuer wird die Vorhaltung des Fahrzeugs besteuert, wobei durch eine entsprechende Staffelung die Anschaffung umweltfreundlicherer Fahrzeuge gefördert werden kann. Die Mineralölsteuer besteuert die Fahrleistung und fördert damit die Benutzung kraftstoffsparender Fahrzeuge. Sie ist gleichzeitig ein Entgelt für die Abnutzung der Straßen. Mit der Einführung des Katalysators sind die Schafstoffemissionen stark zurückgegangen, so dass vielfach gefordert wird, die Kfz-Steuer auf die Mineralölsteuer umzulegen. Da Steuern grundsätzlich nicht zweckgebunden sind, hängt es von der Entscheidung der zuständigen politischen Gremien ab, welcher Anteil dieser Steuern dem Straßenverkehr wieder zugute kommt.

Die Senkung oder Streichung der steuerlichen Absetzbarkeit des Wegeaufwandes oder die Besteuerung eines kostenlos zur Verfügung gestellten Stellplatzes am Arbeitsplatz als geldwerten Vorteil würde eine bessere räumliche Zuordnung der Wohnung zum Arbeitsplatz fördern (Kap. 2.2.2). Diese Maßnahmen sind aber nur schwer zu verwirklichen, weil sie die große Zahl der Pendler treffen, die sich mit der Wahl ihres Wohnstandortes schon festgelegt haben.

Die Erhebung von Straßenbenutzungsgebühren wird zukünftig durch elektronische Abbuchung erfolgen. Ziel von Straßenbenutzungsgebühren können die generelle Verteuerung des Verkehrs, die Förderung einer Verlagerung auf den ÖPNV sowie eine räumliche und zeitliche Lenkung der Verkehrsströme im Netz sein. Durch eine solche Lenkung lassen sich Engstellen entlasten. Die Begrenzung der Straßennutzungsgebühren auf bestimmte Straßentypen (z.B. Autobahnen) kann bewirken, dass sich Verkehrsströme auf untergeordnete Straßen verlagern.

Wegen der Komplexität und der engen Vermaschung der Netze ist die Erhebung einer Straßenbenutzungsgebühr in städtischen Straßennetzen technisch schwieriger als in Fernstraßennetzen. Deswegen sollte in der Stadt eine Bewirtschaftung des Parkraums Vorrang haben. Da die Parkdauer eng mit dem Fahrtzweck korreliert ist, kann durch Parkgebühren auch leichter eine fahrtzweckbezogene Differenzierung der Nutzungsgebühren erreicht werden.

Eine Veränderung der Kostenrelation zwischen Pkw und ÖPNV hat nur dann nennenswerte Wirkungen, wenn sie ausreichend hoch ist. Dies wirkt sich allerdings nicht nur auf den Verkehr, sondern auch auf die Mobilität der Bevölkerung und die Leistungsfähigkeit der Wirtschaft aus.

Maßnahmen der kommunalen Planung

Restriktive Maßnahmen gegenüber dem MIV, die in der Zuständigkeit der kommunalen Entscheidungsträger liegen, sind

- Drosselung des fließenden Verkehrs
  - Geschwindigkeitsbegrenzung,
  - Fahrbahnverengung,
  - Zufahrtsdosierung,
- Parkraumbewirtschaftung
  - Parkdauerbegrenzung,
  - Parkgebührenerhebung,
  - Beschränkung der Anzahl der Stellplätze auf privatem Grund,
- Straßenbewirtschaftung.

Drosselung des fließenden Verkehrs

Geschwindigkeitsbegrenzungen, Fahrbahnverengungen und die Wegnahme von Fahrstreifen beeinträchtigen die Leistungsfähigkeit der Straßen aus und schränken die Zugänglichkeit der Stadt ein. Der dadurch ausgelöste Stau kostet die Autofahrer Zeit und belastet die Umwelt. In Straßen mit Verbindungsfunktion sollte deshalb auf solche Maßnahmen verzichtet werden. In Wohngebieten können die Maßnahmen dagegen sinnvoll sein, denn sie ermöglichen eine Verkehrsberuhigung und tragen dazu bei, eine Verlagerung von Kfz-Verkehr aus den Verkehrsstraßen auf die Wohnstraßen in Form von „Schleichverkehr" zu verhindern.

Die Überlastung der innerstädtischen Straßen entsteht vor allem dadurch, dass sich die Querschnitte nicht entsprechend der nach innen zunehmenden Verkehrsbelastung erweitern, sondern verengen. Die Wirkungen dieses Trichtereffektes können verringert werden, wenn schon in den Zufahrten zur Innenstadt eine Drosselung des fließenden Verkehrs erfolgt. Damit können Stauerscheinungen aus der Innenstadt heraus an Stellen verlagert werden, an denen die Auswirkungen weniger belastend sind.

Die Länge der Grünzeit an den Knotenpunkten der Einfallstraßen kann von der jeweiligen Verkehrssituation der Innenstadt abhängig gemacht werden. Bei hoher Belastung der Innenstadt werden die Grünzeiten für Ströme in Richtung Innenstadt verkürzt. Diese Maßnahme ist einer Verengung von Fahrbahnen vorzuziehen, weil sie flexibler ist und auf kritische Verkehrszustände beschränkt werden kann.

Eine Drosselung des fließenden Verkehrs sollte erst dann vorgenommen werden, wenn Maßnahmen der Parkraumbewirtschaftung nicht möglich oder nicht ausreichend wirksam sind, wie z.B. bei übermäßigem Einkaufsverkehr an Tagen hoher Verkehrsbelastung.

Parkraumbewirtschaftung

Das Parken am Straßenrand ist in den Allgemeingebrauch der Straßen eingeschlossen, d.h. jeder, der das Recht zur Benutzung der Straßen hat, besitzt auch das Recht, am Straßenrand zu parken. Bei einem Mangel an straßenseitigen Parkmöglichkeiten, oder wenn das Parken andere Nutzungen beeinträchtigt, ist es zulässig, die Parknutzung – im Sinne einer Verwaltung von Knappheiten – durch die Erhebung von Parkgebühren und/oder die Begrenzung der Parkdauer zu bewirtschaften. Hierfür bestehen aber gesetzliche Grenzen.

Die Parkgebühren sollten räumlich und zeitlich gestaffelt werden. Sie sollten im Zentrum, wo der Parkdruck am größten ist, am höchsten sein und nach außen geringer werden. Mit zunehmender Parkdauer sollten die Gebühren ansteigen. Dies kann linear oder progressiv erfolgen.

Da der Durchgangsverkehr in den größeren Städten äußerst gering ist, enden nahezu alle Fahrten innerhalb der Stadt mit Parkvorgängen. Eine Kostenpflichtigkeit der Fahrten kann daher in einfacher Weise über die Parkgebühren abgegolten werden.

Die Kommunen haben bezüglich der Parkraumbewirtschaftung nur Zugriff auf die öffentlichen Stellplätze am Straßenrand, auf öffentliche Parkflächen abseits der Straße und auf Parkgaragen, im Besitz der öffentlichen Hand. Private Parkflächen oder Parkgaragen können in die kommunale Parkraumbewirtschaftung nicht ohne weiteres einbezogen werden. Die privaten Betreiber von Parkgaragen sind in der Festsetzung der Parkgebühren grundsätzlich frei. Sie praktizieren aber meist schon heute die geforderte räumlich-zeitliche Differenzierung der Parkgebühren.

Angesichts der Kosten, denen der MIV-Berufsverkehr bei der Erhebung von Parkgebühren unterworfen ist, können die ÖPNV-Fahrpreise im Berufsverkehr angehoben und stärker an die

Kosten angepasst werden. Sowohl durch den Fahrgastgewinn infolge der Parkraumbewirtschaftung als auch durch höhere Fahrpreise lässt sich der Subventionsbedarf im ÖPNV verringern. Eine solche Verringerung ist angesichts der angespannten Finanzlage der öffentlichen Hände geboten, weil sonst der notwendige Gestaltungsspielraum für das ÖPNV-Angebot verloren geht. Höhere Einnahmen im Berufsverkehr erlauben es außerdem, im Einkaufs-, Erledigungs- und Freizeitverkehr, in dem der ÖPNV in unmittelbarer Konkurrenz zum Pkw steht, die Fahrpreise zu senken.

Durch eine Stellplatzsatzung schreibt die Kommune vor, wie viele private Stellplätze bei Neubauten oder größeren Umbauten vom Bauherrn errichtet werden müssen. Umgekehrt kann die Kommune durch eine Stellplatzablösesatzung fordern, dass die nach der Stellplatzsatzung erforderlichen Stellplätze nicht an dem betreffenden Standort errichtet werden, sondern dass die hierfür anfallenden Kosten an die Kommune abgeführt werden, die dann diese Mittel dazu verwendet, entsprechende Stellplätze andernorts (z.B. in Form von P+R-Anlagen) zu schaffen. Auf diese Weise soll z.B. vermieden werden, dass Beschäftigte in größerem Umfang mit dem Pkw zu ihrer Arbeitsstätte in der Innenstadt fahren.

Induzierter Verkehr

Wenn die bestehenden Restriktionen gelockert oder die Straßeninfrastruktur erweitert wird, besteht die Gefahr, dass es zu einer Rückverlagerung von Verkehr vom ÖPNV oder vom NIV zum MIV kommt. Der dann entstehende zusätzliche Straßenverkehr wird als „Induzierter Verkehr" bezeichnet.

2.3.5 Verbesserung der Systemverknüpfung

Eine Verknüpfung von Individualverkehr und öffentlichem Verkehr erfolgt durch

- Park-and-Ride (P+R),
- Bike-and-Ride (B+R).

Park-and-Ride

Park-and-Ride ist sinnvoll bei Fahrten zwischen den äußeren und den inneren Bereichen von Ballungsräumen, wenn im Inneren der ÖPNV benutzt werden soll und außen das ÖPNV-Angebot als nicht ausreichend empfunden wird.

Ziel von Park-and-Ride sollte es sein, mit dem Auto einen möglichst kurzen Teil und mit dem ÖPNV einen möglichst langen Teil des Gesamtweges zurückzulegen, d.h. die der Wohnung am nächsten gelegene P+R-Anlage zu benutzen. Andernfalls wird der Außenbereich zu stark durch den MIV belastet, und dem ÖPNV zwischen Umland und Ballungskern werden Fahrgäste entzogen.

Voraussetzung für die Nutzung von Park-and-Ride ist es, dass der Nutzer an der P+R-Anlage stets einen freien Stellplatz findet (ggf. durch die Möglichkeit der Reservierung), und die P+R-Anlage sicher, übersichtlich und leicht zu befahren ist. Gleichzeitig muss die Fahrtenfolge des ÖPNV ausreichend hoch sein.

Um kurze Wege im MIV zu erreichen und stets einen freien Stellplatz zur Verfügung stellen zu können, ist es erforderlich, Größe und Standort der P+R-Anlagen zu optimieren und die Wahl der P+R-Anlage über eine räumlich differenzierte Erhebung von Nutzungsgebühren zu steuern.

Bike-and-Ride

Bike-and-Ride ist sinnvoll, wenn die ÖPNV-Haltestelle von der Wohnung aus nicht mehr fußläufig zu erreichen ist, der Weg aber gut mit dem Fahrrad zurückgelegt werden kann und das ÖPNV-Angebot an der Wohnung als nicht attraktiv genug empfunden wird.

Bei Bike-and-Ride wird in der Regel die der Wohnung am nächsten gelegene Haltestelle aufgesucht. Voraussetzung sind eine bequem und schnell zu bewältigende Zufahrt sowie bequeme und sichere Abstellmöglichkeiten an der Haltestelle.

Bike-and-Ride ist in hohem Maße witterungsabhängig, so dass häufig in der kalten Jahreszeit und/oder bei schlechter Witterung auf die Nutzung des Fahrrades verzichtet und der ÖPNV oder das Auto benutzt werden.

2.3.6 Bildung von Fahrgemeinschaften

Bei Fahrgemeinschaften kommt es zu einer Verringerung der Fahrleistung, weil mehrere Verkehrsteilnehmer gemeinsam ein Fahrzeug benutzen. Dies bietet sich vor allem bei Zielen an, die eine hohe Konzentration von Arbeitsplätzen aufweisen. Fahrgemeinschaften können sich durch private Verabredung oder öffentlich zugängliche Vermittlung bilden. Die öffentlich zugängliche Vermittlung erfolgt über eine Zentrale, die öffentlich oder privat organisiert sein kann. Wenn ständig dasselbe Fahrzeug benutzt wird, werden die Kosten geteilt. Gegenseitiger Versicherungsschutz wird in der Regel abgeschlossen. Bei Fahrgemeinschaften wird auch oft umschichtig gefahren. Die übrigen Mitglieder der Fahrgemeinschaft werden von der Wohnung durch den Fahrer abgeholt und dort auch wieder hingebracht.

Im Zunehmen begriffen sind Fahrgemeinschaften, die sich erst unterwegs, z.B. an Straßenknotenpunkten bilden, wobei mit einem Fahrzeug weiter gefahren wird und die anderen Fahrzeuge abgestellt werden. Dies erfordert an den Treffpunkten Stellplätze. Solche Fahrgemeinschaften haben ähnliche MIV-entlastende Wirkungen wie P+R, allerdings mit dem Unterschied, dass anstelle einer ÖPNV-Benutzung mit dem MIV weiter gefahren wird.

Die Hoffnungen, die anfänglich in Fahrgemeinschaften gesetzt worden sind, wurden enttäuscht. Hauptursache ist wohl die feste zeitliche Bindung, welche die Teilnehmer der Fahrgemeinschaft vor allem für die Rückfahrt eingehen müssen. Dieses Hemmnis lässt sich überwinden, wenn ein individualisierter ÖPNV bereitsteht, auf den die Teilnehmer der Fahrgemeinschaft ausweichen können, wenn in Einzelfällen die zeitliche Bindung nicht eingehalten werden kann.

2.3.7 Nachfragegesteuerte ÖPNV-Bedienung

Aus Kostengründen und aus Gründen des Umweltschutzes sollte das Angebot im ÖPNV hinsichtlich Anzahl der Fahrten und der Fahrzeuggröße möglichst gut an die Verkehrsnachfrage angepasst werden.

Bei hoher Verkehrskonzentration ist der Einsatz weniger großer Fahrzeuge dem Einsatz vieler kleiner Fahrzeuge vorzuziehen. Im Schienenverkehr sollten entsprechend lange Züge gebildet werden. Dabei ist jedoch darauf zu achten, dass die Fahrtenfolge nicht zu gering wird und dadurch die Attraktivität des ÖPNV leidet. Wenn die Nachfrageschwankungen bekannt sind, kann die Anpassung des Angebots bereits im Rahmen der Angebotsplanung erfolgen. Ansonsten sollten alle Möglichkeiten genutzt werden, um aktuell und on-line auf die Nachfrage reagieren zu können, z.B. durch den Einsatz von Verstärkungsfahrten.

Bei geringer Verkehrskonzentration, wie sie häufig im ländlichen Raum auftritt, ist nicht nur der Einsatz unterschiedlicher Fahrzeuggrößen sinnvoll, sondern auch der Einsatz unterschiedlicher Betriebsweisen. Hierbei sind sogenannte Richtungsband-Betriebsformen, die zwischen der Betriebsform des Linienbusses und der Betriebsform des Flächenbetriebs (wie beim Individual-Taxi) liegen, besonders geeignet (vgl. SCHUSTER, 1992).

2.4 Verringerung der Fahrten im Güterverkehr

Über Lösungsmöglichkeiten im städtischen Güterverkehr hat der Wissenschaftliche Beirat beim Bundesverkehrsministerium 1994 eine Stellungnahme abgegeben, der die nachfolgenden Ausführungen teilweise entnommen sind.

Die Verbesserung der gegenwärtig unbefriedigenden Situation im Güterverkehr erfordert ein Zusammenwirken von Stadtplanung, Wirtschaft und Transportgewerbe.

Maßnahmenfelder im Zuständigkeitsbereich der Stadtplanung sind

- Entwicklung von Konzepten zur Reduzierung des privaten Pkw-Verkehrs sowie des Personen-Wirtschaftsverkehrs ohne Gepäck / Geräte durch Verlagerung auf den ÖPNV, um mehr Raum für den Güterverkehr zu schaffen,
- Differenzierung des Straßennetzes mit Konzentration des Lkw-Verkehrs auf den Hauptverkehrs- und Verkehrsstraßen,
- Lkw-gerechter Ausbau der Hauptverkehrs- und Verkehrsstraßen,
- Bereitstellung und Freihaltung von Flächen für Ladevorgänge im Straßenraum,
- Lockerung von tageszeitlichen Begrenzungen für Ladetätigkeit in den Innenstädten.

Insgesamt muss die Stadtplanung den Belangen des Güterverkehrs mehr Bedeutung beimessen und Lkw-gerechter planen als bisher.

Die Wirtschaft kann durch folgende Maßnahmen einen Beitrag leisten:

- Bessere Ausschöpfung der Möglichkeiten interner Güterkreisläufe,
- Reduzierung der Anforderungen an den Transport durch flexible Lieferfristen und die Einführung einer kurzzeitigen Lagerhaltung,
- Beschleunigung der Ladevorgänge durch verstärkten Einsatz von Containern.

Eine Erhöhung der Fertigungstiefe und eine Verringerung der Arbeitsteilung, die einen erheblichen Beitrag zur Verringerung der Transportarbeit leisten würde, ist aus betriebswirtschaftlichen Gründen kaum möglich.

Maßnahmenfelder in der Zuständigkeit des Transportgewerbes sind:

- Verbesserung des Güterumschlags zwischen Fernverkehr und Nahverkehr,
- Verbesserung der Transportlogistik,
- Kooperation bei der Lagerung und Logistik,
- Verknüpfung von Liefer- und Abholvorgängen,

- weitestmögliche Vermeidung von Hauptverkehrszeiten für Liefervorgänge,

- Einsatz von Steuerungseinrichtungen, um Staus auszuweichen.

Aufgrund des Wettbewerbsdrucks, dem das Transportgewerbe unterliegt, ist ein Großteil des hier vorhandenen Potentials bereits ausgeschöpft.

Im Güterfernverkehr sind große Fahrzeuge aus wirtschaftlichen Gründen zwingend. Wenn die Empfänger von Sendungen des Fernverkehrs innerhalb der Stadt liegen und die großen Fahrzeuge mehrere Empfänger nacheinander bedienen, kommt es zu starken Belastungen des städtischen Straßennetzes. In solchen Fällen sollten die Güter am Rande der Stadt auf kleinere Fahrzeuge umgeladen und mit diesen verteilt werden. Dies geschieht in Güterverteilzentren (GTV), die i.d.R. von Speditionen betrieben werden:

Bild 2.8: Wirkung von Güterverteilzentralen

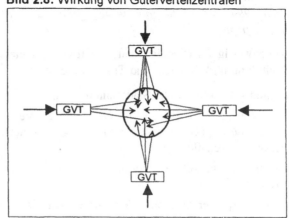

Die kleinen Fahrzeuge sind für die Stadt zwar weniger belastend, führen aber zu einer insgesamt höheren Transportarbeit, so dass zwischen Fahrzeuggröße und Transportarbeit abzuwägen ist.

Anzahl und Lage der Güterverteilzentren bestimmen Fahrtenanzahl und Fahrtlänge in der Stadt. Die Güterverteilzentren sollten deshalb so angeordnet sein, dass die Transportarbeit innerhalb der Stadt möglichst gering bleibt. Die Festlegung von Anzahl und Lage der Güterverteilzentren ist Ergebnis einer Standortoptimierung.

Große Geschäfte in der Innenstadt, wie z.B. Kaufhäuser, haben in der Regel Außenlager am Stadtrand oder außerhalb der Stadt. Für Waren größerer Abmessungen, die von den Kunden beim Kauf nicht mitgenommen werden können, sondern in die Wohnung zugestellt werden müssen, erfolgt die Auslieferung vom Außenlager aus. Das Außenlager erhält damit die Funktion eines Güterverteilzentrums. Mit den Transporten vom Außenlager zu den Kunden beauftragen die Geschäfte meist Spediteure. Im Interesse einer Minimierung der Transportarbeit sollte die Lieferung von Einkaufsgut aus unterschiedlichen Geschäften an dieselben Kunden zu einem Liefervorgang zusammengefasst werden. Dies erfordert eine Kooperation der Geschäfte.

Die Transportarbeit innerhalb der Stadt wird außerdem verringert, wenn auch kleinere Innenstadtgeschäfte Außenlager benutzen. Dies kann z.B. durch die Einrichtung von Gemeinschaftslagern geschehen, die von Spediteuren betrieben oder in bestehende Güterverteilzentren integriert werden. Von diesen Außenlagern aus können dann sowohl die Geschäfte in der Innenstadt als auch unmittelbar die Kunden beliefert werden.

"City-Logistik" ist z.Z. eines der Zauberworte im Güterverkehr. Dahinter verbergen sich das Aufteilen der im Güterverteilzentrum in großen Fahrzeugen ankommenden Waren auf Verteilfahrzeuge und die Bildung von Touren für die Verteilfahrzeuge. Ziel ist dabei eine hohe Auslastung der Fahrzeuge und eine Minimierung der Transportarbeit. Hierfür stehen schon seit längerem Tourenplanungsverfahren aus dem Bereich des Operation Research zur Verfügung.

Im Interesse eines reibungslosen Ablaufs des Straßenverkehrs sollte die Andienung von Empfängern und Versendern nach Möglichkeit außerhalb des Straßenraumes auf deren Grundstücken erfolgen. Sofern dies nicht möglich ist, müssen entsprechende Stellflächen im Straßenraum vorgesehen werden. Dazu ist es notwendig, im Rahmen eines Parkierungskonzeptes das Straßenrandparken in diesen Bereichen für den allgemeinen Straßenverkehr zu untersagen. Auszunehmen davon ist der Personen-Wirtschaftsverkehr, der Geräte oder andere Gegenstände mitführt.

Bei der Ausweisung von Stellplätzen für den Ladeverkehr ist darauf zu achten, dass die Stellplätze breit genug sind, damit die Lieferfahrzeuge nicht den fließenden Verkehr behindern. In Erschließungsstraßen wird es sich nicht immer vermeiden lassen, dass Lieferfahrzeuge in der zweiten Reihe halten. Aus diesem Grunde sollten Erschließungsstraßen so breit sein, dass ein zweiter Lkw vorbeifahren kann.

Durch eine geeignete Ladetechnik (z.B. mit Containern) und eine geeignete Organisation des Empfangs- und Versandprozesses sollte angestrebt werden, den Ladevorgang zeitlich so kurz wie möglich zu halten. Dies liegt auch im Interesse der Spediteure. Eine Begrenzung von Ladetätigkeiten auf bestimmte Tageszeiten ist zwar möglich und häufig im Interesse des Gesamtverkehrs auch notwendig, sie engt aber die Dispositionsmöglichkeiten der Spediteure ein und verursacht höhere Kosten. Eine Lieferung oder Abholung außerhalb der üblichen Geschäftszeiten erfordert beim Empfänger/Versender eine gesonderte und kostenintensive Bereithaltung von Personal, es sei denn, es stehen automatische Empfangs- / Versandeinrichtungen wie z.B. Containerschleusen zur Verfügung.

2.5 Verträgliche Abwicklung der verbleibenden Fahrten

Eine stadtverträgliche Abwicklung des Verkehrs hängt einerseits von der zu bewältigenden Menge an Fahrten (Anzahl und Länge der Fahrten) und andererseits von der Aufnahmefähigkeit des Straßennetzes ab. Das zu bewältigende Fahrtenvolumen ist Ergebnis der Verkehrsnachfrage sowie der Bemühungen, Anzahl und Länge der Wege und Fahrten zu verringern (Kap. 2.2 und Kap. 2.3). Die Aufnahmefähigkeit des Straßennetzes wird begrenzt von der Leistungsfähigkeit der Straßenverkehrsanlagen sowie von der Belastbarkeit der angrenzenden Nutzungen. Zwischen dem Ziel einer Verringerung von Anzahl und Länge der Wege und Fahrten und dem Ziel einer stadtverträglichen Abwicklung des verbleibenden Fahrtenvolumens besteht eine Rückkopplung: Die mögliche Verringerung der Fahrten bestimmt das Ausmaß der noch zu bewältigenden Fahrten, und die Aufnahmefähigkeit des Straßennetzes bestimmt das Maß der erforderlichen Verringerung. Dabei treten Überlastungen des Straßennetzes in der Regel nicht gleichmäßig auf, sondern sind auf bestimmte Stellen des Netzes und auf bestimmte Zeiten konzentriert.

Für eine verträgliche Abwicklung der verbleibenden Fahrten bestehen folgende Möglichkeiten:

- Ausbau der Verkehrsinfrastruktur zur Erhöhung der Leistungsfähigkeit der Straßenverkehrsanlagen und zur Verringerung der Belastung benachbarter Nutzungen,

- funktionale Differenzierung des Netzes zur Entlastung von Netzteilen mit sensiblen Nutzungen,

- zeitliche und räumliche Entzerrung des Verkehrs zur Vermeidung übermäßiger Konzentrationen,

- Steuerung des Fahrtablaufs zur Verringerung von Stau.

2.5.1 Erweiterung der Verkehrsinfrastruktur

Eine Erweiterung der Verkehrsinfrastruktur ist angesichts der Schwierigkeiten der Finanzierung und der geringen politischen Akzeptanz nur noch punktuell und nur noch in engen Grenzen möglich. Dennoch müssen Engpässe beseitigt und Ortslagen entlastet werden.

2.5.2 Funktionale Differenzierung des Netzes

Ziel einer Differenzierung des Netzes ist es, den MIV auf leistungsstarken Straßen mit unsensiblen Nutzungen zu bündeln und ihn von leistungsschwachen Straßen mit sensiblen Nutzungen fernzuhalten. Dazu ist es notwendig, die Straßen hierarchisch zu gliedern in

- Hauptverkehrsstraßen,

- Verkehrsstraßen,

- Sammelstraßen,

- Anliegerstraßen.

Auf den Hauptverkehrs- und Verkehrsstraßen überwiegt die Verbindungsfunktion und auf den Anliegerstraßen die Erschließungsfunktion. Sammelstraßen führen die Anliegerstraßen zusammen und binden sie an die Verkehrsstraßen an. Sie haben sowohl Verbindungs- als auch Erschließungsfunktion. Eine besondere Art der Anliegerstraße ist die Geschäftsstraße.

Die funktionale Differenzierung des Netzes muss einhergehen mit einer Differenzierung der Geschwindigkeit: Während auf Hauptverkehrsstraßen Geschwindigkeiten von über 50 km/h zugelassen werden können, und auf Verkehrsstraßen eine maximale Geschwindigkeit von 50 km/h sinnvoll ist, sollte die Geschwindigkeit auf Anliegerstraßen auf 30 km/h begrenzt werden. Diese Geschwindigkeitsbegrenzung für den motorisierten Verkehr sollte auch in der Straßenführung und in der Straßenraumgestaltung sichtbar werden, denn Verkehrsschilder allein sind erfahrungsgemäß nicht ausreichend. Auf Sammelstraßen können je nach Einbindung in das Netz und örtlicher Situation maximale Geschwindigkeiten sowohl von 50 km/h als auch von 30 km/h festgelegt werden.

Hauptverkehrs- und Verkehrsstraßen sollten tangential zu bebauten Gebieten geführt werden, um diese Gebiete von Durchgangsverkehr frei zu halten. Umgekehrt sollten die Hauptverkehrs- und Verkehrsstraßen von verkehrssensiblen Nutzungen frei bleiben. Anliegerstraßen sollten soweit wie möglich verkehrsberuhigt werden. Dort haben Fußgänger- und Fahrradverkehr Vorrang. Geschäftsstraßen können entweder als reine Fußgängerstraßen oder als Straßen mit bevorzugtem Fußgängerverkehr ausgebildet werden. In reinen Fußgängerstraßen müssen Bedienungsvorgänge rückwärtig oder unterirdisch erfolgen oder auf bestimmte Tageszeiten mit geringer Fußgängerdichte beschränkt werden. In Straßen mit lediglich bevorzugtem Fußgängerverkehr sind keine Restriktionen des Andienungsverkehrs erforderlich.

Linien des straßengebundenen ÖPNV sollten, sofern sie nur Verbindungsfunktion haben, in Hauptverkehrs- und Verkehrsstraßen auf eigenen Fahrstreifen geführt werden. Sofern sie innerhalb von Gebieten Erschließungsfunktion haben, sollten sie über zentrale Verkehrs- oder Sammelstraßen verlaufen. Insbesondere Einkaufsstraßen eignen sich gut für die Aufnahme des ÖPNV. Dadurch wird der ÖPNV unmittelbar an die Geschäfte herangeführt und das Vorhandensein des ÖPNV vor allem dort deutlich gemacht, wo sich eine große Anzahl von Fußgängern bewegt.

Das Netz muss in einen ausgewogenen Ausbauzustand gebracht werden, d.h. es müssen sowohl ausgesprochene Engstellen beseitigt als auch partielle Überkapazitäten abgebaut werden. Die Herausnahme des Durchgangsverkehrs aus Erschließungsstraßen erlaubt in vielen Fällen einen Rückbau der Fahrbahnfläche zugunsten anderer Nutzungen. Die Fahrbahnen brauchen nur noch den geschwindigkeitsreduzierten Erschließungsverkehr für die benachbarten Nutzungen aufzunehmen. Dabei muss allerdings Raum für das Abstellen von Fahrzeugen der Anwohner, der Besucher und des Wirtschaftsverkehrs vorgesehen werden. Im Zusammenhang mit dem Rückbau der Fahrbahnen kommt der städtebaulichen Gestaltung der Straßen eine große Bedeutung zu. Die Ausweitung der Anlagen für den Fußgänger- und Fahrradverkehr und die häufig mögliche Begrünung oder anderweitige Gestaltung des Straßenraums gibt der Straße ursprüngliche Funktionen zurück.

2.5.3 Zeitliche und räumliche Entzerrung des Verkehrs

Die Negativwirkungen des Verkehrs sind besonders groß, wenn neben einer hohen Anzahl an Fahrten gleichzeitig hohe zeitliche und räumliche Konzentrationen auftreten.

Möglichkeiten zu einer zeitlichen Entzerrung des Verkehrs ergeben sich im Zusammenhang mit der Erhebung von Straßenbenutzungsgebühren – dies dürfte aber nur für den Fernverkehr von Bedeutung sein – und einer tageszeitlichen und nicht nur parkdauerbezogenen Differenzierung der Parkgebühren. Im ÖPNV ist eine tageszeitliche Differenzierung der Fahrpreise (Tageskarten ab 9 Uhr und teilweise höhere Fahrpreise in der Hauptverkehrszeit) schon üblich.

Eine räumliche Entzerrung des Verkehrs kann im einfachsten Fall mit Hilfe von Verkehrsregelungen, wie z.B. Abbiegeverboten, (verkehrsabhängigen) Lichtsignalschaltungen und Wegweisungen erfolgen. Die heutige Verkehrstechnik bildet hierfür zusätzlich Verkehrsinformationssysteme und Zielführungssysteme.

Eine gleichermaßen zeitliche und räumliche Entzerrung des Verkehrs kann schließlich durch Pförtner-Lichtsignalanlagen an der Zufahrt zu einzelnen Straßen oder Teilen des Netzes erreicht werden.

3 Prozess der Verkehrsplanung

3.1 Definitionen

Planung heißt, Maßnahmen zu entwickeln, die einen vorhandenen Zustand (=Ist-Zustand), der mit Mängeln behaftet ist, in einen Zustand (=verbesserter Zustand) überführen, der dem angestrebten Zustand (=Soll-Zustand) möglichst nahe kommt. Anfangs vorhandene Mängel zeigen sich bei einem Vergleich zwischen dem Ist-Zustand und dem Soll-Zustand und nach Entwicklung von Maßnahmen noch vorhandene Mängel bei einem Vergleich zwischen dem verbesserten Zustand und dem Soll-Zustand:

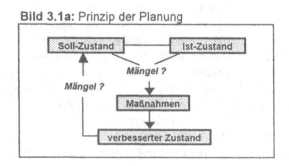

Bild 3.1a: Prinzip der Planung

Der Ist-Zustand kann auch als Zustand ohne Wirksamwerden von Maßnahmen (Ohne-Fall) bezeichnet werden und der verbesserte Zustand als Zustand nach Wirksamwerden von Maßnahmen (Mit-Fall). Aus dem Soll-Zustand leiten sich die Ziele der Planung ab. Mängel zeigen sich dann bei einem Vergleich der verschiedenen Zustände mit den Zielen:

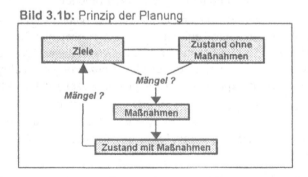

Bild 3.1b: Prinzip der Planung

Als Zustand wird eine zeitlich fixierte und räumlich abgegrenzte Situation definiert, die sich aus dem Zusammenspiel zwischen Angebot und Nachfrage ergibt.

Beim Zustand ist zu unterscheiden zwischen

- vorhandenem Zustand („Null-Fall"),

- zukünftigem Zustand ohne Maßnahmen („Prognose-Null-Fall"),

- zukünftigem Zustand mit Maßnahmen („Planungs-Fall").

Der zukünftige Zustand ohne Maßnahmen entwickelt sich aus dem vorhandenen Zustand durch

- systemimmanente Veränderungsprozesse (z.B. Alterungsprozesse),

- externe Einflüsse, die im Rahmen der Planung nicht beeinflusst werden können (z.B. Erhöhung der Mineralölsteuer).

Für die Untersuchung eines zukünftigen Zustands ist ein Zeitpunkt zu definieren. Ggf. ist der Zustand auch zu unterschiedlichen Zeitpunkten zu betrachten. Die jeweils sinnvollen Zeiträume richten sich nach der Art der Planungsaufgabe. Bei leicht abänderbaren Maßnahmen (z.B. Liniennetz eines Bussystems) genügen kurze Zeiträume, während bei Infrastrukturmaßnahmen (z.B. U-Bahn-Bau) längere Zeiträume erforderlich sind.

Die Ziele der Verkehrsplanung betreffen

- Qualität des Verkehrsablaufs (z.B. Reisegeschwindigkeit),

- Wirkung des Verkehrsablaufs auf benachbarte Nutzungen (z.B. Flächenbeanspruchung oder Belastung der Anwohner einer Straße),

- Kosten für die Erstellung und den Betrieb des Angebots.

Die Ziele sind zeitlichen Veränderungen unterworfen. Sie verändern sich aufgrund veränderter Werthaltungen und politischer Entscheidungen. So haben z.B. die Umweltziele in den 70-er-Jahren zunehmend an Bedeutung gewonnen und in den 90-er-Jahren diese wieder verloren.

Maßnahmen sind Eingriffe in das System der Planung. Sie zielen ab auf

- Beeinflussung der Verkehrsnachfrage,

- Veränderung des Verkehrsangebots,

- Steuerung des Verkehrsablaufs.

Ergebnis der Planung ist der Plan. Er erhält seine Verbindlichkeit durch die Planfeststellung und bildet ein Handlungskonzept für die Realisierung der Maßnahmen.

3.2 Vorgehensweise bei der Planung

3.2.1 Ablauf der Planung

Bis in die 70er Jahre wurde Verkehrsplanung ausschließlich unter fachlichen Gesichtspunkten und ohne Bezug auf explizit formulierte Ziele betrieben. Implizit lagen der Planung allgemein akzeptierte technische Ziele zugrunde wie die Sicherheit und Leichtigkeit des Autoverkehrs. Die Planung war sich damit auf eine Dimensionierungsaufgabe reduziert:

Bild 3.2: Bisheriges Vorgehen

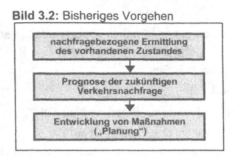

Diese Art Planung wird rückblickend als „Anpassungsplanung" bezeichnet. Die Aufgabe bestand darin, den vorhandenen Zustand an eine steigende Nachfrage anzupassen. Dazu war es lediglich erforderlich, die zukünftige Verkehrsnachfrage zu prognostizieren und eine passende Maßnahme zur Anpassung des Angebots an diese Verkehrsnachfrage auszuwählen. Eine Wirkungsanalyse erübrigte sich.

Inzwischen haben neben den technischen Zielen die sozialen und ökologischen Ziele an Bedeutung gewonnen. Aus diesem Grunde müssen die Ziele jeweils explizit formuliert und gegeneinander abgewogen werden. Planung wird damit zu einer zielorientierten Aufgabe.

Für eine zielorientierte Verkehrsplanung hat die Forschungsgesellschaft für Straßen- und Verkehrswesen 1979 „Rahmenrichtlinien für die Generalverkehrsplanung (RaRiGVP)" und 1985 einen „Leitfaden für Verkehrsplanungen" herausgebracht, der 2001 neu aufgelegt wurde. In den Rahmenrichtlinien und auch im Leitfaden ist der Ablauf einer zielorientierten Verkehrsplanung explizit dargestellt worden. Nachfolgend wird diese Darstellung allerdings ohne den Block Erfolgskontrolle wiedergegeben.

Bild 3.3: Darstellung des Planungsprozesses im „Leitfaden für Verkehrsplanungen" der FGSV (2001)

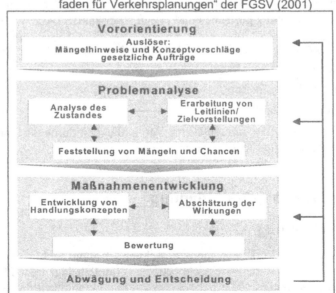

Unter Einbeziehung weitergehender Diskussionen und Erfahrungen wird der Ablauf des Planungsprozesses folgendermaßen modifiziert:

Bild 3.4: Planungsprozess

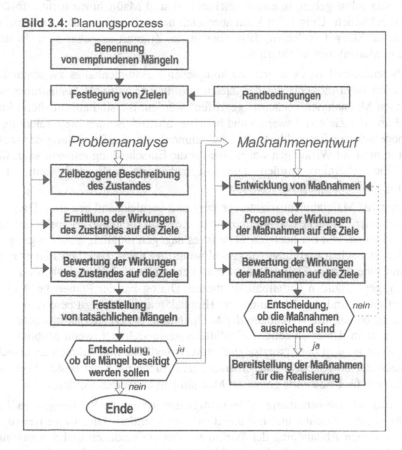

Durch die Darstellung der beiden Phasen Problemanalyse und Maßnahmenentwurf nebeneinander wird deutlich, dass in beiden Phasen methodisch ähnliche Arbeitsschritte ablaufen.

Ein Planungsvorgang wird in der Regel dadurch angestoßen, dass Mängel empfunden werden. Ausgehend von diesen Mängeln werden Ziele festgelegt. Die Planung kann aber auch angestoßen werden, wenn sich – z.B. aufgrund von politischen Vorgängen – die Ziele oder Randbedingungen ändern.

Bei der Problemanalyse müssen zunächst der vorhandene Zustand sowie seine absehbare Entwicklung ohne Maßnahmen beschrieben werden. Anschließend werden die Wirkungen dieser Zustände in Hinblick auf die Ziele ermittelt und bewertet. Aus dieser Abfolge der Arbeitsschritte wird deutlich, dass die Beschreibung von Zuständen kein Selbstzweck ist, sondern der späteren Bewertung der Zustände dient. Aus diesem Grunde sollte die Zustandsbeschreibung auf diejenigen Merkmale beschränkt werden, die erforderlich sind, um die Wirkungen auf die Ziele ermitteln und bewerten zu können

Die Bewertung der Wirkungen zeigt, ob Mängel vorhanden sind und welchen Umfang sie haben. Hierbei handelt es sich um die Feststellung tatsächlich vorhandener Mängel im Gegensatz zu dem subjektiven Empfinden der Mängel in dem Arbeitsschritt, der den Planungsprozess anstößt. Bei der Feststellung der Mängel kann sich ergeben, dass die Mängel gering sind oder sich im Laufe der Zeit von selbst geben. In einem solchen Fall sind Maßnahmen nicht erforderlich und vielleicht sogar schädlich. Umgekehrt kann aber auch deutlich werden, dass zwar im vorhandenen Zustand keine Mängel vorliegen, diese aber in der Zukunft absehbar sind. In diesem Fall sind vorbeugend Maßnahmen erforderlich.

Beim Maßnahmenentwurf ist es wegen des komplexen Zusammenhangs zwischen Zielen und Maßnahmen meist nicht möglich, aus den Zielen unmittelbar optimale Maßnahmen abzuleiten. Vielmehr müssen Maßnahmen zunächst „gegriffen" werden. Sie sind anschließend im Hinblick auf die Erreichung der Ziele zu bewerten und bei einer unzureichenden Zielerreichung zu verändern (Rückkoppelung zur Entwicklung der Maßnahmen). Bei der Ermittlung der Maßnahmenwirkungen kann man auf Wirkungen stoßen, die für die Entscheidung relevant sind, für die aber bisher keine Ziele definiert wurden. Die entsprechenden Ziele sind dann zu ergänzen (Rückkoppelung zur Festlegung von Zielen).

Früher wurden meist Maßnahmenvarianten erzeugt und vergleichend bewertet. Dies war bei der damaligen manuellen Vorgehensweise und auch noch zur Zeit der „Stapelverarbeitung" der frühen EDV zwingend. Mit der heutigen EDV ist es dagegen möglich, eine Ausgangslösung für die Maßnahmen zu suchen und diese Ausgangslösung im Dialog zwischen Planer und Rechner in Richtung auf eine bessere Zielerfüllung weiterzuentwickeln. Dies ist insbesondere bei komplexen Planungsgegenständen vorteilhaft. In diesem Dialog hat der Planer die Aufgabe, Maßnahmen zu „erfinden" und ihre Wirkungen im Hinblick auf die Ziele zu bewerten, während der Rechner die Aufgabe hat, die Wirkungen der Maßnahmen, soweit sie quantifizierbar sind, zahlenmäßig zu ermitteln. Unterschiedliche Planfälle ergeben sich erst, wenn Maßnahmen für unterschiedliche Ziele gesucht oder grundsätzlich unterschiedliche Maßnahmen untersucht werden (z.B. Suche nach der billigsten Lösung einerseits und Suche nach der besten Lösung andererseits). Dann müssen für beide Fälle gesondert Maßnahmen entworfen werden.

In der Praxis wird auf eine detaillierte zahlenmäßige Ermittlung der Wirkungen im Rahmen der Problemanalyse meist verzichtet und nur allgemein argumentiert. Dies ist vertretbar, wenn bereits aus einer verbalen Abhandlung der Wirkungen des vorhandenen und des zukünftigen Zustandes ohne Maßnahmen eindeutig hervor geht, dass Maßnahmen erforderlich sind. In einem solchen Fall muss die detaillierte zahlenmäßige Ermittlung der Wirkungen des heutigen Zustandes und des zukünftigen Zustandes ohne Maßnahmen gleichzeitig mit einer entsprechenden Ermittlung der Wirkungen der vorgesehenen Maßnahmen durchgeführt werden. Der Vergleich der beiden Ergebnisse zeigt, welche Verbesserungen durch die Maßnahmen erreicht werden können.

Wegen der i.a. ungenauen und unvollständigen Kenntnis der Eingangsdaten und der Wirkungsmechanismen ist eine exakte Ermittlung von optimalen Maßnahmen kaum möglich. Die Planung wird immer nur eine mehr oder weniger genaue Annäherung an das Optimum sein, sofern ein solches überhaupt definiert werden kann. Aus diesem Grunde kommt einer Erfolgskontrolle der realisierten Maßnahmen und einer etwaigen Veränderung der Maßnahmen zur Beseitigung verbleibender Mängel eine große Bedeutung zu. Die Erfolgskontrolle wird damit zur vierten Phase des Planungsprozesses.

Die Erfolgskontrolle hat folgenden Ablauf:

Bild 3.5: Erfolgskontrolle

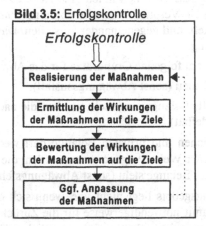

Beispiel: Die für den Einkaufsverkehr in einer Innenstadt erforderliche Anzahl an Stellplätzen kann nur annähernd ermittelt werden. Deshalb ist eine nachträgliche Kontrolle des Auslastungsgrades der Parkierungseinrichtungen erforderlich. Wenn der Auslastungsgrad der Stellplätze einen bestimmten Wert (z.B. 90%) übersteigt, werden die Parkgebühren erhöht, so dass die Nachfrage abnimmt. Wenn daraufhin Kenngrößen, welche die Attraktivität der Innenstadt beschreiben (z.B. Fußgängerdichte), schlechter werden, wird die Gebührenerhöhung rückgängig gemacht, und es werden statt dessen zusätzliche Stellplätze eingerichtet.

Bei der Erfolgskontrolle müssen die zielrelevanten Zustandsgrößen entweder kontinuierlich oder zu bestimmten Zeitpunkten erfasst werden.

Die nachträgliche Anpassung der Maßnahmen ist vor allem bei organisatorischen Maßnahmen wie Verkehrsregelungen sowie Linienplänen und Fahrplänen im ÖPNV leicht möglich. Sie ist dagegen nur eingeschränkt möglich bei investiven Maßnahmen wie Straßen- oder Gleisbau. Je intensiver die Möglichkeiten der Erfolgskontrolle und der Anpassung der Maßnahmen genutzt werden, umso eher lassen sich Unvollkommenheiten und Ungenauigkeiten beim Maßnahmenentwurf in Kauf nehmen. Die Erfolgskontrolle ermöglicht es auch, die Güte der in den Phasen der Problemanalyse und des Maßnahmenentwurfs angewendeten Prognoseverfahren zu prüfen und diese Verfahren ggf. zu verbessern. Außerdem beinhaltet die Erfolgskontrolle einen Lerneffekt im Hinblick auf die zugrundeliegenden Wirkungsmechanismen.

3.2.2 Rechtliche Grundlagen

Bei der raumbezogenen Planung sind rechtliche Bindungen zu beachten, die sich aus Rechtsgütern des Grundgesetzes ableiten:

- Rechtsgut der körperlichen Unversehrtheit (Art. 2 (2) des GG),
- Rechtsgut der Eigentumsgarantie (Art. 14 (1) des GG),
- Rechtsgut der Sozialpflichtigkeit des Eigentums (Art. 14 (2) GG).

Rechtliche Bindungen ergeben sich außerdem u.a. aus dem Bundesimmissionsschutzgesetz (BImSchG) und dem Bundesnaturschutzgesetz (BNatSchG).

Die gesetzlichen Bindungen sind teilweise gegenläufig, wie z.B. Eigentumsgarantie und Sozialpflichtigkeit des Eigentums, so dass zwischen ihnen eine Abwägung erfolgen muss. Unter dem Abwägungsgebot versteht man die Verpflichtung, alle von einer Planung berührten öffentlichen und privaten Belange zu ermitteln und gegeneinander zu stellen. Das Abwägungsgebot ist damit ein Schlüsselelement der Planung.

Das Bundesverwaltungsgericht hat folgende Grundsätze für das Abwägungsgebot formuliert:

- Eine Abwägung muss stattfinden (sonst Abwägungsausfall).

- In die Abwägung müssen alle Belange eingestellt werden, die nach Lage der Dinge einzustellen sind (sonst Abwägungsdefizit).

- Die Bedeutung der öffentlichen und privaten Belange darf weder verkannt noch der Ausgleich zwischen ihnen in einer Weise vorgenommen werden, die außer Verhältnis zur objektiven Gewichtigkeit einzelner Belange steht (sonst Abwägungsfehleinschätzung).

Eine Verletzung des Abwägungsgebots liegt nicht vor, wenn sich die planende Instanz für die Bevorzugung des einen und damit notwendigerweise für die Zurückstellung des anderen Belanges entscheidet. Diese Gewichtung ist vielmehr ein wesentliches Element planerischer Gestaltungsfreiheit. Die gerichtliche Überprüfung einer Planung hat sich daher auf die Frage zu beschränken, ob die planende Instanz die abwägungserheblichen Gesichtspunkte rechtlich und tatsächlich zutreffend ermittelt hat und ob sie die Grenzen der ihr obliegenden Gewichtung eingehalten hat. Die Gerichte haben demnach nicht die Befugnis, geplante Maßnahmen inhaltlich zu verändern. Ihnen steht kein eigenes planerisches Ermessen zu, das sie an die Stelle des Ermessens der planenden Instanz setzen dürfen. Die Gerichte können Planungen lediglich für unrechtmäßig erklären, wenn Verstöße gegen rechtliche Vorschriften vorliegen. Dies sind in der Regel Verstöße gegen das Abwägungsgebot.

Die Klagefreudigkeit zur Wahrnehmung gesetzlich geschützter Rechte hat in den letzten Jahrzehnten zugenommen. Dies hat zwar auch mit Partikularinteressen und Eigennutz zu tun, ist aber auch Ausdruck einer kritischen Distanz gegenüber staatlichem Handeln. Ansatzpunkt solcher Klagen sind häufig Planungsmängel, entweder in der Methodik (z.B. unzureichende Ermittlung der Wirkungen von Maßnahmen) oder im formalen Ablauf des Planungsprozesses (z.B. unzureichende Beteiligung Betroffener). Um gerichtliche Auseinandersetzungen zu vermeiden, die zu einer verzögerten Realisierung von Maßnahmen, zu politischen Auseinandersetzungen und zu Kostenerhöhungen führen können, muss von allen planenden Stellen ein sauberes methodisches und formales Vorgehen bei der Planung gefordert werden.

3.2.3 Mitwirkung an der Planung

Nach heutiger Auffassung erfordert die Planung – nicht zuletzt wegen ihrer Ausrichtung an explizit formulierten Zielen – eine Zusammenarbeit von politischer und fachlicher Instanz:

- Aufgaben der politischen Instanz sind:
  - Festlegung der Ziele,
  - Entscheidung, ob die vorhandenen oder absehbaren Mängel Maßnahmen erfordern,
  - Entscheidung, ob die Maßnahmen die Ziele ausreichend erfüllen.

  Die Lösung dieser Aufgaben hängt von Werthaltungen ab und ist subjektiv.

- Aufgaben der fachlichen Instanz sind:
  - Entwurf von Maßnahmen,
  - Ermittlung der Wirkungen der unterschiedlichen Zustände (ohne und mit Maßnahmen) im Hinblick auf die Ziele,
  - Bewertung der Wirkungen der unterschiedlichen Zustände (ohne und mit Maßnahmen) im Hinblick auf die Ziele.

Für diese Aufgaben ist Fachwissen erforderlich. Sie sollten so objektiv wie möglich gelöst werden.

Die beiden Aufgabenfelder überlappen sich in der Weise, dass die fachliche Instanz die politische Instanz bei der Erfüllung ihrer Aufgaben fachlich berät und die politische Instanz die Plausibilität der Arbeiten der fachlichen Instanz überprüft.

In einer idealen repräsentativen Demokratie genügt bei der Planung das Wechselspiel zwischen politischer und fachlicher Instanz, weil die Interessen der unterschiedlichen gesellschaftlichen Gruppen durch die politische Instanz vertreten werden. Unsere gegenwärtige Demokratie ist jedoch dadurch gekennzeichnet, dass die gesellschaftlichen Gruppen selbst aktiv werden und versuchen, die Entscheidung der politischen Instanz unmittelbar zu beeinflussen. Aus diesem Grunde ist es sinnvoll, diese Gruppen umfassend an der Planung zu beteiligen.

Solche Gruppen sind

- unmittelbar betroffene Bürger,
- mittelbar betroffene Interessensgruppen
  (in der städtischen Verkehrsplanung z.B. Einzelhandelsverband, Industrie- und Handelskammer, Handwerkerkammer, ADAC, VCD, Bund Naturschutz, Interessengemeinschaften von Bürgern).

Vorschriften für die Beteiligung Betroffener gibt es beim Raumordnungs- und Planfeststellungsverfahren sowie bei der Aufstellung von Bebauungsplänen. Die Beteiligung Betroffener sollte aber nicht erst nach Fertigstellung der Pläne, sondern von Anfang an, d.h. schon in der Phase der Problemanalyse, erfolgen. Dies erleichtert die spätere Durchsetzung der Pläne.

Für die planende Instanz bringt die frühzeitige Beteiligung von Bürgern und Interessensgruppen den Vorteil, dass sie abweichende Sichtweisen der Probleme und Vorstellungen über Lösungsmöglichkeiten kennen lernt sowie die Machtverhältnisse zwischen den Gruppen abschätzen kann. Dies ist vor allem von Bedeutung, wenn die Planung von externen Beratern durchgeführt wird, die mit der örtlichen Situation nicht vertraut sind. Neben die Analyse des Sachsystems tritt damit die Analyse des Interessensystems. Die Kenntnis der Sichtweisen und Machtverhältnisse vor Ort erleichtert es, zu Lösungen zu gelangen, die später auch durchsetzbar sind. Im Verlauf der Diskussionen besteht für die planende Instanz die Möglichkeit, durch Kenntnis der Interessenlagen aller Gruppen und der Machtverhältnisse zwischen den Gruppen die einzelnen Gruppen gegeneinander auszuspielen. Dieser Versuchung sollte die planende Instanz nicht zuletzt aus Gründen der Berufsethik widerstehen.

Zunehmend erfolgt bei der Planung eine unmittelbare Beteiligung der Bürger. Bei einer solchen Beteiligung sind die verschiedenen Meinungen selten repräsentativ, sondern meist einseitig vertreten. Dadurch kommt es leicht zu Konfrontationen, die Politiker in ihrer Entscheidungsbereitschaft bremsen. Zur Erkundung der Problemsichten sind öffentliche Veranstaltungen sinnvoll. Für die Information über die Ergebnisse der Maßnahmenentwicklung und die Einholung kritischer Stellungnahmen erscheint dagegen ein schriftlicher Weg sinnvoller. Er erlaubt es, die Bürgermeinung in einer repräsentativen Gewichtung in die Entscheidung einfließen zu lassen, ohne dass die Entscheidung unnötig emotionalisiert wird.

Noch weitergehender und von der repräsentativen Demokratie noch weiter entfernt ist es, die Planung Bürgerentscheiden zu unterwerfen. Zu dieser Forderung kommt es, wenn die betroffenen Bürger nicht ausreichend in die Planung einbezogen werden. Durch Bürgerentscheide werden die politische und die fachliche Instanz leicht zu unsachgemäßen Lösungen veranlasst. Die Verwaltung ist bei Bürgerentscheiden allerdings auch formal gezwungen, die Zusammenhänge der Planung den Bürgern umfassend zu erläutern. Dies trägt zur Transparenz des Planungsprozesses bei.

Neuerdings wird versucht, die Durchsetzungsprobleme mit sog. Mediationsverfahren in den Griff zu bekommen. Dabei diskutiert ein häufig ortsfremder und bewusst fachunkundiger Mediator – teilweise ohne Unterstützung von Fachleuten – mit den betroffenen Bürgern und Interessensgruppen, um Lösungen für die Probleme zu finden. Eine solche Lösungssuche hat vor allem zwei Nachteile: Die Wirkungen der vorgeschlagenen Maßnahmen können von den Beteiligten ohne fachliche Unterstützung kaum richtig beurteilt werden, und die Maßnahmen werden oft isoliert voneinander diskutiert, so dass der Maßnahmenzusammenhang verloren geht.

3.2.4 Planungsstufen

Die Schwierigkeiten bei der Durchsetzung von Planungsergebnissen lassen es vorteilhaft erscheinen, die Durchführung der Planung in zwei Stufen zu unterteilen.

In der Stufe der strategischen Planung läuft der Planungsprozess auf einer konzeptionellen Ebene ab: Aus den vor Ort bekannten Mängeln, der Mängeleinschätzung durch die Bürger, die Interessensgruppen und die Mandatsträger, der Augenscheinlichkeit des heutigen Zustands und den von den politischen Mandatsträgern benannten Zielen werden vom Planer strategische Maßnahmen abgeleitet und anhand der Ortskenntnisse der örtlichen Verwaltung und der Fachkenntnisse des Planers bewertet. Die Arbeit beinhaltet noch keine zahlenmäßigen Ermittlungen, sondern besteht aus Diskussionen zwischen Politikern, Interessensgruppen und Planern.

Ergebnis ist ein Ziele-Maßnahmen-System, d.h. ein Zusammenhang von Zielen und zugehörigen strategischen Maßnahmen. Es umfasst alle Teilsysteme des Planungsgegenstandes unter besonderer Berücksichtigung ihrer Wechselwirkungen. Sofern in dieser Phase der strategischen Planung aufgrund abweichender Werthaltungen zwischen Politikern und Planern kein genereller Konsens über das Ziele-Maßnahmen-System möglich ist, sollte die Planung abgebrochen und an einen anderen Planer übergeben werden.

Über die Ergebnisse der strategischen Planung sollte ein politischer Grundsatzbeschluss herbeigeführt werden, der die Richtung für die weitere Arbeit absteckt. Dieser Beschluss steht allerdings unter dem Vorbehalt, dass die Ergebnisse der nachfolgenden Stufe der operativen Planung die vermuteten Maßnahmenwirkungen bestätigen.

Parallel zur strategischen Planung erfolgt die Beschaffung der für die Planung erforderlichen Daten. Aufgrund des zeitlich parallelen Ablaufs ergeben sich Rückkoppelungsmöglichkeiten: Der Arbeitsablauf der strategischen Planung steuert die Beschaffung derjenigen Daten, die über die erforderlichen Standarddaten (Zustand und Entwicklung der Siedlungsstruktur, vorhandene und trendmäßige Entwicklung der Verkehrsnachfrage) hinausgehen und von den im Planungsfall verfolgten Zielen abhängen. Umgekehrt steuern die beschafften Daten durch sofortige Informationseinspeisung die strategische Planung.

In der Stufe der operativen Planung werden zunächst Maßnahmen für die einzelnen Teilsysteme entwickelt (in der Verkehrsplanung z.B. für die unterschiedlichen Verkehrsmittelsysteme wie ÖPNV, MIV u.s.w.). Dabei wird nach dem vorn dargestellten Schema des Ablaufs der Planung vorgegangen. Anschließend werden die Wechselwirkungen zwischen den Teilsystemen im Hinblick auf die Ziele untersucht. Ausgangspunkt für diese Stufe der operativen Planung sind die Ziele und die grundsätzlich beschlossenen strategischen Maßnahmen:

Bild 3.6: Stufe der operativen Planung

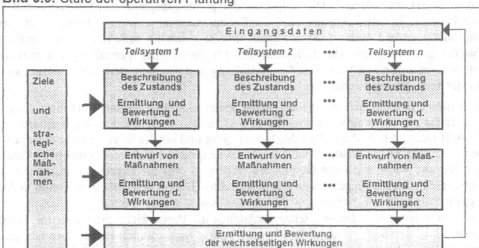

Soweit es aufgrund der Ergebnisse der operativen Planung erforderlich ist, wird die strategische Planung modifiziert. Definitive politische Entscheidungen werden dann über die Ergebnisse der operativen Planung, d.h. über konkrete Maßnahmen, getroffen.

3.2.5 Exkurs: Erfahrungen bei der Planung in mittelgroßen Städten

Der Autor hat u.a. folgende mittelgroße Städte bei der Aufstellung von Verkehrskonzepten beraten: Saarbrücken, Innsbruck (gemeinsam mit RETZKO und STRACKE), Bamberg, Regensburg, Würzburg. Bei dieser Beratung wurde versucht, die hier erläuterte Vorgehensweise anzuwenden. Im Mittelpunkt stand dabei die Mitwirkung der verschiedenen politischen Fraktionen der Stadt und der jeweils maßgebenden Interessensgruppen (z.B. Automobilclub, Industrie- und Handelskammer, Bürgerinitiativen, Umweltschutzvereinigungen) an der strategischen Planung.

Bei der Beratung in Innsbruck wurde zunächst eine Bürgerversammlung abgehalten, auf der die externen Berater ihre beabsichtigte Vorgehensweise vorstellten und nach der Problemsicht und nach etwaigen Lösungsvorschlägen der Bürger fragten. Die Bürgerversammlung verlief sehr emotional. Sie hatte für die Berater im wesentlichen den Nutzen zu erkennen, dass in der Stadt eine aufgeladene Stimmung gegenüber der zuständigen Verwaltung und den Politikern bestand und dass es angesichts der unterschiedlichen Standpunkte schwierig werden würde, zu einem

Konsens zu gelangen. Wesentliche sachliche Informationen konnten dagegen kaum gewonnen werden. Anschließend wurde aus Vertretern der verschiedenen Interessensgruppen der Stadt Innsbruck eine repräsentative Gruppe gebildet, die von Anfang an die strategische Planung begleitete. In dieser Gruppe arbeiteten auch Vertreter der Verwaltung mit, nicht jedoch Vertreter der politischen Fraktionen. Von den Mitgliedern der Interessensgruppen wurden zunächst die Probleme aus ihrer jeweiligen Sicht geschildert. Anschließend kommentierten sie die Planungsvorschläge der Berater und diskutierten untereinander und mit den Beratern mögliche Varianten. Diese Harmonie hatte allerdings ihren Preis: Es zeigte sich, dass in der Gruppe nicht immer die Wortführer der entsprechenden Interessensgruppe vertreten waren und dass eine Zustimmung der mitarbeitenden Vertreter der Interessensgruppen noch keine Zustimmung der Interessensgruppe insgesamt bedeutete. Die Mitglieder der planungsbegleitenden Gruppe waren teilweise auch der fachlichen Argumentation der Berater nicht gewachsen, schlossen sich deren Meinung häufig an und mussten später oftmals ihre Zustimmung nach Rücksprache mit ihrer Basis wieder zurücknehmen. Die Teilnahme von Mitgliedern der Verwaltung hat sich nicht bewährt, weil zwischen den Vertretern der Verwaltung und den Vertretern der Interessensgruppen mehrfach alte Wunden aufbrachen.

Aufgrund dieser Erfahrungen wandte der Autor später eine andersartige Vorgehensweise an, indem er selbst zu den politischen Fraktionen und zu den maßgebenden Repräsentanten der Interessensgruppen, d.h. in die „Höhle des Löwen" ging und auf die Bildung einer begleitenden Gruppe verzichtete. Die Verwaltung nahm an diesen Gesprächen nicht teil, bereitete die Gespräche aber vor und wurde nach den Gesprächen eingehend über die Ergebnisse informiert. Die Gespräche in den Einzelgruppen waren sehr konstruktiv. Die an der Verkehrssituation und den Planungsvorstellungen der Verwaltung vorhandene Kritik wurde freimütiger geäußert als in einem gemeinsamen Kreis. Da hier selbstverständlich die Presse nicht anwesend war, wurden auch keine „Fensterreden" gehalten. Der Berater konnte sich dadurch besser über tatsächlich vorhandene und nicht nur über taktisch geäußerte Meinungen informieren. Er konnte auch erkennen, wo Ansätze für einen Kompromiss lagen und was von vornherein unerreichbar war.

Der Berater versuchte in den Gesprächen, nach Kenntnisnahme der Problemsichten eigene Vorschläge zur Diskussion zu stellen. Dies geschah anfangs sehr vorsichtig mit Offenhalten von Rückzugswegen. Dabei wurde auch angestrebt, die Mitglieder der jeweiligen Interessensgruppe von bestimmten Maßnahmen und deren mutmaßlichen Wirkungen zu überzeugen, indem Zusammenhänge zwischen Zielen und Maßnahmen dargelegt und das in Kap. 2 dargestellte Zielsystem erläutert wurden. Soweit wie möglich wurde darauf hingewirkt, dass sich die einzelnen Interessensgruppen die Vorstellungen des Beraters zu eigen machten, weil die Gruppe dann die vermeintlich eigenen. Vorschläge engagierter nach außen vertrat als fremde Vorschläge. Diese Gespräche fanden in mehreren Runden mit zunehmender Konkretisierung statt. Der Berater hielt parallel dazu engen Kontakt mit der Verwaltung, einmal um Hintergrundinformationen über die Sichtweisen der Interessensgruppen zu erhalten und zum anderen um sicherzustellen, dass Einigungen mit den Interessensgruppen über bestimmte Einzelmaßnahmen auch von der Verwaltung mit getragen werden würden.

Selbstverständlich konnte keine Einigung mit allen Interessensgruppen über alle Maßnahmen erreicht werden. Der Stadtrat musste nach wie vor in den verbleibenden strittigen Punkten die Entscheidung treffen. Die Gespräche mit den politischen Fraktionen und den Interessensgruppen trugen aber dazu bei, Missverständnisse zu reduzieren und Einsichten in fachliche Zusammenhänge zu vermitteln. Mit einem Beschluss des Stadtrats waren auch die anschließend bei der

Durchsetzung auftretenden Schwierigkeiten nicht vollständig beseitigt. Die Gruppe, die ihre Meinungen nicht durchsetzen konnte, hat aber die gegnerischen Positionen anschließend etwas verständnisvoller und toleranter gesehen.

In Regensburg kam es zusätzlich zu einer Mediationsrunde. Die in der dargestellten Weise erarbeiteten Lösungen wurden in kleiner Runde unter Leitung einer bewusst fachunkundigen Mediatorin nochmals zur Diskussion gestellt. Hier brachen dann die schon als überwunden angesehenen Interessensgegensätze wieder auf. Man einigte sich nur über Trivialitäten und im Kern nutzlose Maßnahmen. So wurde z.B. einstimmig eine Ringbuslinie befürwortet, die bei näherem Hinsehen kaum ein Verkehrsaufkommen hatte, dafür aber keine Interessen der Beteiligten störte.

In allen genannten Städten wurden über die strategische Stufe der Planung im Stadtrat Beschlüsse mit deutlicher Mehrheit gefasst, so dass die Arbeit mit der Stufe der operativen Planung fortgesetzt werden konnte. Dennoch wurden die Konzepte nirgends vollständig umgesetzt. Positive Wirkungen der Planung sind aber mehr oder weniger stark überall zu erkennen.

3.3 Festlegung von Zielen

3.3.1 Strukturierung der Ziele

Zielarten

Bei den Zielen ist zu unterscheiden zwischen

- Zielvorgaben,
- Zielsetzungen.

Zielvorgaben kommen von außenstehenden Instanzen und stehen nicht zur Disposition. Sie sind niedergelegt in gesetzlichen Regelungen, Satzungen, politischen Programmen und sektorübergreifenden Planungen. Für den Planungsprozess haben sie den Charakter von Randbedingungen.

Zielsetzungen müssen in denjenigen Punkten getroffen werden, in denen keine Zielvorgaben bestehen. Dies ist Aufgabe der zuständigen politischen Instanz.

Zielfelder

Ziele lassen sich

- unterschiedlichen Sektoren (z.B. Verkehr, Bebauung, Entsorgung),
- unterschiedlichen Ebenen (z.B. Verbesserung der Angebotsqualität des ÖPNV, Verbesserung der Klimatisierung der Fahrzeuge)

zuordnen.

Bei den Sektoren wird unterschieden zwischen

- dem Sektor, dem der Planungsgegenstand angehört,
- anderen Sektoren, die von Maßnahmen des beplanten Sektors betroffen sind,
- sektorübergreifenden Bereichen.

Alle Ziele, die demselben Sektor und innerhalb des Sektors derselben Ebene angehören, werden als Zielfeld bezeichnet.

Nachfolgend ist eine schematische Ordnung von Zielfeldern dargestellt:

Bild 3.7: Schematische Ordnung von Zielfeldern

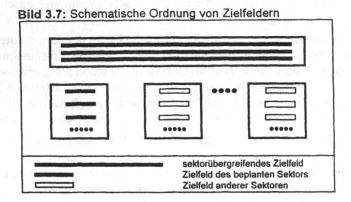

Die Planungsziele leiten sich ab aus Anforderungen,

- der Benutzer des Verkehrssystems (z.B. kurze Reisezeit),
- der Allgemeinheit (Benutzer und Nicht-Benutzer) (z.B. Begrenzung von Abgasbelastungen),
- der Betreiber des Verkehrssystems (z.B. geringe Kosten).

Im Personenverkehr lassen sich folgende Zielfelder mit folgenden Zielen unterscheiden (vgl. Bild 2.1 in Kap. 2.1):

- Vom Verkehr beeinflusste Ziele der Siedlungsentwicklung (übergeordneter Sektor):
  - Erhaltung der Funktionsfähigkeit der einzelnen Stadtteile,
  - Begrenzung von Umweltbelastungen,
  - Pflege des Stadtbildes,
  - Erhaltung wertvoller Bausubstanz,
  - Erhaltung von ökologisch und klimatisch wichtigen Grün- und Freiflächen,
  - Gewährleistung der Mobilität der Personen und der Zugänglichkeit der Gebiete,
  - Gewährleistung der Sicherheit der Bewohner.
- Ziele des Sektors Verkehr:
  - Verringerung der Anzahl, Länge und Konzentration der Wege,
  - Verringerung der Anzahl und Länge der Wege mit motorisierten Fahrzeugen,
  - Verträgliche Abwicklung der nicht vermeidbaren und nicht verlagerbaren Kfz-Fahrten.
- Ziele des Verkehrsmitteleinsatzes:
  - vorrangiges Zufußgehen und Fahrradfahren bei kurzen Entfernungen,
  - vorrangige Benutzung kollektiver Verkehrssysteme in Räumen und Zeiten hoher Verkehrskonzentration,
  - gleichrangige Benutzung von MIV und ÖPNV in Räumen und zu Zeiten mittlerer Verkehrskonzentration,
  - vorrangige Benutzung des MIV in Räumen und zu Zeiten geringer Verkehrsdichte.

- Ziele der Ausgestaltung der Verkehrsmittel:
  - Verbesserung der Verkehrsqualität im Fußgänger- und Fahrradverkehr,
  - Restriktionen gegenüber dem verlagerbaren MIV,
  - Verbesserung der Verkehrsqualität im kollektiven Verkehr,
  - Verbesserung der Vernetzung zwischen den Verkehrsmitteln,
  - Verbesserung der Verkehrsqualität für die nicht vermeidbaren und verlagerbaren Fahrten.
- Ziele der Verkehrsqualität der einzelnen Verkehrsmittel (Bezug auf die Verkehrsteilnehmer):
  - gute Erreichbarkeit der Gebiete,
  - gute Zugänglichkeit des Verkehrsnetzes,
  - Direktheit der Fahrt,
  - hohe zeitliche Verfügbarkeit,
  - hohe Schnelligkeit,
  - hohe Zuverlässigkeit,
  - hoher fahrwegseitiger Fahrkomfort,
  - hoher fahrzeugseitiger Fahrkomfort,
  - hohe technische Sicherheit,
  - hohe Sicherheit gegen Übergriffe,
  - Übersichtlichkeit des Angebots,
    umfassende und leichtverständliche Information,
  - einfache Fahrgeldentrichtung,
  - geringer Fahrpreis.
- Ziele bei den externen Wirkungen (Bezug auf die Betroffenen):
  - geringe Lärmimmissionen,
  - geringe Schadstoffbelastung,
  - geringe Beeinträchtigung des Stadt- und Landschaftsbildes,
  - geringe Beeinträchtigung der Naturräume,
  - geringe Gefährdung anderer Verkehrsteilnehmer und Unbeteiligter,
  - geringe Flächenbeanspruchung,
  - geringer Rohstoff- und Energieverbrauch.
- Wirtschaftliche Ziele (Bezug auf den Betreiber):
  - hohe Rendite/geringe Zuschüsse,
  - geringe Investitions- und Investitionsfolgekosten,
  - geringe Betriebskosten,
  - hohe Einnahmen.

Innerhalb der einzelnen Zielfelder können die Ziele zusammengefasst oder weiter aufgegliedert werden.

3.3.2 Ziele-Maßnahmen-System

Bei einer Verknüpfung der Ziele unterschiedlicher Ebenen entsteht ein Ziele-Maßnahmen-System (vgl. Bild 2.1 in Kap. 2.1). Die Elemente der einzelnen Ebenen sind je nach Betrachtungsrichtung gleichermaßen Ziele und Maßnahmen: Ein Element ist Ziel für die Elemente der darunter liegenden Ebenen und Maßnahme für die Elemente der darüber liegenden Ebene. Erst der Bezug auf einen konkreten Planungsfall legt den Ziel-Charakter oder den Maßnahmen-Charakter fest. So ist z.B. ein verkehrsgerechter Ausbau eines Bahnhofsvorplatzes eine Maßnahme für das Ziel einer Verbesserung der Angebotsqualität und Ziel für die konkrete Ausgestaltung des Busbahnhofes. Lediglich die Elemente der obersten und untersten Ebene sind ausschließlich Ziele oder Maßnahmen.

Häufig wird versucht, solche Ziele-Maßnahmen-Systeme hierarchisch aufzubauen (hier läuft die Hierarchie von links nach rechts):

Bild 3.8: Hierarchische Ordnung von Zielen und Maßnahmen

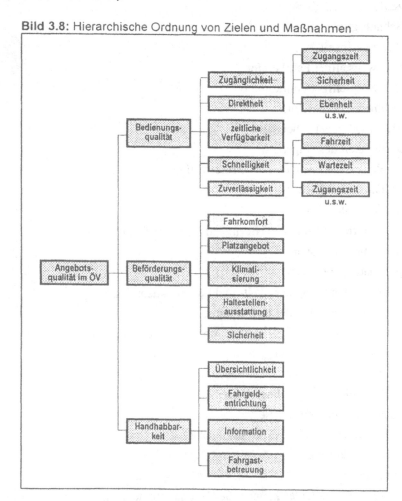

In einem hierarchischen System sind einem Element einer darüber liegenden Ebene mehrere Elemente der darunter liegenden Ebene zugeordnet (Baumform). Diese Zuordnung muss

- eindeutig sein, d.h. jedes Element der unteren Ebene ist genau einem Element der darüber liegenden Ebene zugeordnet,

- vollständig sein, d.h. auf einer Ebene müssen alle Elemente vorhanden sein, die einen Beitrag zu dem Element der darüber liegenden Ebene leisten,

- gegeneinander abgrenzbar sein.

Diese Bedingungen lassen sich häufig nicht erfüllen:

- Die Ziele einer unteren Ebene sind nicht nur einem einzigen Ziel der darüber liegenden Ebene zugeordnet, sondern mehreren Zielen gleichzeitig. Dadurch entsteht eine Zirkularität und das betrachtete Ziel erhält ein größeres Gewicht.

Bild 3.9: Zielzirkularität

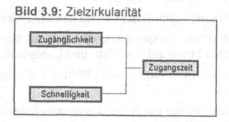

- Bestimmte Maßnahmen, die zur Erfüllung eines Zieles der darüber liegenden Ebene beitragen, laufen der Erfüllung eines anderen Ziels dieser Ebene zuwider, so dass Zielkonflikte entstehen.

Bild 3.10: Zielkonflikt

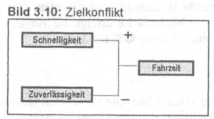

Bei Zielkonflikten handelt es sich demnach nicht darum, dass Ziele einander widersprechen, sondern darum, dass das Spektrum der möglichen Maßnahmen die gleichzeitige Erfüllung mehrerer Ziele ausschließt. Zielkonflikte entstehen erst, wenn die Ziele über Maßnahmen miteinander verknüpft werden.

Wegen dieser Probleme sollte auf eine Verknüpfung der Ziele zu einem geschlossenen hierarchischen System verzichtet und die Ziele lediglich in Zielfeldern zusammengestellt werden. Dabei ist anzustreben, die Ziele eines Zielfeldes so zu formulieren, dass sie

- gegeneinander abgrenzbar sind,

- derselben Ebene angehören,

- die jeweilige Ebene vollständig abdecken.

Die für einen Planungsfall zu wählende Anzahl an Zielebenen richtet sich nach dem Maßstab der Planung.

3.3.3 Operationalisierung der Ziele

Ein Ziel lässt sich operationalisieren durch

- Zielkriterium

  Das Zielkriterium beschreibt die Art des Zieles (z.B. Schnelligkeit, Sicherheit, Aufwand, Schadstoffemission). Es gibt weder die Richtung an, in der das Ziel erfüllt werden soll, noch das Maß der angestrebten Zielerreichung.

- Anspruchsniveau, Kenngröße

  Durch das Anspruchsniveau werden die Richtung und das angestrebte Maß der Zielerreichung festgelegt (z.B. Reisegeschwindigkeit auf einer Verkehrsverbindung mindestens 60 km/h). Dazu muss für das Zielkriterium (z.B. Schnelligkeit) eine Kenngröße (auch Indikator genannt) festgelegt werden (z.B. Reisegeschwindigkeit), welche die Wirkung der Maßnahme auf das Ziel kennzeichnet. Diese Kenngröße ist

  - kardinal, wenn die Wirkung quantifiziert werden kann (z.B. Reisegeschwindigkeit),
  - nominal, wenn die Wirkung nur qualitativ, d.h. nur mit Begriffen beschrieben werden kann (z.B. Wirkung einer Straße auf das Stadt- und Landschaftsbild).

  Das Anspruchsniveau markiert den angestrebten Wert der Kenngröße und hat dieselbe Dimension wie die Kenngröße.

  Analog zum Anspruchsniveau kann ein Ausschlussniveau festgelegt werden. Es kennzeichnet den Wert, jenseits dessen die Maßnahme auszuschließen ist. Solche Ausschlussniveaus spielen insbesondere bei Umweltkriterien eine Rolle.

- Zielgewicht

  Das Zielgewicht gibt an, welche Bedeutung das betrachtete Ziel gegenüber den anderen Zielen derselben Zielebene hat. Üblicherweise erfolgt die Angabe als Prozentwert, wobei die Summe aller Zielgewichte einer Ebene 100 % beträgt.

3.3.4 Arbeitsschritte

Die Feststellung von Mängeln und die Festlegung von Zielen für einen bestimmten Planungsgegenstand kann in folgenden Arbeitsschritten vorgenommen werden:

- Aufstellung eines Katalogs von Zielkriterien

  Festlegung der für den vorliegenden Planungsgegenstand maßgebenden Zielebenen; Zusammenstellung aller den jeweiligen Zielebenen zugehörigen Zielkriterien; Überprüfung des Kriterienkatalogs auf Abgrenzbarkeit (die Kriterien überschneiden sich nicht), auf Homogenität (alle Kriterien gehören derselben Ebene an) und auf Vollständigkeit (alle Kriterien sind erfasst).

- Zusammenstellung von Zielvorgaben bzw. Randbedingungen, sowie von vorhandenen Angaben zum Zielgewicht und zum Anspruchs- bzw. Ausschlussniveau.

- Orientierung über Mängel und Erkundung von Zielvorstellungen

  Verfolgung von Mängelhinweisen und Interessenbekundungen in lokalen Zeitungen; Auswertung der Fachliteratur; Auswertung von lokalen und globalen Diskussionen über Mängel und Ziele; Brainstorming innerhalb der zuständigen politischen und fachlichen Instanz; Gespräche mit Bürgern und Interessensgruppen; Sichtbarmachen von Widersprüchen zwischen den Zielvorgaben und den Zielvorstellungen.

- Konkretisierung der Zielvorstellungen zu Zielen (= Zielsetzung)
- Ggf. Ergänzung der Zielkriterien,
- Festlegung der Gewichte für die Zielkriterien sowie der Anspruchsniveaus.

3.4 Problemanalyse

3.4.1 Definitionen

Um einen Planungsgegenstand analytisch behandeln zu können, muss er als System formuliert werden (z.B. System des ÖPNV). Ein System setzt sich zusammen aus Elementen, zwischen denen Abhängigkeiten bestehen (z.B. Liniennetz, Anzahl der Fahrgäste). Diese Abhängigkeiten bilden die Struktur des Systems. Das System ist nach außen so abzugrenzen, dass es alle Elemente enthält, die Gegenstand der Planung sind. (geschlossenes System). Alle Wirkungen, die über die Grenzen dieses Systems hinaus gehen, sind „externe Wirkungen". und alle Einflüsse, die von außen auf das System einwirken, sind „externe Einflüsse".

Die Elemente des Systems weisen Ausprägungen auf, die sich durch systemimmanente Prozesse, externe Einflüsse und systembezogene Maßnahmen verändern können. Sie werden deshalb als Systemvariable bezeichnet. Bei den Systemvariablen ist zu unterscheiden zwischen verursachenden Größen (z.B. Liniennetz), deren Ausprägung unmittelbar durch Maßnahmen verändert werden kann, und resultierenden Größen (z.B. Anzahl der Fahrgäste), deren Ausprägung nicht unmittelbar, sondern nur mittelbar über die verursachenden Größen beeinflusst werden kann. Zwischen den verursachenden Größen und den resultierenden Größen bestehen Ursache-Wirkungs-Beziehungen. Sie bilden die Struktur des Systems.

Diejenigen resultierenden Größen (z.B. Beförderungsgeschwindigkeit), die anzeigen, wieweit die Planungsziele (z.B. möglichst kurze Reisezeit) erfüllt sind, werden als Zielindikatoren oder vereinfachend als Indikatoren bezeichnet (genau: Zielerfüllungsindikator). Aus dem Vergleich der Indikatorwerte mit dem Anspruchsniveau der Ziele ergibt sich der Grad der Zielerfüllung.

Die Verkehrsbelastung ist kein Indikator, denn es gibt kein zugehöriges Ziel. Sie ist vielmehr eine Zwischengröße zur Bestimmung von Indikatoren, wie z.B. der Lärmbelastung. Häufig wird in der Praxis ein Zustand anhand der vorhandenen Verkehrsbelastung beurteilt. Hinter dieser Verkehrsbelastung stecken dann implizit die Wirkungen auf Ziele wie z.B. Fahrzeitverlängerung aufgrund von Stau oder Lärmbelastung der Anwohner durch hohes Verkehrsaufkommen. Die in Richtlinien angegebenen Grenzwerte der Verkehrsbelastung enthalten dementsprechend implizit Grenzwerte für die durch die Verkehrsbelastung ausgelösten Wirkungen.

3.4.2 Vorgehensweise

In der Praxis beschränkt sich die Problemanalyse in der Regel auf die Beschreibung der vorhandenen Verkehrsnachfrage und des vorhandenen Verkehrsangebots. In einer „Schwachstellenanalyse" wird argumentativ geprüft, ob der vorhandene Zustand Mängel aufweist, die beseitigt werden müssen. Die weitere Entwicklung des Zustandes aufgrund von systemimmanenten Veränderungen oder von externen Einflüssen bleibt dabei meist außer Betracht.

Mit der nachfolgend dargestellten Vorgehensweise, die Forderungen von DÖRNER (1997) aufgreift, wird versucht, diese Unzulänglichkeiten zu beseitigen und aufzuzeigen, mit welcher Logik und in welchen Arbeitsschritten die Problemanalyse ablaufen sollte, auch wenn dies in der Praxis nicht immer durchführbar ist. Es hilft dem Praktiker aber vielleicht, wenn er diese theoretischen Überlegungen kennt.

Die Problemanalyse bildet nach der Festlegung der Ziele die zweite Phase des Planungsprozesses:

Eingangsgrößen der Problemanalyse sind

- Planungsziele mit Zielkriterien, Zielindikatoren, Anspruchs- / Ausschlussniveaus der Zielindikatoren und Zielgewichte,

- der vorhandene und der zukünftige Zustand ohne Maßnahmen,

- Ursache-Wirkungs-Beziehungen zwischen den Systemvariablen.

Die Problemanalyse hat folgenden Ablauf:

Bild 3.11: Ablauf der Problemanalyse

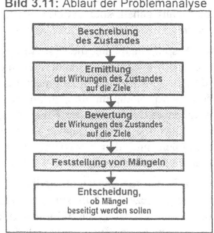

Diese Arbeitsschritte müssen durchgeführt werden für

- den vorhandenen Zustand,

- den zukünftigen Zustand, der sich ohne Maßnahmen
    - aufgrund von systemimmanenten Veränderungsprozessen (z.B. Alterung der Infrastruktur),
    - aufgrund von Veränderungsprozessen durch externe Einflussgrößen (z.B. Höhe der Mineralölsteuer)

  ergibt.

Die Untersuchung eines zukünftigen Zustandes, bei dem neben den systemimmanenten Veränderungsprozessen und Veränderungsprozessen durch externe Einflussgrößen auch Maßnahmen wirksam werden („Mit-Fall"), ist nicht Teil der Problemanalyse, sondern Teil des Maßnahmenentwurfs.

Für die Analyse des vorhandenen Zustandes genügt es, die gegenwärtige Ausprägung der Zielindikatoren zu bestimmen. Dies geschieht durch Erhebungen. Ursache-Wirkungs-Beziehungen brauchen nicht bekannt zu sein.

Für die Analyse des zukünftigen Zustandes ohne Maßnahmen muss untersucht werden, ob und wie sich die Systemvariablen im Laufe der Zeit verändern. Hierzu müssen die verursachenden Größen (z.B. Behinderungen des straßengebundenen ÖPNV durch den MIV) prognostiziert und aus ihnen mit Hilfe von Ursache-Wirkungs-Beziehungen die resultierenden Größen (z.B. Beförderungsgeschwindigkeit) abgeleitet werden. Die resultierenden Größen liefern schließlich die Indikatoren für die Ermittlung des Zielerreichungsgrades.

3.4.3 Beschreibung des Zustandes

Der Planungsgegenstand ist in seinem vorhandenen Zustand und seinem zukünftigen Zustand zu beschreiben. In die Beschreibung sind alle Merkmale des Planungsgegenstandes sowie alle Merkmale im Umfeld des Planungsgegenstandes einzubeziehen, die unmittelbar oder mittelbar (über andere Merkmale) auf die Planungsziele einwirken.

Solche zielrelevanten Merkmale sind

- Siedlungsstruktur (Bevölkerungs-, Wirtschafts- und Flächennutzungsstruktur), in die der Planungsgegenstand eingebettet ist,

- Nachfrage nach Verkehrsleistungen,

- technische und organisatorische Komponenten des Verkehrsangebots (z.B. Verkehrsweg, Fahrzeug, Verkehrsnetz, Fahrplan, Steuerungseinrichtungen und Steuerungsverfahren).

3.4.4 Analyse der Wirkungen des Zustandes

Die Wirkungsanalyse erfolgt in den Schritten

- Zusammenstellen der Indikatorgrößen und der sie beeinflussenden Systemvariablen,

- Aufzeigen, zwischen welchen Größen und in welcher Richtung Ursache-Wirkungs-Beziehungen bestehen (Art der Ursache-Wirkungs-Beziehungen),

- Quantifizieren der Beziehungen (Maß der Ursache-Wirkungs-Beziehungen),

- Überprüfen, ob sich Systemvariable durch die Eigendynamik des Systems oder den Einfluss externer Größen verändern,

- Abschätzen der Eigendynamik des Systems,

- Quantifizierung der Änderungen, die sich durch die Eigendynamik in den Ursache-Wirkungs-Beziehungen ergeben,

- Zusammenstellung der externen Einflussgrößen sowie Prognose ihrer zukünftigen Entwicklung,

- Ergänzung der vorhandenen internen Ursache-Wirkungs-Beziehungen um Ursache-Wirkungs-Beziehungen zwischen den Systemvariablen und externen Größen,

- Ermitteln der resultierenden Indikatorwerte.

Art der Ursache-Wirkungs-Beziehungen

Die Art der Ursache-Wirkungs-Beziehungen zwischen den Einflussgrößen sowie ihre Wirkungsrichtung lassen sich in Form einer Matrix – hier für den ÖPNV – darstellen:

Bild 3.12: Art der Ursache-Wirkungs-Beziehungen

Wirkungsrichtung nach / von	Länge des Zu- und Abgangsweges	Anzahl der Umsteigevorgänge	Anzahl der Fahrten je Zeiteinheit	Beförderungsgeschwindigkeit	Fahrkomfort	Verspätungen	Anzahl und Länge der Wege im ÖV	Fahrleistung	Lärmbelastung der Einwohner	Abgasbelastung der Einwohner	Energieverbrauch	Flächenverbrauch	Beurteilung der Stadtbildwirkung	Einnahmen	Kosten
Ausprägung des Liniennetzes	◆		•	•						•					•
Ausprägung des Fahrplans			•	•						•					•
Ausprägung der Infrastruktur									•			•	•		•
Art der eingesetzten Fahrzeuge				•					•	•	•				•
Art der Steuerung des Betriebsablaufs					•										•
.....															
Länge des Fußwegs von und zur Haltestelle	▨						•								
Anzahl der erforderlichen Umsteigevorgänge		▨					•								
Anzahl der Fahrten je Zeiteinheit			▨				•								
Beförderungsgeschwindigkeit				▨			•								
Fahrkomfort					▨		•								
Verspätungen						▨	•								
.....															
Anzahl und Länge der Wege im ÖV														•	
Fahrleistung									•	•	•				•
.....															

Wenn mehrere Zielebenen vorhanden sind, können die Wirkungen mehrstufig sein. Eine Systemvariable wirkt dann in Form einer Wirkungskette auf Systemvariable anderer Ebenen ein (z.B. in obiger Matrix: die Ausprägung des Liniennetzes wirkt über die Anzahl der angebotenen Fahrten je Zeiteinheit und die Anzahl der Wege im ÖV (modal-split) auf die Einnahmen).

Bei verursachenden Größen, die gleichzeitig auf verschiedene Ziele einwirken, entsteht ein Wirkungsgeflecht. Wirkungsgeflechte können folgende Effekte haben:

- Die Wirkungen sind stabilisierend, d.h. das System reagiert träge auf Veränderungen,

- die Wirkungen sind synergetisch und verstärken sich gegenseitig.

- die Wirkungen sind kritisch und führen zu Grenzwertüberschreitungen einzelner Größen, so dass das System nicht durch stetige Veränderungen, sondern durch „Umkippen" reagiert.

Dies gilt sowohl für Wirkungen aus der Eigendynamik des Systems als auch für die Wirkung externer Einflussgrößen.

Maß der Ursache-Wirkungs-Beziehungen

Das Maß der Ursache-Wirkungs-Beziehungen lässt sich entweder kardinal in Form von mathematischen Formeln angeben oder nominal als Beschreibung der Wirkungsrichtung (wenn der Indikatorwert der Variable a ansteigt, sinkt der Indikatorwert der Variable b) und der Wirkungsintensität (ein starkes Ansteigen bewirkt ein schwaches Absinken) ausdrücken. Es ist entweder aus anderen Planungen bekannt und hat damit den Charakter einer Gesetzmäßigkeit (z.B. Anzahl der Unfälle als Folge von Straßenbreite, Ausbauzustand, zulässiger Geschwindigkeit und Verkehrsmenge), oder es muss anhand des vorhandenen Zustands gemessen oder beschrieben werden. Bei der Verwendung bekannter Ursache-Wirkungs-Beziehungen ist Vorsicht geboten, denn die Übertragung zwischen unterschiedlichen Planungen ist nur zulässig, wenn die Randbedingungen dieselben sind.

Das Maß einer Ursache-Wirkungs-Beziehung kann zukünftig gleich bleiben oder sich verändern. Wenn die Vermutung besteht, dass es sich verändert, müssen die Veränderungen abgeschätzt und berücksichtigt werden (z.B. wie beeinflussen zukünftige Sicherheitsmaßnahmen am Auto die Anzahl der Unfälle?).

Die explizite Darstellung und Berücksichtigung von Ursache-Wirkungs-Beziehungen ist wichtig, weil sonst Fehleinschätzungen entstehen können. Der Mensch neigt dazu, linear und nicht in Netzzusammenhängen sowie statisch und nicht im Zeitablauf von Prozessen zu denken. Hinzu kommt, dass ein erfahrener und erfolgreicher Planer häufig Opfer seiner Routine wird und keinerlei Zweifel an seinen Entscheidungen hegt (DÖRNER, 1997).Aus diesem Grunde ist es notwendig, sich auf explizit formulierten Ursache-Wirkungs-Beziehungen abzustützen.

Prognose der verursachenden Größen

Für eine Prognose der verursachenden Größen muss ein Zeitpunkt festgelegt werden, auf den sich die Planung bezieht. Dieser „Planungshorizont" hängt von der Art des Planungsgegenstandes ab und beträgt in der Regel 10 - 20 Jahre.

Methodisch wird bei Prognosen unterschieden zwischen:

- Trendprognosen

  Wie entwickelt sich eine Größe, wenn die Entwicklung der Größe selbst oder der sie beeinflussenden Größen so weiter verläuft wie bisher?

- Wenn-Dann-Prognosen

  Wie entwickelt sich eine Größe, wenn sich die sie beeinflussenden Größen in bestimmter Weise verändern oder wenn Maßnahmen realisiert werden?

Die Prognose mehrerer miteinander verflochtener Größen erfordert die Bildung eines Szenarios.

Entwicklungstrends lassen sich häufig mit Hilfe mathematischer Funktionen darstellen. Sie verlaufen

- linear,

- exponentiell,

- in Form von konstanten oder gedämpften Schwingungen (z.B. Konjunkturzyklen),

- in Form von Wachstumsfunktionen (S-förmiger asymptotischer Verlauf).

Solche Trends können stetig sein oder bei Erreichen bestimmter Werte abbrechen.

Sofern eine Prognose der verursachenden Größen nicht mit ausreichender Genauigkeit möglich ist (z.B. Verkehrsmittelwahlverhalten der Menschen), kann durch eine Sensitivitätsanalyse untersucht werden, wie sich angenommene unterschiedliche Werte auswirken. Dabei zeigt sich, wie sensibel die Reaktion des Systems ist und wie groß der Fehler aufgrund einer ungenauen Prognose sein kann. Bei geringer Sensibilität spielt die Ungenauigkeit der Prognose keine große Rolle. Bei hoher Sensibilität muss dagegen versucht werden, die Prognosegenauigkeit zu erhöhen. Auch können durch eine Sensitivitätsanalyse Entwicklungskorridore abgesteckt werden.

Wegen des Aufwandes, der mit solchen Prognosen verbunden ist, wird auf die Ermittlung der Zielerfüllung des zukünftigen Zustandes meist verzichtet und die weitere Entwicklung etwaiger Probleme nur argumentativ abgeschätzt. Häufig reicht dies auch aus.

Ermittlung der Indikatorwerte

Die Indikatorwerte des zukünftigen Zustandes müssen ermittelt werden mit Hilfe von

- Ursache-Wirkungs-Beziehungen aus den verursachenden Größen und den Indikatorwerten des vorhandenen Zustandes,

- den verursachenden Größen des zukünftigen Zustandes unter Berücksichtigung von systemimmanenten Veränderungsprozessen und von Veränderungsprozessen, die von externen Einflussgrößen ausgelöst werden.

Diese Vorgehensweise ist nachfolgend dargestellt:

Bild 3.13: Ermittlung der Indikatorwerte des zukünftigen Zustandes

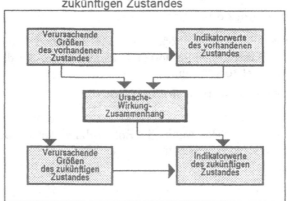

Dieser Zusammenhang gilt auch, wenn im Rahmen des Maßnahmenentwurfs die Wirkung von Maßnahmen auf die verursachenden Größen abgeschätzt werden muss (Kap. 3.5).

3.4.5 Bewertung der Wirkungen des Zustandes

Die Bewertung der Wirkungen erfolgt mit Hilfe der üblichen Bewertungsverfahren (Kap. 3.6).

3.5 Maßnahmenentwurf

3.5.1 Vorgehensweise

Die Eingangsgrößen des Maßnahmenentwurfs sind dieselben wie bei der Problemanalyse (s. dort).

Der Maßnahmenentwurf bildet die dritte Phase des Planungsprozesses und hat folgenden Ablauf:

Bild 3.14: Maßnahmenentwurf

Der Entwurf von Maßnahmen ist ein rückgekoppelter Prozess: Wegen der Komplexität der Zusammenhänge ist es nur in Ausnahmefällen möglich, die optimale Art und Ausprägung der Maßnahme unmittelbar aus den Zielen abzuleiten (so wie im Massivbau die erforderliche Deckenstärke bei einer bestimmten Belastung mit Hilfe von Tabellen). In der Regel müssen zunächst Maßnahmen in grober Zielorientierung gegriffen und anschließend ihre Wirkungen im Hinblick auf die Ziele ermittelt werden. Wenn die Maßnahmen die Ziele nicht in ausreichender Weise erfüllen, müssen sie zielgerichtet verbessert werden. Dieser Prozess ist solange fortzusetzen, bis eine ausreichende Annäherung erreicht ist. Ein solches Iterationsverfahren führt zwar nicht zum Optimum, wohl aber zu einer Lösung, die dem Optimum meist hinreichend nahe kommt.

Die Wirkungsanalyse muss für den vorhandenen Zustand, die Veränderung des Zustandes aufgrund der Eigendynamik des Systems und/oder externer Einflüsse sowie die Maßnahmen, die der bewussten Veränderung des Zustandes dienen, durchgeführt werden. Die Maßnahmen können dabei sowohl eine Veränderung der vorhandenen Systemvariablen sein oder eine Einführung neuer Systemvariablen. Bei den Maßnahmen muss zusätzlich der zeitliche Ablauf berücksichtigt werden, denn Maßnahmen werden nicht immer sofort, sondern häufig erst zu bestimmten Zeitpunkten oder erst bei Eintreten bestimmter Zustände realisiert.

Die Wirkungen der Maßnahmen können auf das untersuchte System beschränkt sein oder darüber hinaus gehen und andere Systeme beeinflussen. Außerdem können externe Maßnahmen auf das untersuchte System von außen einwirken. Alle diese Wirkungen müssen in die Wirkungsanalyse mit einbezogen werden.

3.5.2 Entwicklung von Maßnahmen

Bei der Entwicklung von Maßnahmen muss unterschieden werden zwischen

- der Art der Maßnahme (z.B. tageszeitliche Differenzierung der ÖV-Fahrzeiten),
- der Ausprägung der Maßnahme (z.B. Länge der Fahrzeiten im ÖV).

Die Erzeugung von Maßnahmen ist ein kreativer Prozess, der Sachkenntnis und Erfahrungen sowie die Fähigkeit zur Ideenfindung erfordert. Wegen der Vielfalt der Randbedingungen gibt es hierfür keine Standardlösungen oder Patentrezepte.

Methoden zur Erzeugung der Art von Maßnahmen sind:

- Durchgehen von Checklisten

  Mit Hilfe von Checklisten ist es möglich, die Vollständigkeit von Maßnahmenvorschlägen zu überprüfen. Ihre Anwendung soll das Außerachtlassen wichtiger Maßnahmenbereiche verhindern. Checklisten ergeben sich aus anderen Anwendungsfällen oder aus Lehrbüchern.

- Gruppendiskussionen

  In Gruppendiskussionen werden unterschiedliche Meinungen über denkbare Maßnahmen diskutiert. Die Vorschläge werden zusammengetragen und strukturiert.

- Systematisches Zweifeln

  Durch die Methode des systematischen Zweifels soll verhindert werden, dass sich der entwerfende Ingenieur zu schnell mit einem Maßnahmenvorschlag zufrieden gibt. Durch das Infragestellen dieser Vorschläge können sich Hinweise auf weitere Maßnahmen ergeben.

Zur Begrenzung des Arbeitsaufwandes sollte bereits beim Entwurf von Maßnahmen die Vielfalt der Vorschläge eingeschränkt werden. Maßnahmen, die offenkundig das Zielkonzept nur wenig oder gar nicht erfüllen, sind vorab auszuscheiden. Dies schließt nicht aus, dass Maßnahmen, die offensichtlich unzweckmäßig sind, aber in der öffentlichen Diskussion stehen, untersucht werden, um ihre mangelnde Eignung nachzuweisen.

Eine Checkliste über die Art von Maßnahmen und ihre vermutliche Wirkung auf die verschiedenen Ziele ist nachfolgend am Beispiel des ÖPNV dargestellt:

Bild 3.15: Qualitativer Maßnahmen-Wirkungs-Zusammenhang

Zielkriterien / Maßnahmen	Zugänglichkeit	Verfügbarkeit	Direktheit	Schnelligkeit	Zuverlässigkeit	Fahrkomfort	Sicherheit	Handhabbarkeit	Betriebskosten
Verbesserung der Kooperation			+					+	+
Differenzierung der Betriebsform	+	+	-	-				-	+
Differenzierung des Linienetzes	+	+						-	+
Differenzierung der Fahrzeiten				+	+			-	+
Einbindung in den Straßenverkehr				+	+	+	+		+
Verbesserung der Fahrgastinformation							+	+	-
Verbesserung der Fahrgastbetreuung							+	+	-
Vereinfachung der Tarifstruktur								+	-
Erleichterung der Fahrgeldentrichtung								+	+

Jede Maßnahme wirkt in der Regel auf mehrere Ziele gleichzeitig. Dabei können die Wirkungen

- gegenläufig sein (auf ein Ziel wirkt die Maßnahme positiv und auf ein anderes Ziel negativ), so dass Zielkonflikte entstehen,

- gleichgerichtet sein (auf ein Ziel oder auf mehrere Ziele wirken beide positiv), so dass es durch eine gegenseitige Verstärkung zu Synergieeffekten kommt.

3.5.3 Analyse der Wirkungen der Maßnahmen

Die Maßnahmen treffen in der Regel sowohl die Nutzer und Betreiber eines Verkehrsangebots – dann spricht man von Hauptwirkungen – als auch die Nicht-Nutzer, die in passiver Weise von den Wirkungen betroffen sind (z.B. Anwohner einer Straße) – dann spricht man von Nebenwirkungen.

Die Wirkungsanalyse erfolgt in den Schritten

- qualitative Einordnung der Wirkungen in das Wirkungsgefüge der Systemvariablen (Art der Maßnahmenwirkungen),

- quantitative Ermittlung der Wirkungen (Maß der Maßnahmenwirkungen).

Bei diesen Schritten wird analog zur vorn dargestellten Wirkungsanalyse im Rahmen der Problemanalyse vorgegangen. Durch die Maßnahmen können zu dem Wirkungsgeflecht der Systemvariablen zusätzliche Ursache-Wirkungs-Beziehungen zwischen den Systemvariablen hinzukommen.

Im Zusammenhang mit der Wirkungsanalyse kann sich herausstellen, dass die Maßnahmen auch Wirkungen auf Ziele ausüben, die nicht dem untersuchten System angehören. In einem solchen Fall müssen diese Ziele in die Untersuchung mit einbezogen werden.

3.5.4 Bewertung der Wirkungen der Maßnahmen

Die Bewertung der Wirkungen erfolgt mit Hilfe der üblichen Bewertungsverfahren (Kap. 3.6).

3.5.5 Entwurfsverfahren

Entwurfsverfahren dienen dazu, für die Beseitigung eines Mangels die bestmögliche (optimale) Lösung zu finden. Folgende Arten von Verfahren sind zu unterscheiden:

- Probierverfahren (Trial-and-Error)

    Bei den Probierverfahren werden zufällig Lösungen erzeugt. Wenn eine Lösung besser ist als die vorangehenden Lösungen, wird die neue Lösung beibehalten, und die vorangegangenen Lösungen werden verworfen. Auf diese Art erhält man die beste der erzeugten Lösungen. Über den Abstand der Lösung vom Optimum ist nichts bekannt. Erst wenn alle theoretisch vorhandenen Lösungsmöglichkeiten durchprobiert wurden (vollständige Enumeration), ist das Optimum gefunden.

- Heuristisches Verfahren

    Bei den heuristischen Verfahren wird gezielt nach Lösungen gesucht. Dabei werden gerichtete Suchstrategien (sog. Heuristiken) verwendet, d.h. Regeln, die auf Erfahrungen, Analysen und Einfallsreichtum beruhen. Wenn eine gefundene Lösung im Hinblick auf die Ziele nicht befriedigt, wird unter Nutzung der Informationen, die aus dieser Lösung abzuleiten sind, eine bessere gesucht. Der Abstand vom Optimum ist ebenfalls unbekannt.

- Direktes Optimierungsverfahren

  Bei den direkten Optimierungsverfahren handelt es sich um Algorithmen, die auf direktem Wege zum Optimum führen. Die Wirkungszusammenhänge sind in einem mathematischen Modell und die Ziele in einer Zielfunktion abgebildet. Das Optimum ist erreicht, wenn die Zielfunktion ein Minimum oder ein Maximum aufweist. Gefunden wird allerdings nur das Optimum des Modells und nicht das Optimum der Realität. Das reale Optimum ist um so besser erreicht, je genauer die Realität durch das Modell abgebildet ist. Damit steigen aber der mathematische Aufwand für die Modellierung und der Rechenaufwand für die Ermittlung des Optimums.

Wegen des hohen mathematischen Aufwands und der Schwierigkeiten bei der Definition der Zielfunktion ist die Anwendung direkter Optimierungsverfahren auf wenige, einfach strukturierte Probleme beschränkt. Breiter anwendbar ist eine Kombination aus direkter Optimierung und heuristischen Verfahren, bei denen Optimierungstechnik und Probiertechnik miteinander verknüpft sind: Nur ein Teil der Wirkungszusammenhänge wird in einem mathematischen Modell abgebildet, während die übrigen Wirkungszusammenhänge vom Menschen intuitiv eingebracht werden. Mit der Entwicklung der EDV verliert auch das systematische Probieren seinen Schrecken. Es geht meist schneller, einfache Algorithmen mehrfach zu wiederholen, als komplexe Algorithmen aufzubauen.

Bei der Ermittlung der optimalen Ausprägungen einer Maßnahme werden heute rechnergestützte Entwurfsverfahren verwendet (computer-aided-design, CAD), die im Dialog zwischen Mensch und Maschine ablaufen (deshalb auch Dialogverfahren genannt). Die Technik des rechnergestützten Entwerfens belässt die Kreativität und Entscheidungsfreiheit beim Menschen und überträgt dem Rechner die aufwendigen, aber stumpfsinnigen und fehleranfälligen Arbeiten der Datenverwaltung und der Durchführung fest vorgeschriebener Rechneroperationen. Die dadurch erreichte Entlastung setzt den Planer in die Lage, sich auf die kreativen Tätigkeiten zu beschränken. Er gewinnt Zeit, um eine größere Anzahl von Lösungsmöglichkeiten untersuchen zu können.

Bei mehrstufigen Entwurfsverfahren bestehen häufig Rückkoppelungen in der Weise, dass Eingansdaten einer oberen Stufe erst in einer darunter liegenden Stufe zu ermitteln sind. In solchen Fällen wird eine Iterationsprozess erforderlich: Die Eingangsdaten der oberen Stufe werden zunächst geschätzt und der Rechenvorgang wiederholt, wenn als Ergebnis der darunter liegenden Ebene genauere Werte für diese Daten vorliegen. Dieser Prozess ist so lange zu wiederholen, bis die Eingangsdaten der oberen Stufe und die Ergebnisdaten der darunter liegenden Stufe mit ausreichender Genauigkeit übereinstimmen. Solche Iterationsprozesse sind angesichts der heutigen Rechentechnik unproblematisch und führen schneller zum Ziel als aufwendige Bemühungen um die Genauigkeit der einzelnen Eingangsdaten.

3.6 Bewertung

3.6.1 Aufgabenstellung

Die Bewertung liefert eine Hilfe für Planungsentscheidungen, indem

- die Zielerreichung eines „Zustandes mit Maßnahmen" (Mit-Fall) und die Zielerreichung des „Zustandes ohne Maßnahmen" (Ohne-Fall),
- unterschiedliche „Zustände mit Maßnahmen" (Planungsfälle)

miteinander verglichen werden.

Eingangsdaten der Bewertung sind folgende zielbezogene Größen (Kap. 3.3.3):

- Zielkriterien,
- Anspruchsniveaus der Ziele,
- Indikatoren der zielbezogenen Wirkungen,
- Zielgewichte.

Die Festlegung bzw. Ermittlung dieser Größen erfolgt arbeitsteilig durch die politische und die fachliche Instanz:

- Die Zielkriterien sind von der politischen Instanz und der fachlichen Instanz gemeinsam festzulegen.
- Die Festlegung der Zielgewichte und der Anspruchsniveaus ist Aufgabe der politischen Instanz.
- Die Ermittlung der Indikatoren ist Aufgabe der fachlichen Instanz.

Die Politiker weichen ihrer Aufgabe häufig aus, indem sie entweder die Festlegung der Zielgewichte und Anspruchsniveaus an Fachleute delegieren oder diese Größen standardisieren. Im ersten Fall werden die Fachleute zu Gutachtern, die der Planung ihre eigenen Werthaltungen zugrunde legen; bei politischen Auseinandersetzungen können sich die Politiker dann auf die Gutachter berufen und ihre eigene Verantwortung auf die Gutachter abwälzen. Im zweiten Fall treffen die Politiker ihre Entscheidung über die Gewichte und Anspruchsniveaus der Ziele bereits bei der Aufstellung des Bewertungsverfahrens ohne Bezug auf einen Anwendungsfall oder delegieren diese Entscheidung gar an die Entwickler des Verfahrens. Mit Hilfe standardisierter Ziele glauben die Politiker, die Ergebnisse von Wirkungsanalysen sachlich miteinander vergleichen zu können und nicht mehr politisch entscheiden zu müssen. Dies unterstellt eine Allgemeingültigkeit der Ziele, die es allerdings nicht gibt.

3.6.2 Bewertungsverfahren

Für die Bewertung werden in der Regel Nutzen-Kosten-Untersuchungen verwendet. Sie werden durchgeführt in Form von

- Kosten-Nutzen-Analysen   (KNA),
- Kosten-Wirksamkeits-Analysen   (KWA),
- Nutzwertanalysen   (NWA).

In Kosten-Nutzen-Analysen werden die Nutzenkomponenten in Geldwerte umgerechnet, so dass sie mit den Kosten unmittelbar verrechnet werden können.

In Kosten-Wirksamkeits-Analysen werden die Nutzenkomponenten mit Nutzwerten belegt. Der Gesamtnutzwert wird dem Gesamtkostenwert gegenübergestellt. Dabei ist ein unmittelbares Verrechnen nicht möglich, weil Nutzen und Kosten unterschiedliche Dimensionen haben. Ein Vergleich wird erst möglich, wenn über eine sogenannte Brückenfunktion die Nutzenskala mit der Kostenskala in ein Verhältnis gesetzt wird.

In Nutzwertanalysen werden die Kostenkomponenten in Nutzwerte umgerechnet, damit sie mit den Nutzenkomponenten unmittelbar vergleichbar sind.

Die Bundeshaushaltsordnung (BHO) und das Haushaltsgrundsätzegesetz (HGrG) des Bundes und der Länder fordern für Maßnahmen von erheblicher finanzieller Bedeutung die Durchführung von Nutzen-Kosten-Analysen. Sie machen davon z.B. die finanzielle Förderung von Maßnahmen abhängig.

In Vollzug dieser Gesetzeswerke hat z.B. der Bundesminister für Verkehr folgende Bewertungsverfahren für verbindlich erklärt:

- Bewertungsverfahren für die Bundesverkehrswegeplanung,
- Richtlinie für die Anlage von Straßen, Teil Wirtschaftlichkeitsuntersuchungen (RAS-W), 1986,
- Anleitung für die Standardisierte Bewertung von Verkehrswegeinvestitionen im ÖPNV, 1981, Überarbeitung 1988.

Bei allen drei Verfahren handelt es sich um Kosten-Nutzen-Analysen, bei denen Nutzenkomponenten über vorgegebene Kostensätze in Geldwerte umgerechnet werden. Nicht quantifizierbare Nutzenkomponenten („intangible" Komponenten), wie stadtstrukturelle, wirtschaftsstrukturelle und ästhetische Wirkungen, werden nur verbal abgehandelt.

Das Bewertungsverfahren für die Bundesverkehrswegeplanung und die RAS-W korrespondieren in Methodik und Kostensätzen miteinander. Sie sind auf Straßen begrenzt und verwenden folgende Komponenten:

- Kostenkomponenten
  - Investitionskosten,
  - Betriebskosten.

- Nutzenkomponenten
  - Betriebskosten der Benutzer,
  - Zeitbedarf,
  - Unfallzahlen,
  - Lärmbelastung,
  - Schadstoffbelastung.

Die „Standardisierte Bewertung von Verkehrswegeinvestitionen im ÖPNV" berücksichtigt folgende zusätzliche Komponenten, die insbesondere den Modal-split beeinflussen:

- Erreichbarkeit,
- Reisezeit (im Vergleich zum IV),
- Beförderungskomfort,
- Fahrtkosten,
- Platzangebot,

- Betriebserlöse,
- Energieverbrauch,
- Beeinträchtigung angrenzender Gebiete,
- Flächenbedarf.

3.6.3 Ermittlung der Kosten

Kosten entstehen in Form von

- Investitionskosten (einmalige Kosten),

- Betriebskosten (laufende Kosten).

Diese Kosten werden untergliedert nach Kostenstellen, an denen die Kosten anfallen. Bei den Betriebskosten werden die Kosten an den einzelnen Kostenstellen zusätzlich untergliedert nach Kostenarten.

Betriebskosten gliedern sich auf in die Kostenarten

- Personalkosten
  - Lohn und Gehalt,
  - Sozialleistungen (gesetzlich, tariflich, freiwillig),
- Sachkosten
  - Material,
  - Energie,
  - Sonstige.

Außerdem wird angegeben, welche Institution die Kosten trägt (Kostenträger).

Die Kosten werden durch Multiplikation von Mengen (Mengengerüst) mit Einheitspreisen (Preis je Einheit der Menge) ermittelt.

3.6.4 Ermittlung des Nutzens

Kosten-Nutzen-Analysen

Bei den Kosten-Nutzen-Analysen werden für die einzelnen Zielkriterien spezifische Kosten angegeben (z.B. Kosten eines Unfalltoten). Sie repräsentieren den spezifischen Nutzen oder Schaden einer Maßnahme im Hinblick auf das Ziel und beziffern seinen Beitrag zum Gesamtnutzen. Die Gewichte der einzelnen Zielkriterien sind in diesen Kostensätzen implizit enthalten.

Die spezifischen Kosten werden mit einem kardinal messbaren Indikator des Zielkriteriums (z.B. Anzahl der Unfalltoten bei dem betrachteten Planungsfall) multipliziert. Das Produkt gibt die Wirkung der Maßnahme auf das betrachtete Zielkriterium an.

Wirkungen, die nicht kardinal messbar sind, werden bei der Ermittlung des Nutzens nicht berücksichtigt, sondern als sog. Intangible verbal abgehandelt.

Bei festen spezifischen Kostenwerten ist der Beitrag, den eine Maßnahme liefert, proportional zu den Indikatorwerten. Anstelle fester spezifischer Kostenwerte können jedoch auch Kostenfunktionen angegeben werden, die unterschiedlichen Indikatorwerten unterschiedliche spezifische Kosten zuordnen. Der Zusammenhang zwischen Indikatorwerten und Nutzenbeitrag hat dann eine nicht-lineare Form. Auf diese Weise kann z.B. ein zusätzlicher Nutzen bei hohen Indikatorwerten geringer bewertet werden als bei niedrigeren Indikatorwerten.

Die Beiträge der einzelnen Zielkriterien werden in Geldwerten angegeben, so dass sich der Gesamtnutzen aus der Summe dieser Beiträge errechnet.

Kosten-Wirksamkeits-Analyse und Nutzwertanalyse

Die Ermittlung des Nutzens im Rahmen von Kosten-Wirksamkeits-Analysen oder Nutzwertana-lysen erfolgt anhand eines hierarchischen Ziele-Maßnahmen-Systems mit Hilfe von dimensions-losen Nutzwerten.

Bei der Ermittlung der Nutzwerte werden für ein Ziel i die folgenden Größen verwendet:

- Zielwert (=Zielerreichungsgrad) z_i,
- Zielgewicht g_i,
- Nutzwert $n_i = g_i \cdot z_i$

Der Nutzen des Gesamtsystems ergibt sich dann aus der Addition der Nutzwerte für alle Zielkriterien. Dieser Zielwert gibt an, wie weit ein Ziel erreicht ist.

Zur Ermittlung des Zielwertes ist es erforderlich,

- die Wirkungen von Zustandsmerkmalen oder Maßnahmen im Hinblick auf das betrachtete Ziel anzugeben. Dies geschieht in Form von kardinalen oder nominalen Indikatoren, welche die Wirkung der Maßnahme kennzeichnen.

- Grenzen für die Indikatoren festzulegen und zwar

  – eine obere Grenze (=Anspruchsniveau), deren Überschreitung keinen zusätzlichen Nut-zen bringt (z.B. Fahrgeschwindigkeit mehr als 120 km/Std),

  – eine untere Grenze (=Ausschlussniveau), deren Unterschreitung nicht mehr akzeptiert werden kann (z.B. Fahrgeschwindigkeit weniger als 30 km/Std).

Der Zielwert wird auf einer durch die Grenzwerte aufgespannten Skala angegeben:

Bild 3.16: Definition des Zielwerts

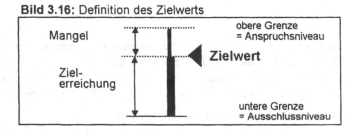

- die Indikatoren in Zielwerte umzusetzen.

  Bei kardinalen Indikatoren erfolgt die Umsetzung in Zielwerte über eine Zielwertfunktion:

Bild 3.17: Ermittlung des Zielwerts bei kardinalen Indikatoren

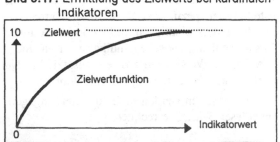

Zur Ermittlung des Zielwertes ist es erforderlich, die Zielwertskala zu eichen, d.h. dem oberen Grenzwert wird der Zielwert 10 zugeordnet (Zielerreichungsgrad 100 %) und dem unteren Grenzwert der Zielwert 0 (Zielerreichungsgrad 0 %). Der Indikatorwert, der zwischen der jeweils festgelegten Ober- und Untergrenze definiert ist, erhält seinen Zielwert über die Zielwertfunktion.

Bei nominalen Indikatoren erfolgt die Umsetzung in Zielwerte direkt über eine Zielwertskala. Auch hier werden ein oberer und ein unterer Grenzwert definiert. Der obere Zielwert erhält 10 Punkte und der untere Grenzwert 0 Punkte. Die Zuordnung des Indikators zu einem Zielwert muss innerhalb des Gültigkeitsbereichs der Skala dann nach Ermessen vorgenommen werden. Nachfolgend ist ein Beispiel für die Fahrgastinformation im ÖPNV angegeben, bei dem die Information mit Hilfe des Telefons eingeordnet wird:

Bild 3.18: Ermittlung des Zielwerts bei nominalen Indikatoren

```
10 ─┐   Telefon+ Info-Automat+Internet

         Telefon

 5 ─     Fahrplanbuch mit Haltestellenbeziehungen


 0 ─┘   Fahrplanbuch mit Kursen
```

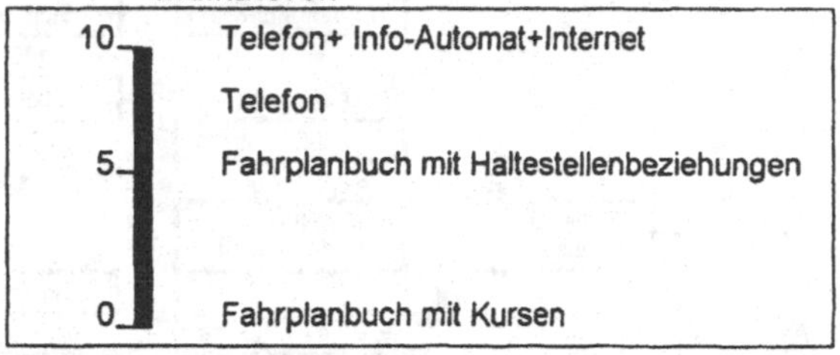

Wenn ein Zielkriterium nur durch mehrere Indikatoren gemeinsam beschrieben werden kann, werden die Zielwerte der einzelnen Indikatoren über eine Gewichtung der Zielkriterien zu einem einzigen Zielwert zusammengefasst.

Zur Bestimmung der Zielgewichte müssen die verschiedenen Ziele bestimmten Zielebenen eines Ziele-Maßnahmen-Systems zugeordnet werden. Das Zielgewicht g_i gibt die Bedeutung an, die dem Ziel im Verhältnis zu allen anderen Zielen derselben Ebene beigemessen wird. Üblicherweise wird das Zielgewicht als Prozentwert angegeben, wobei die Summe der Zielgewichte einer jeden Zielebene 100 % beträgt.

Die Bestimmung der Zielgewichte ist Aufgabe der politischen Instanz. Da die Gewichtung der Ziele von Werthaltungen und Interessenlagen abhängt, werden die Zielgewichte idealerweise von einer sog. "repräsentativen Gruppe" der politischen Instanz bestimmt. Die Gruppe wird so zusammengesetzt, dass möglichst alle Werthaltungen und Interessenlagen, die den Untersuchungsgegenstand berühren, vertreten sind. Durch eine mehrfach wiederholte Zielgewichtung mit zwischengeschalteter Diskussion über unterschiedliche Auffassungen wird häufig versucht, zu einem weitmöglichen Konsens über die Zielgewichte zu gelangen ("Delphi-Verfahren"). Die verbleibenden Abweichungen in den Zielgewichtungen werden gemittelt, so dass als Ergebnis eine mittlere relative Gewichtung der Ziele entsteht. Durch eine hinreichend große Anzahl an Teilnehmern in einer solchen Gewichtungsrunde wird versucht, eine hinreichende Stabilität des Mittelwertes zu erreichen.

Die Gewichte unterliegen – wie Werthaltungen allgemein – auch einer zeitlichen Veränderung. Außerdem ist ihre Einschätzung davon abhängig, wie problematisch der heutige Zustand empfunden wird.

Um die Auswirkung unterschiedlicher Bewertungen der Anspruchs- und Ausschlussniveaus sowie der Zielgewichte beurteilen zu können, empfiehlt es sich, eine Sensitivitätsanalyse durchzuführen. Dabei werden aus der Streuung der Meinungen innerhalb der Gruppe Spannweiten für die Zielgewichte und die Anspruchs- sowie Ausschlussniveaus gebildet und die Nutzen jeweils für die Grenzwerte dieser Spannweiten errechnet.

Grundlage für die dargestellte Ermittlung des Nutzens ist ein hierarchisches Ziele-Maßnahmen-System, über das die Nutzwerte von der unteren Ebene ausgehend über alle Ebenen bis auf die oberste Ebene heraufgerechnet werden. Die Indikatoren fließen in die unterste Ebene ein. Nachfolgend wird ein Beispiel aus dem ÖPNV angegeben:

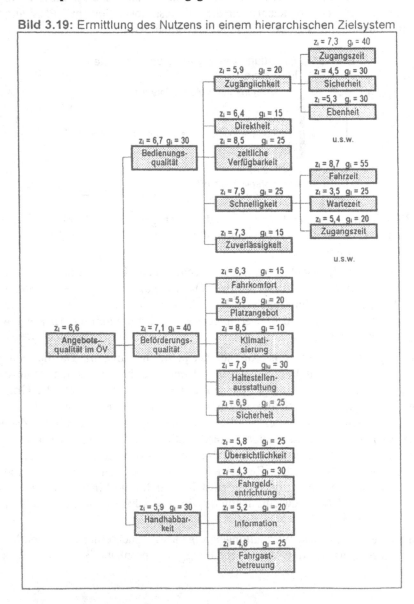

Bild 3.19: Ermittlung des Nutzens in einem hierarchischen Zielsystem

3.6.5 Problematik der Nutzenermittlung

Die Bewertung von Zuständen mit Hilfe von Nutzen-Kosten-Untersuchungen führt scheinbar zu einem objektiven Ergebnis. Die vermeintliche Objektivität hat in der Vergangenheit dazu beigetragen, dass Nutzen-Kosten-Untersuchungen einen hohen Stellenwert bekommen haben.

Generell

- Die Ermittlung des Nutzens beruht auf der Grundhypothese, dass die verschiedenen Wirkungen gegenseitig verrechnet werden können, d.h. unerwünschte Wirkungen auf ein bestimmtes Zielkriterium lassen sich durch erwünschte Wirkungen auf ein anderes Zielkriterium kompensieren (z.B. negative Umweltwirkungen durch eine hohe Gebrauchsqualität).

- Nutzenwert und Kostenwert sind nicht unmittelbar miteinander vergleichbar. Auch die Bildung von Nutzen-Kosten-Verhältnissen führt nicht weiter, weil der Zusammenhang zwischen Nutzen und Kosten im Regelfall nicht linear ist, sondern sich in Grenzbereichen zum Teil erheblich verschiebt (so verursacht z.B. eine Erhöhung der Sicherheit über einen bestimmten Punkt hinaus weit überproportionale Kosten). Damit fällt das Abwägen von Nutzen und Kosten wieder in den argumentativen Bereich zurück.

- Die Bildung von Mittelwerten für Kostensätze, Zielgewichte und Nutzwerte widerspricht der Realität. Bei politischen Alternativen wird in der Regel nicht nach dem Mittelwert der Zustimmung gesucht, sondern es wird diejenige Alternative verfolgt, die eine Mehrheit erhält.

- Die Darstellung des Gesamtnutzens durch hochverdichtete Beschreibungsgrößen (z.B. Nutzen-Kosten-Koeffizienten oder Gesamtnutzwerte) verkürzt das Entscheidungsproblem auf den Vergleich von Zahlenwerten. Komplexe Entscheidungsprobleme zeichnen sich aber durch die Vielfalt an entscheidungsrelevanten Aspekten aus, die in einem komplizierten Beziehungsgefüge stehen und zum Teil gegenläufige Ausprägungen aufweisen. Dieser Charakter des Entscheidungsproblems wird verfälscht, wenn es zu einer Frage nach dem größten Gesamtnutzwert simplifiziert wird.

- Das politische Kalkül, das in der Realität alle komplexen Entscheidungen maßgeblich mitbestimmt, bleibt bei den heute üblichen Nutzen-Kosten-Untersuchungen unberücksichtigt. Häufig kommt es dann zu einem Konflikt zwischen Politikern und Fachleuten, wenn die Entscheidung aus politischen Erwägungen gegen das Rechenergebnis einer Nutzen-Kosten-Untersuchung fällt.

Kosten-Nutzen-Analyse

- In den Kosten-Nutzen-Analysen werden zur Ermittlung der Nutzen Kostensätze verwendet, die empirisch aus der Zahlungsbereitschaft der Nutznießer oder den Vermeidungskosten bei negativen Wirkungen (z.B. Kosten für lärmdämmende Fenster) abgeleitet werden. Die vorgenommene Standardisierung der Kostensätze führt zu Mittelwerten und lässt keinen Raum für unterschiedliche Werthaltungen. So kann z.B. Zeitverlust je nach sozio-demographischen Merkmalen der Betroffenen sehr unterschiedlich bewertet werden und zu unterschiedlichen Kostenäquivalenten führen. Auch Versicherungsprämien oder gerichtlich festgelegte Schadensersatzbeträge können den Wert eines Unfalltoten nicht wirklich wiedergeben.

- Die Kosten-Nutzen-Analyse berücksichtigt nur kardinal messbare Wirkungen.

Kosten-Wirksamkeits-Analyse und Nutzwertanalyse

- Die hierarchische Verknüpfung der Ziele und ihre Gewichtung setzen voraus, dass die Ziele den angestrebten Zustand vollständig erfassen und untereinander unabhängig sind. Beide Voraussetzungen sind in der Regel nicht gegeben. Außerdem entziehen sich Einflüsse wie Image einer Operationalisierung und bleiben daher meist außer Betracht. Ebenso bestehen zwischen vielen Zielen maßnahmenbedingte Abhängigkeiten.

- Die Transformation eines Indikators in einen Zielwert hängt von der Festsetzung der Indikatorgrenzen und vom Verlauf der Zielwertfunktion ab. Bei der Festsetzung der Indikatorgrenzen spielen Werthaltungen eine große Rolle. Dies zeigt sich z.B. an der Frage, welches Maß an motorisiertem Individualverkehr noch tolerierbar ist oder was als untere Grenze der Raumtemperatur beim Energiesparen noch zumutbar erscheint. Trotz dieser politischen Implikationen wird die Transformation von Indikatorwerten in Zielwerten den Fachleuten überlassen. Zu dieser Subjektivität der Indikatorgrenzen kommt hinzu, dass sich viele Zielkriterien einer quantitativen Erfassung durch Indikatoren entziehen: Während Reisezeit unbedingt messbar und Merkmale der Beförderungsqualität bedingt messbar sind, lässt sich für Größen wie Stadtbildverträglichkeit kaum ein allgemeingültiger Maßstab finden. Hier ist auch eine nominelle Angabe eines Indikatorwertes weitgehend willkürlich.

Diese Schwächen, die bei allen Nutzen-Kosten-Untersuchungen in mehr oder weniger starkem Maße auftreten, relativieren ihre Bedeutung für den Entscheidungsprozeß. Nach dem heutigen Stand der Methodenkritik muss die streng formale Anwendung einer solchen Untersuchung als problematisch angesehen werden. Dennoch sollte die Struktur der Nutzen-Kosten-Untersuchung beibehalten werden. Der Vorteil einer Nutzen-Kosten-Untersuchung liegt vor allem darin, dass sich damit das Entscheidungsproblem strukturieren lässt. Die Untersuchung hilft, die Wirkungen der zu untersuchenden Maßnahmen und ihre gegenseitigen Wechselwirkungen deutlich zu machen und schafft eine logische Struktur, an der sich eine argumentative Bewertung orientieren kann. Es geht darum, die Nutzen-Kosten-Untersuchung als strukturierendes Element beizubehalten, ohne das Bewertungsproblem auf Rechengrößen zu verkürzen. Alle Zahlenrechnungen sollten nur als Gerüst für die Argumentation angesehen werden. Die fachlichen Argumente müssen erhalten bleiben und die dahinterstehenden Werthaltungen deutlich gemacht werden.

3.6.6 Vorschlag für ein argumentbasiertes Verfahren

Der Verfahrensvorschlag bezieht Überlegungen des Arbeitsausschusses „Grundsatzfragen der Verkehrsplanung" der Forschungsgesellschaft für Straßen- und Verkehrswesen ein, die auch in den Leitfaden für Verkehrsplanung (2001) eingeflossen sind.

Grundlagen

Bei der Bewertung von Zuständen und Maßnahmen können

- nicht formalisierte,
- teil-formalisierte,
- formalisierte

Verfahren sowie Kombinationen dieser Verfahren eingesetzt werden.

Die Wahl des Verfahrens hängt einerseits von den Anforderungen ab, die an die Genauigkeit der Bewertung gestellt werden, und andererseits von der Möglichkeit, die Wirkungen zu quantifizieren.

Nicht-formalisierte Verfahren

- Intuitive Verfahren in Form eines ganzheitlichen Urteils durch Einzelpersonen,
- Common-sense-begründete Verfahren in Form eines Urteils entsprechend der allgemeinen Meinung,
- Verfahren der Bewertung durch Einzelexperten oder Expertengruppen,
- Verfahren der öffentlichen Diskussion und Abstimmung.

Diese Verfahren sind geeignet vor allem bei unsicheren Informationen, beschränkten Wirkungskenntnissen, komplexen Wirkungszusammenhängen sowie einer großen Bedeutung von Langfristwirkungen und von Wirkungen auf externe Ziele.

Die Vorteile der nicht-formalisierten Verfahren liegen in der gewohnten Vorgehensweise, ganzheitliche Entscheidungen zu fällen und dabei qualifizierende Wirkungsbeschreibungen, Wirkungsvermutungen sowie Angaben von Betroffenen einzubeziehen. Nachteile sind, dass die Entstehung der Entscheidungen nicht nachvollzogen werden kann. Allerdings sind die Entscheidungen der Argumentation und Diskussion zugänglich.

Die nicht-formalisierten Verfahren sollten eingesetzt werden für

- eine Vorauswahl von eindeutig unzulässigen oder unvorteilhaften Maßnahmen,
- eine ganzheitliche Bewertung der Ergebnisse von teil-formalisierten oder formalisierten Verfahren.

Teil-formalisierte Verfahren

- Vorteil/Nachteil-Darstellungen,
- Rangordnungsverfahren,
- Eliminationsverfahren.

Das Verfahren der Vorteil/Nachteil-Darstellung basiert auf Vereinbarungen darüber, wie erwünschte bzw. unerwünschte Wirkungen zu kennzeichnen und nach dem Grad der Erwünschtheit zu differenzieren sind. Dies geschieht z.B. mit Hilfe von Plus- oder Minuszeichen oder von Zensuren. Eine Verrechnung der einzelnen Wirkungen ist inhaltlich nicht zu begründen und formal nicht zu kontrollieren. Das Verfahren dient vor allem als Argumentationshilfe und kann für den Entwurf von Maßnahmen eine Denk- und Suchhilfe sein.

Mit Rangordnungsverfahren werden Wirkungen der Maßnahmen im Hinblick auf die einzelnen Zielkriterien ordinal in eine Rangreihe gebracht. Mit Ausnahme der trivialen Fälle, in denen eine Maßnahme entweder für alle Zielkriterien die höchste oder niedrigste Rangziffer hat, muss der Erfüllungsgrad der einzelnen Ziele in eine Rangordnung gebracht werden. Dies kann sowohl aufgrund quantitativer Kenngrößen als auch aufgrund subjektiver Einschätzungen geschehen. Rangordnungsverfahren können als Strukturierungshilfe oder für die Bewertung von Klassen von Maßnahmen dienen.

Bei Eliminationsverfahren werden für alle Zielkriterien Anspruchs- und Ausschlussniveaus gesetzt und diejenigen Maßnahmen verworfen (eliminiert), die für mindestens ein Kriterium nicht im aktuell festgelegten Zulässigkeitsbereich liegen. Die im zulässigen Bereich verbleibenden Projekte können allerdings nicht im Hinblick auf ihre Vorteilhaftigkeit beurteilt werden, so dass zusätzliche Verfahren erforderlich sind.

Insgesamt dienen teil-formalisierte Verfahren dazu,

- die Teilmenge der zulässigen Maßnahmen abzugrenzen,
- die Teilmenge der zulässigen Maßnahmen in Teilklassen zu untergliedern.

Formalisierte Verfahren

- Nutzen-Kosten-Analysen,
- Nutzwertanalysen und
- Kosten-Wirksamkeits-Analysen.

Diese Verfahren sind vorn detailliert dargestellt.

Arbeitsschritte der Bewertung

Aufgrund der Vor- und Nachteile der einzelnen Verfahren bietet sich eine Kombination von nicht-formalisierten, teil-formalisierten und formalisierten Verfahren an. Nachfolgend wird ein Verfahren dargestellt, das aus mehreren Schritten mit zunehmender Konkretisierung besteht. Das Verfahren kann, beginnend nach dem zweiten Schritt, abgebrochen werden, wenn die Genauigkeit der Bewertung als ausreichend angesehen wird.

Erster Schritt: Zusammenstellung von Zielkriterien

Zielkriterien können nicht standardisiert werden, sondern müssen sich nach dem Untersuchungsgegenstand richten. Bei der Zusammenstellung der Zielkriterien kann zwar von einem standardisierten Katalog ausgegangen werden, er ist anschließend jedoch an die Erfordernisse des Untersuchungsfalles anzupassen. Dabei können Kriterien entfallen, wenn entsprechende Wirkungen von vornherein nicht auftreten oder vernachlässigbar sind, oder hinzukommen, wenn sie im jeweiligen Untersuchungsfall zusätzlich von Bedeutung sind.

Die Zielkriterien bestehen aus drei Gruppen, die sich ableiten aus

- Anforderungen der Benutzer (verkehrsbezogene individuelle Nutzen),
- Anforderungen der Betreiber (vor allem Kosten),
- Anforderungen der Allgemeinheit (Wirkungen auf Umwelt und Siedlung).

Zweiter Schritt: Beschreibung der Wirkungen

Für jedes Bewertungskriterium wird die Wirkung der einzelnen Maßnahmen beschrieben. In vielen Fällen ist dies nur verbal möglich. Sofern Zahlenangaben über die Wirkungen gemacht werden können, sollten sie in die Beschreibung aufgenommen werden. Diese Zahlenangaben sind jedoch keine späteren Rechengrößen, sondern dienen nur der vertieften Information des Bewerters.

Bei der Beschreibung der Wirkungen sollte unterschieden werden zwischen

- den absoluten Wirkungen der zu bewertenden Maßnahme,
- den Wirkungen, welche die zu bewertende Maßnahme im Zusammenhang mit anderen Maßnahmen hat (die Wirkungen der verschiedenen Maßnahmen können sich verstärken oder abschwächen),
- den Wirkungen, welche die zu bewertende Maßnahme auf die Umgebung des Planungsgegenstandes hat (z.B. können negative Umweltbelastungen in einem weitgehend unbelasteten Gebiet entstehen oder die ohnehin schon vorhandenen starken Belastungen noch verstärken); dies gilt insbesondere für umweltbezogene und siedlungsstrukturelle Wirkungen.

Aufbauend auf der Wirkungsbeschreibung können intuitive ganzheitliche Urteile gefällt werden. Dabei können auch Expertenmeinungen herangezogen werden.

Dritter Schritt: Festlegung von Anspruchsniveaus und Ausschlussniveaus

Für jedes einzelne Bewertungskriterium wird festgelegt, welche Ansprüche an die Maßnahmen gestellt werden und bei welchen Wirkungen eine Maßnahme auszuschließen ist. Sofern diese Niveaus nicht zahlenmäßig angegeben werden können, müssen sie so gut wie möglich verbal beschrieben werden. Die Anspruchs- und Ausschlussniveaus für die verschiedenen Bewertungskriterien enthalten Wertvorstellungen. Sie erlauben die Anwendung von Eliminationsverfahren, indem diejenigen Maßnahmen ausgeschlossen werden, die in einem der Zielkriterien unterhalb des Ausschlussniveaus liegen.

Vierter Schritt: Klassifizierung der Wirkungen

Für die Klassifizierung der Wirkungen im Hinblick auf die einzelnen Zielkriterien gibt es unterschiedliche Möglichkeiten:

- Die Wirkungen werden mit Plus- und Minuszeichen als positiv, neutral oder negativ klassifiziert. Die Klassifizierung liegt im Ermessen des Bewerters.
- Sofern auch die Urteile sehr positiv und sehr negativ zugelassen werden, ergibt sich eine Bewertungsskala aus fünf Klassen. In diesem Fall können für die Bewertung auch Schulzensuren von 1 bis 5 eingeführt werden; die Zensur 6 kennzeichnet dann die Unzulässigkeit der Maßnahme.
- Die Maßnahmen werden im Hinblick auf die Zielkriterien in eine Rangfolge gebracht:

Bild 3.20: Rangordnung von Maßnahmen

Kriterium	A	B	C	D	E	F	G
Rang 1	4	2	6	4	4	5	3
Rang 2	6	6	4	1	2	3	4
Rang 3	2	4	3	3	1	4	1
Rang 4	3	3	1	6	6	2	2
Rang 5	5	5	5	5	3	5	5

Grau hinterlegt ist die Maßnahme 4, die offensichtlich den höchsten Zielerfüllungsgrad aufweist.

Hinter einer Klassifizierung der Wirkungen stehen Werthaltungen. Der Spielraum für die Klassifizierung ist eingeschränkt, wenn bereits Anspruchsniveaus und Ausschlussniveaus formuliert sind. Im Ausnahmefall einer möglichen zahlenmäßigen Angabe der Wirkungen ist das Urteil zwischen Anspruchsniveau und Ausschlussniveau rechenbar (vgl. Indikatorwerte).

Aufgrund der Klassifizierung der Maßnahmen - entweder durch Vorteil-/Nachteil-Bewertungen der Maßnahmen im Hinblick auf die einzelnen Zielkriterien oder durch eine Rangordnung - ist es in vielen Fällen schon möglich, zu einer Bewertung der Maßnahmen zu kommen. Zumindest können Maßnahmen mit überwiegend schlechten Ergebnissen aussortiert werden. Dabei ist jedoch zu bedenken, dass den verschiedenen Zielen zunächst dieselbe Bedeutung zugemessen ist.

Fünfter Schritt: Gewichtung der Zielkriterien

Sofern die Ziele stark unterschiedliche Bedeutung haben, müssen sie gegeneinander gewichtet werden. Die Rangziffern sind dann mit diesen Gewichten zu multiplizieren und die Produkte zu addieren.

Sechster Schritt: Zusammenfassung der Einzelurteile

Sofern die Bewertung der Wirkungen im Hinblick auf die einzelnen Zielkriterien anhand einer Skala (z.B. in Anlehnung an Schulzensuren) durchgeführt wurde und eine Gewichtung der einzelnen Kriterien erfolgt ist, können die Einzelurteile entsprechend der Gewichte der Zielkriterien zusammengefasst werden. Dabei muss man sich aber darüber im klaren sein, dass die Gewichte bei einer Gewichtung Austauschrelationen für eine Substitution zwischen erwünschten und unerwünschten Wirkungen enthalten.

Diese Art der zusammenfassenden Bewertung kommt bereits den Nutzen-Kosten-Untersuchungen nahe. Sie unterscheidet sich jedoch dadurch, dass die Wirkungen im Hinblick auf die einzelnen Kriterien in Form von Klassen bewertet werden (z.B. in Anlehnung an Schulzensuren) und die Bewertung nicht auf einer scheinbar objektiven Berechnung der Wirkungen beruht. Außerdem bleiben die verschiedenen Schritte des Bewertungsprozesses sichtbar.

4 Ermittlung und Beeinflussung der Verkehrsnachfrage

Die Beeinflussung der Verkehrsnachfrage setzt voraus, das die Wirkungsmechanismen bei der Entstehung der Verkehrsnachfrage bekannt sind. Insofern sind die Methoden zur Ermittlung der Verkehrsnachfrage und zur Beeinflussung der Verkehrsnachfrage dieselben.

4.1 Definitionen

Verkehrsnachfrage

Bei der Verkehrsnachfrage kann unterschieden werden nach

- dem Gegenstand der Ortsveränderung (Personen oder Güter),
- der Veranlassung der Ortsveränderung (privat oder dienstlich/geschäftlich).

Da Ortsveränderungen durch Aktivitäten ausgelöst werden, liegt für den fließenden Verkehr eine Unterteilung nach der Veranlassung der Ortsveränderung nahe. Diese Unterteilung ist eindeutiger möglich als eine Unterteilung nach dem Gegenstand der Ortsveränderung, denn der Übergang zwischen Personenverkehr und Güterverkehr ist fließend und reicht von der Mitführung von Aktentaschen bis zur Mitführung von Einkaufsgut und größeren Gegenständen.

Einer Definition von SCHWERDTFEGER (1976) folgend werden

- als privat alle Wege definiert, „die infolge privater Bedürfnisse entstehen und außerhalb beruflicher Tätigkeiten von den Bedürfnisträgern selbst realisiert werden",
- als dienstlich /geschäftlich alle Wege, „die innerhalb der beruflichen Tätigkeit ... durchgeführt werden und nicht der unmittelbaren Bedürfnisbefriedigung des Verkehrsteilnehmers selbst dienen"; dieser Verkehr wird auch als Wirtschaftsverkehr bezeichnet.

Zum Wirtschaftsverkehr gehören damit Fahrten zur Güterbeförderung (= Güterverkehr), Fahrten zu dienstlich/geschäftlichen Erledigungen ohne Güterbeförderung (=Personenverkehr) sowie Mischformen zwischen Personen- und Güterverkehr (z.B. Handwerker, die Dienstleistungen durchführen und dabei Ersatzteile mitführen). Sie haben sämtlich ihren Ursprung im ökonomischen Bereich außerhalb der privaten Lebenshaltung.

Bei der Nachfrage im ruhenden Verkehr ist eine Unterteilung nach Personenverkehr und Güterverkehr sinnvoller, weil die Benutzung des Straßenrandes bei Ladevorgängen anderen Regelungen unterliegt als beim Parken im Personenverkehr.

Ausgangspunkt der Verkehrsnachfrage sind Aktivitäten. Dabei muss unterschieden werden nach der Art der Aktivität und dem Umfang der Aktivität. Im privaten Verkehr leitet sich die Art der Aktivitäten aus den Daseinsgrundfunktionen Wohnen, Arbeiten, Bilden, Versorgen, Erledigen und Freizeiten ab. Der Umfang dieser Aktivitäten wird von der Struktur der Bevölkerung und der Struktur der Einrichtungen zur Ausübung der Aktivitäten (=Wirtschaftsstruktur) bestimmt. Im Wirtschaftsverkehr ist die Art der Aktivität Folge von wirtschaftlichen Tätigkeiten wie Gewinnen, Erzeugen, Verarbeiten, Lagern, Verteilen und Entsorgen von Materialien und Produkten sowie Durchführen von Dienstleistungen und geschäftlich/dienstlicher Kommunikation. Der Umfang dieser Aktivitäten wird von der Struktur der Wirtschaftseinrichtungen bestimmt.

Verkehrsbedarf entsteht, wenn zur Durchführung von Aktivitäten der Ort gewechselt werden muss. Der Umfang des Verkehrsbedarfs ergibt sich aus der Anzahl der Aktivitäten sowie der Lage der Wohnungen und Wirtschaftseinrichtungen im Raum (=Flächennutzungsstruktur).

Verkehrsnachfrage entsteht, wenn der Verkehrsbedarf mit einem bestimmten Verkehrsmittel realisiert wird. Bei einem idealen Verkehrsangebot sind Verkehrsbedarf und Verkehrsnachfrage identisch. Je schlechter das Verkehrsangebot ist, desto geringer ist der Anteil des Verkehrsbedarfs, der in Verkehrsnachfrage umgesetzt wird. Die Aufteilung auf die einzelnen Verkehrsmittel hängt vom Verhältnis der Angebotsqualitäten der Verkehrsmittel und von der Reaktion der Verkehrsteilnehmer auf diese Angebotsqualitäten ab.

Die Zusammenhänge zwischen den Einflussgrößen und der Ausprägung des Verkehrsbedarfs und der Verkehrsnachfrage sind nachfolgend dargestellt:

Bild 4.1: Einflussgrößen der Verkehrsnachfrage

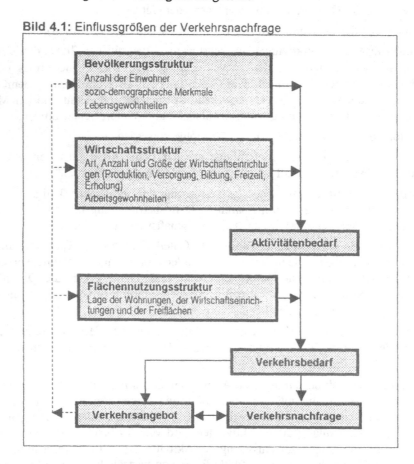

Verkehrsnachfrage und Verkehrsangebot stehen in Wechselwirkung zueinander: Die Verkehrsnachfrage ist Eingangsgröße für die Dimensionierung des Verkehrsangebots und bestimmt dessen Qualität und den Umfang. Das Verkehrsangebot beeinflusst seinerseits die Verkehrsnachfrage und hierbei insbesondere die Verkehrsmittelwahl. Beim Entwurf des Verkehrsangebots müssen Verkehrsnachfrage und Verkehrsangebot deshalb in ein Gleichgewicht zueinander gebracht werden.

In der Ökonomie ist das Gleichgewicht definiert als Schnittpunkt zwischen einer preisabhängigen Nachfragefunktion und einer kostenabhängigen Angebotsfunktion:

Bild 4.2: Zusammenhang zwischen Nachfrage und Angebot

Der Schnittpunkt kennzeichnet die realisierte Verkehrsnachfrage (auch als „Verkehrsaufkommen" bezeichnet). Wenn die Nutzung des Angebots teurer wird (Parallelverschiebung der Angebotsfunktion nach oben), sinkt die realisierte Verkehrsnachfrage und umgekehrt. Wenn die Verkehrsnachfrage steigt (Parallelverschiebung der Nachfragefunktion nach rechts), muss das Angebot vergrößert werden, um die Nachfrage befriedigen zu können, und es entstehen höhere Kosten. Die Stetigkeit der Angebotsfunktion stellt allerdings eine Idealisierung dar, die nur für globale Zusammenhänge gilt. Im Detail weist die Angebotsfunktion Sprünge auf, z.B. bei einem Übergang von einem 20-Minuten-Takt auf einen 10-Minuten-Takt im ÖPNV oder von einer 2-streifigen Straße auf eine 4-streifige Straße im MIV.

Fließender Verkehr

Verkehrsbedarf und Verkehrsnachfrage im fließenden Verkehr haben den folgenden räumlichen und einen zeitlichen Bezug:

- Räumlicher Bezug sind Verkehrszellen, zu denen die Quellorte und Zielorte der Ortsveränderungen zusammengefasst werden.
- Zeitlicher Bezug ist die Breite von Zeitintervallen (z.B. 1 Std.).

Verkehrsbedarf und Verkehrsnachfrage haben damit die Dimension "Anzahl der Wege zwischen zwei Verkehrszellen in einem Zeitintervall".

Als Weg wird die einzelne Ortsveränderung zwischen einer Quelle und einem Ziel definiert. Die Rückkehr an die Quelle wird – in Abweichung zu der meist verwendeten Definition – hier als gesonderter Weg bezeichnet. Hinweg und Rückweg gemeinsam bilden ein „Wegepaar" aus zwei Einzelwegen. Wenn von einer Quelle aus nacheinander mehrere Ziele aufgesucht werden, ohne dass zwischendurch eine Rückkehr zur Quelle erfolgt, wird – in Übereinstimmung mit der auch sonst üblichen Definition – von einer „Wegekette" gesprochen. Einer Wegekette liegt eine Aktivitätenkette zugrunde, während bei einem Wegepaar nur eine einzige Aktivität ausgeübt wird.

Verkehrsbedarf und Verkehrsnachfrage unterliegen zeitlichen Veränderungen in Form von

- zeitlichen Entwicklungen,
- periodischen Schwankungen über Tag, Woche, Monat und Jahr,
- zufälligen Schwankungen.

Wegen dieser zeitlichen Entwicklungen und Schwankungen müssen Verkehrsbedarf und Verkehrsnachfrage auf einen Zeitpunkt bezogen werden.

Die Verkehrsnachfrage hat wegen ihrer Bindung an ein Verkehrsmittel zusätzlich einen modalen Bezug. Dabei werden folgende Verkehrsmittel unterschieden:

- Nichtmotorisierter Individualverkehr (NIV): Fußgängerverkehr, Fahrradverkehr,
- Motorisierter Individualverkehr (MIV): Krad, Pkw, Lkw,
- Öffentlicher Personennahverkehr (ÖPNV): Taxi, Bus, Straßen-/Stadtbahn, U-Bahn, S-Bahn

Den Wegen zur Ausübung von Aktivitäten kann je nach Art der Aktivität ein Wegezweck zugeordnet werden. Entsprechend den Wegezwecken wird unterteilt in

- Berufsverkehr (Verkehr <u>zur</u> Ausübung des Berufs),
- Ausbildungsverkehr,
- Einkaufs- und Erledigungsverkehr,
- Freizeitverkehr,
- Serviceverkehr (Bringen und Holen),
- Personen-Wirtschaftsverkehr (Verkehr <u>in</u> Ausübung des Berufs),
- Güter-Wirtschaftsverkehr.

Der Zeitpunkt der Aktivitäten ist an den Lebensrhythmus der Menschen gebunden. Die wegezweck-bezogenen Teilverkehre treten deshalb verstärkt an bestimmten Wochentagen und zu bestimmten Tageszeiten auf:

- Berufsverkehr: Mo-Fr 6-9 Uhr und 16-19 Uhr,
- Ausbildungsverkehr: Mo-Fr 7-8 Uhr und 13-14 Uhr,
- Einkaufsverkehr: Mo-Fr 9-18(20) Uhr, Sa 9-14(16) Uhr,
- Erledigungsverkehr: Mo-Fr 9-16 Uhr,
- Freizeitverkehr: Mo-Fr ab 18 Uhr, Sa, So,
- Serviceverkehr: jederzeit,
- Personen-Wirtschaftsverkehr: Mo-Fr 9-16 Uhr,
- Güter-Wirtschaftsverkehr: Mo-Fr 9-16 Uhr.

Dementsprechend kann nach Verkehrszeiten differenziert werden:

- Hauptverkehrszeit (HVZ)   Mo-Fr 6-9 Uhr und 16-19 Uhr,
  hauptsächlich Berufsverkehr und Ausbildungsverkehr.
- Normalverkehrszeit (NVZ)   Mo-Fr 9-16 Uhr und Sa 9-14 Uhr,
  hauptsächlich Einkaufsverkehr, Erledigungsverkehr und Wirtschaftsverkehr.
- Schwachverkehrszeit (SVZ)   Mo-Fr ab 19 Uhr, Sa ab 14 Uhr, So ganztags,
  hauptsächlich Freizeitverkehr.

Diese Bezeichnung der Verkehrszeiten ist nur noch bedingt zutreffend. Z.B. fallen die berufsbezogenen Wege aufgrund von Teilzeitarbeit und differenzierter Arbeitszeit immer stärker aus der HVZ heraus. Auch in der SVZ treten bei Großveranstaltungen absolute Verkehrsspitzen auf.

Ruhender Verkehr

Im IV (Kfz, Fahrrad) enden Fahrten mit Parkvorgängen, und es entsteht ruhender Verkehr. Hierfür ist die Bereitstellung von Stellplätzen erforderlich. Im ÖV finden die Parkvorgänge auf Betriebshöfen statt. An den Haltestellen gibt es lediglich Haltevorgänge.

Analog zum fließenden Verkehr wird beim ruhenden Verkehr unterschieden zwischen

- Parkbedarf als Anzahl der gleichzeitig auftretenden Parkwünsche.
- Parknachfrage als Anzahl der gleichzeitig realisierten Parkwünsche.

Wenn alle Parkwünsche erfüllt werden und keine Einschränkungen des Angebots bestehen, sind Parkbedarf und Parknachfrage identisch.

Parkbedarf und Parknachfrage haben einen räumlichen Bezug und einen zeitlichen Bezug:

- Räumlich werden sie auf Verkehrszellen bezogen, die zweckmäßigerweise identisch mit den Verkehrszellen des fließenden Verkehrs sind.
- zeitlich sind sie gekennzeichnet durch den Zeitpunkt des Parkbeginns und die Dauer des Parkvorgangs.

Parkbedarf und Parknachfrage haben damit die Dimension „Anzahl der Parkvorgänge innerhalb einer Verkehrszelle zu einem bestimmten Zeitpunkt mit einer bestimmten Parkdauer".

Parkbedarf und Parknachfrage sind genauso wie der Verkehrsbedarf und die Verkehrsnachfrage im fließenden Verkehr zeitlichen Veränderungen unterworfen. Sie treten auf in Form von

- zeitlichen Entwicklungen,
- periodischen Schwankungen über Tag, Woche, Monat und Jahr,
- zufälligen Schwankungen.

Wegen der zeitlichen Entwicklungen und Schwankungen müssen Verkehrsbedarf und Verkehrsnachfrage auf einen Zeitpunkt bezogen werden.

Der ruhende Verkehr kann ebenfalls nach den Wegezwecken gegliedert werden:

- Parken zur Ausübung des Berufs,
- Parken zur Ausbildung,
- Parken bei Einkauf, Erledigung und Gaststättenbesuch,
- Parken bei Dienst- oder Geschäftstätigkeit (in Ausübung des Berufs),
- Parken bei Freizeitaktivitäten.

Hinzu kommt das Parken an der Wohnung (Anwohnerparken).

Hinsichtlich der Parkdauer wird unterschieden zwischen:

- Dauerparken
  - Anwohnerparken, wenn das Fahrzeug während eines ganzen Tages nicht bewegt wird.
- Langzeitparken
  - Anwohnerparken: Abstellen des Fahrzeugs über Nacht,
  - Berufs- und Ausbildungsverkehr: Halbtags 4-5 Stunden, ganztags 8-10 Stunden.
- Kurzzeitparken
  - Einkaufs- und Erledigungsverkehr: Bis zu 3 Stunden.

Für den Freizeitverkehr und den Personen-Wirtschaftsverkehr lassen sich keine typischen Parkdauern angeben. Bei Güter-Wirtschaftsverkehr (Ladevorgänge) handelt es sich – unabhängig von der Aufenthaltsdauer – nicht um Parkvorgänge sondern um Haltevorgänge.

Typische Zeitpunkte für den Beginn von Parkvorgängen sind:

- abends: Anwohnerparken, Freizeitverkehr,
- morgens: Berufs- und Ausbildungsverkehr,
- über den Tag verteilt: Einkaufs- und Erledigungsverkehr, Wirtschaftsverkehr.

Prognose der Verkehrsnachfrage

Bei der Verkehrsnachfrage (hier als umfassender Begriff für die Verkehrsnachfrage im fließenden Verkehr und die Parknachfrage gebraucht) ist zu unterscheiden zwischen

- vorhandener Verkehrsnachfrage, die bei vorhandenem Verkehrsbedarf und vorhandenem Zustand des Verkehrsangebots besteht,
- zukünftiger Verkehrsnachfrage, die bei zukünftigem Verkehrsbedarf (durch Veränderung der Einflussgrößen des Verkehrsbedarfs) und gleichbleibendem Verkehrsangebot entsteht,
- potentieller Verkehrsnachfrage, die bei gleichbleibendem Verkehrsbedarf und verändertem Verkehrsangebot entsteht.

Für die Planung muss von derjenigen Verkehrsnachfrage ausgegangen werden, die bei einem zukünftigen Verkehrsbedarf und einem durch Maßnahmen veränderten Verkehrsangebot entsteht. Sie wird als zukünftige potentielle Verkehrsnachfrage bezeichnet.

Die vorhandene Verkehrsnachfrage lässt sich erheben. Einzelheiten sind den "Empfehlungen für Verkehrserhebungen – EVE91" (1991), dem "Merkblatt über Verkehrserhebungen und Datenschutz" (1986) und den "Hinweisen für die Ermittlung von Verhaltensweisen im Verkehr" (1977) der Forschungsgesellschaft für Straßen- und Verkehrswesen (FGSV) zu entnehmen.

Die zukünftige Verkehrsnachfrage lässt sich aus der heutigen Verkehrsnachfrage nur dann hochrechnen, wenn die Einflussgrößen gleich bleiben oder sich in allen Verkehrszellen gleichmäßig ändern. Eine solche Hochrechnung erfolgt z.B. anhand der Entwicklungen von Motorisierungsgrad, Fahrleistung, Einwohnerzahl u.a.m.. Bei einer ungleichmäßigen Änderung der Einflussgrößen (z.B. Änderung der Siedlungsstruktur in den Zellen des Untersuchungsgebietes) muss sie aus dem Verkehrsbedarf aus seinen Einflussgrößen abgeleitet werden.

Die Ermittlung der zukünftigen Verkehrsnachfrage bei ungleichmäßiger Änderung der Einflussgrößen erfolgt mit Hilfe von Modellen zur Abbildung der Wirkungszusammenhänge.

Die potentielle Verkehrsnachfrage lässt sich weder erheben noch aus der heutigen Verkehrsnachfrage hochrechnen. Sie muss vielmehr aus den Wirkungen ermittelt werden, welche die Maßnahmen auf die Verkehrsnachfrage haben. Hierzu sind ebenfalls Modelle erforderlich.

Ein Modell stellt eine Abstraktion der realen Zusammenhänge dar. Die Wirkungen werden dabei in denjenigen Merkmalen nachgebildet, die für den jeweiligen Planungszweck als wesentlich erkannt oder für wesentlich gehalten werden. Das Modell wird um so komplexer und der Datenbedarf um so höher, desto mehr Einflussgrößen einbezogen werden. Im konkreten Planungsfall ist daher zwischen den Forderungen nach hoher Genauigkeit und geringem Aufwand abzuwägen.

Die Wirkungsmechanismen zwischen den Einflussgrößen und der Verkehrsnachfrage werden durch Parameter wiedergegeben. Die Parameterwerte lassen sich durch Eichung des Modells an Messwerten des heutigen Zustands ermitteln. Dieser Prozess wird als Kalibrierung bezeichnet. Dabei wird der Parameter entweder mit Hilfe eines Optimierungsverfahrens bestimmt oder iterativ solange verändert, bis die Abweichungen zwischen den aus dem Modell errechneten Verkehrsbeziehungen und den gemessenen Verkehrsbeziehungen ein Minimum sind.

Da die Parameter anhand gemessener Werte bestimmt werden, gelten sie streng genommen nur für die vorhandene Verkehrsnachfrage und nicht für eine zukünftige oder eine potentielle Verkehrsnachfrage. Für die Ermittlung einer solchen Verkehrsnachfrage müsste die Entwicklung der Parameter prognostiziert werden, was aber bisher kaum möglich ist. Aus diesem Grunde werden die anhand der vorhandenen Verkehrsnachfrage gewonnenen Parameter in der Regel auch für die Prognose verwendet und die damit verbundenen Ungenauigkeiten in kauf genommen. Da sich in den Parametern ortsspezifische Besonderheiten niederschlagen, sind sie auch nicht ohne weiteres auf andere Räume zu übertragen, sondern müssen für jedes Untersuchungsgebiet neu bestimmt werden.

Verkehrsbelastung

Unter Verkehrsbelastung wird die Belastung von Wegenetzen und Parkierungseinrichtungen durch Fahrzeuge bzw. Fußgänger sowie die Belastung von ÖV-Liniennetzen durch Fahrgäste verstanden. Im ruhenden Verkehr wird auch der Begriff Parkraumbelegung benutzt.

Die Verkehrsbelastung hat die Dimension "Fahrzeuge/Fahrgäste auf einem Strecken-/Linienabschnitt an einem Querschnitt/einer Haltestelle oder auf einer Parkierungseinrichtung je Zeiteinheit zu einem bestimmten Zeitpunkt."

Die Verkehrsbelastung hat Bedeutung als

- Eingangsgröße für den Entwurf des Verkehrsangebots (Kap. 5),
- Zwischengröße zur Ermittlung von Zielindikatoren im Rahmen von Bewertungsverfahren (Kap. 3.6), z.B. Fahrzeit, Sicherheit, Lärmbelastung.

Die Verkehrsbelastung wird durch die Projektion der Verkehrsnachfrage auf ein Verkehrsnetz bzw. eine Parkierungseinrichtung ermittelt (Kap. 5.2.4 und 5.3.4).

4.2   Verkehrsnachfrage im privaten Verkehr

Bei den Modellen zur Ermittlung der Verkehrsnachfrage im privaten Verkehr kann unterschieden werden zwischen

- Formen, die das Verkehrsgeschehen phänomenologisch darstellen,
- Formen, in denen das Verkehrsgeschehen kausal aus dem Verhalten der Verkehrsteilnehmer abgeleitet wird.

Die älteren phänomenologischen Modelle bilden die Verkehrsnachfrage in folgenden Stufen ab:

- Verkehrsaufkommen einzelner Verkehrszellen,

- Verkehrsbeziehungen zwischen den Verkehrszellen,

- Aufteilung der Verkehrsbeziehungen auf die verschiedenen Verkehrsmittel („Modal Split")

Dies geschieht entweder mittels statistischer Verfahren oder mittels Analogien zu naturwissenschaftlichen Gesetzmäßigkeiten.

Die neueren kausalen Modelle behandeln nacheinander die Stufen

- Verkehrserzeugung,

- Zielwahl,

- Verkehrsmittelwahl.

Sie bilden die Handlungsweisen der Verkehrsteilnehmer nach und gehen von ökonomischen Vorstellungen über eine individuelle Nutzenmaximierung aus.

Üblicherweise wird diesen Stufen auch die Aufteilung der Wege bzw. Fahrten auf die unterschiedlichen Routen zwischen Quelle und Ziel („Routen-Split") bzw. die Routenwahl der Verkehrsteilnehmer zugerechnet. Nach der hier vertretenen Auffassung gehören Routenaufteilung bzw. Routenwahl aber nicht zur Ausprägung der Verkehrsnachfrage, sondern zum Entwurf des Angebots. Während die Verkehrserzeugung, die Zielwahl und die Verkehrsmittelwahl unmittelbar von der Siedlungsstruktur beeinflusst werden und die organisatorischen Komponenten des Verkehrsangebots (Netz, Fahrplan) bestimmen, steht die Routenwahl über die Belastung der Verkehrsanlagen in enger Wechselwirkung zur Dimensionierung der Verkehrsanlagen.

Die Unterteilung der Nachfrageermittlung in drei aufeinanderfolgende Stufen unterstellt, dass der Verkehrsteilnehmer die Entscheidung über die Ausübung einer Aktivität, die Wahl des Aktivitätenstandortes (Zielwahl) und die Wahl des Verkehrsmittels zur Realisierung der Ortsveränderung stufenweise trifft. Häufig stehen diese Entscheidungen aber im Zusammenhang, oder es wird erst auf einer unteren Stufe entschieden (z.B. bei der Wahl des zu benutzenden Verkehrsmittels) und die Entscheidung auf der höheren Stufe von dieser ersten Entscheidung abhängig gemacht (z.B. Wahl eines Ziels, das gut mit dem gewünschten Verkehrsmittel erreichbar ist). Diese gegenseitige Abhängigkeit zwischen den Entscheidungsstufen kann durch eine Rückkoppelung der Berechnung berücksichtigt werden: Über die Entscheidung auf der folgenden Stufe werden zunächst Annahmen getroffen und diese Annahmen bei einem erneuten Durchlauf der Modellkette korrigiert (z.B. Zielwahl als Folge der Verkehrsmittelwahl).

Um die Gleichzeitigkeit der Entscheidungen berücksichtigen zu können, haben BEN-AKIVA und LERMAN (1985) ein simultan arbeitendes ökonometrisches Modell entwickelt, das aber erhebliche Handhabungsprobleme aufwirft und deshalb in der praktischen Anwendung wieder in Richtung auf hierarchische Entscheidungen mit Rückkoppelungen aufgespalten wird.

Nachfolgend werden zunächst die Grundformen der Modelle dargestellt und zwar sowohl in der anfänglichen phänomenologischen als auch in der späteren kausalen Form. Anschließend werden die weiteren Entwicklungslinien skizziert, die von einer zellenbezogenen Betrachtung zu einer Betrachtung des individuellen Verhaltens verlaufen. Bezüglich der Einzelheiten der Modelle wird auf Zusammenfassungen von WERMUTH (1987) und BOBINGER (1999) verwiesen.

4.2.1 Grundformen der Verkehrsnachfragemodelle

Verkehrsaufkommen / Verkehrserzeugung

Das Verkehrsaufkommen wird definiert als die Summe der Wege, die eine Verkehrszelle verlassen (=Quellverkehr Q) oder in eine Verkehrszelle hineinführen (=Zielverkehr Z). Verkehr, der innerhalb der Zelle bleibt (=Binnenverkehr B) und Verkehr, der ohne Ausübung von Aktivitäten durch die Zelle hindurch führt (=Durchgangsverkehr D), sind kein Verkehrsaufkommen der Zelle.

Der Quellverkehr Q_i und der Zielverkehr Z_j der Verkehrszellen i und j werden bei der phänomenologischen Betrachtung aus der Struktur der Zelle (z.B. Einwohner, Arbeitsplätze) abgeleitet:

$$Q_i \; bzw. \; Z_i = a_{1,i} \cdot X_{1,i} + a_{2,i} \cdot X_{2,i} + ... + a_{n,i} \cdot X_{n,i}$$

X_i Strukturgrößen der Verkehrszelle i,

a_i Koeffizienten, die den Einfluss der Strukturgröße X auf das Verkehrsaufkommen angeben und gleichzeitig die Dimensionskorrektur vornehmen.

Bei der kausalen Beschreibung wird unterschieden nach dem von den Einwohnern der Verkehrszelle i produzierten Verkehr P_i und dem von der Verkehrszelle j angezogenen Verkehr A_j der Nicht–Einwohner.

$$P_i \; bzw. \; A_i = a_{1,i} \cdot X_{1,i} + a_{2,i} \cdot X_{2,i} + ... + a_{n,i} \cdot X_{n,i}$$

Die wichtigsten Strukturgrößen für den produzierten Verkehr sind die Anzahl der Einwohner, die Größe der Haushalte und der Anteil der Erwerbstätigen. Die Anziehungskraft einer Zelle wird repräsentiert durch Arbeitsstätten, Ausbildungsstätten, Geschäfte, Dienstleistungseinrichtungen und Freizeiteinrichtungen. Die Strukturgrößen können Sekundärstatistiken entnommen werden. Aus diesem Grund ist es hilfreich, die Abgrenzung der Verkehrszellen an die Abgrenzung der statistischen Bezirke anzupassen.

Der Umfang des produzierten und angezogenen Verkehrs hängt darüber hinaus von der Qualität des Verkehrsangebots ab. Bei einem guten Verkehrsangebot kommt es zu zusätzlichen Fahrten, während bei einem schlechten Verkehrsangebot Fahrten unterlassen werden. Die zusätzlichen Fahrten werden als induzierter Verkehr bezeichnet („zusätzliche Straßen führen zu zusätzlichem Verkehr"). Die Quantifizierung dieses Zusammenhangs ist jedoch schwierig.

Da der produzierte Verkehr P beim Verlassen der Verkehrszelle Quellverkehr ist und bei der Rückkehr in die Zelle Zielverkehr, und für den angezogenen Verkehr A Analoges in umgekehrter Richtung gilt, kann in grober Annäherung $Q_i = Z_i = P_i + A_i$ gesetzt werden. Dies führt jedoch zu einem Fehler, wenn nicht alle Verkehrsteilnehmer, welche die Verkehrszelle verlassen, während des Betrachtungszeitraums zurückkehren. Deswegen sollte als Betrachtungszeitraum ein Tag gewählt werden.

Verkehrsbeziehungen / Zielwahl

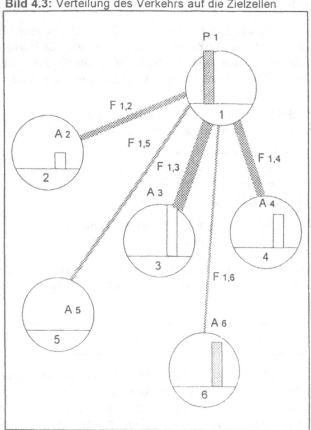

Bild 4.3: Verteilung des Verkehrs auf die Zielzellen

Die Verkehrsbeziehungen werden repräsentiert durch Wege bzw. Fahrten zwischen den Ver-kehrszellen. Die Ermittlung der Verkehrsbeziehungen basiert auf dem „Reisegesetz" von LILL aus dem Jahre 1891. Es besagt, dass die Anzahl der Reisen (Wege, Fahrten) – bezogen aller-dings auf die Eisenbahn – mit wachsender Entfernung von einem Ausgangspunkt gleichmäßig abnimmt. REILLY benutzt 1953 für die Ermittlung der Anzahl der Reisen die Analogie zum Gravitationsgesetz von Newton, wonach die Anzahl der Wege zwischen den Zellen i und j („An-ziehungskraft") proportional zur Attraktivität bzw. Ergiebigkeit der beiden Zellen („Massen") und umgekehrt proportional zur Distanzwirkung zwischen den beiden Zellen („Abstand zwi-schen den Massen") ist. Dieses Gravitationsmodell wurde 1964 von MÄCKE in die Form

$$F_{i,j} = k \cdot Q_i \cdot Z_j / w_{ij}{}^{\alpha}$$

gebracht. Später stellte sich heraus, dass k keine Systemkonstante ist, sondern ein ebenfalls indi-zierter Wert k_{ij}, der sich aus der Randbedingung $\Sigma\Sigma\, F_{ij} = \Sigma\, Q_i = \Sigma\, Z_j$ ergibt.

BRAUN und WERMUTH (1973) verwenden ein Gravitationsmodell in der Form

$$F_{ij} = u_i \cdot P_i \cdot v_j \cdot A_j \cdot f(w_{ij})$$

F_{ij} Anzahl der Fahrten zwischen den Zellen i und j
P_i erzeugter Verkehr der Verkehrszelle i
u_i Lagefaktor der Erzeugerzelle i
A_j angezogener Verkehr der Verkehrszelle j
v_j Lagefaktor der Attraktionszelle j
$f(w_{ij})$ Funktion des Widerstandes w_{ij} zwischen den Verkehrszellen i und j

Die Attraktivität und die Ergiebigkeit der Zellen werden repräsentiert durch das produzierte und angezogene Verkehrsaufkommen P_i und A_j sowie durch die Lagefaktoren u_i und v_j. Die Lagefaktoren drücken die Konkurrenz zwischen den Verkehrszellen aus, die sich aus ihrer unterschiedlichen Lage ergibt: Eine Verkehrszelle im Zentrum steht mit mehr Verkehrszellen in Konkurrenz als eine Verkehrszelle am Rande. Auf eine Verkehrszelle im Zentrum entfallen aufgrund dieser größeren Konkurrenz unterdurchschnittlich viele Fahrten und auf eine Verkehrszelle am Rand aufgrund der geringeren Konkurrenz überdurchschnittlich viele Fahrten.

Die Distanzwirkung zwischen zwei Zellen wird durch die Widerstandsfunktion $f(w_{ij})$ ausgedrückt. Die wichtigsten Einflussgrößen dieser Widerstandsfunktion sind Entfernung, Reisezeit und Reisekosten. Weitere Einflussgrößen bei der Benutzung des Pkw sind die Mühen der Parkplatzsuche und etwaige Kosten. Eine häufig verwendete Widerstandsfunktion ist $f(w_{ij}) = 1/d_{ij}^{\alpha}$ mit d_{ij} als Entfernung zwischen den Zellen i und j sowie einem Parameter α, der die Empfindlichkeit gegenüber der Entfernung angibt.

Die Größen P_i und A_j und die Widerstandsfunktion sind Eingangsgrößen der obigen Gleichung. Die Lagefaktoren sind unbekannte Größen und müssen aus den Randbedingungen des Systems bestimmt werden:

$$\sum_j F_{ij} = P_i \ ; \qquad \sum_i F_{ij} = A_j \ ; \qquad \sum_i \sum_j F_{ij} = \sum_i P_i = \sum_j A_j$$

Durch Einsetzen der Randbedingungen in die Verteilungsfunktion ergibt sich für die Lagefaktoren u_i und v_j

$$u_i = \frac{1}{\sum_j (v_j \cdot A_j \cdot f(w_{ij}))} \qquad v_i = \frac{1}{\sum_i (u_i \cdot P_i \cdot f(w_{ij}))}$$

Da in den Bestimmungsgleichungen für u_i und v_j die jeweils andere Größe enthalten ist, müssen u_i und v_j iterativ berechnet werden. Die Konvergenz dieser Iteration ist zwar bisher nicht mathematisch nachgewiesen, die Erfahrung zeigt aber, dass sie existiert.

Bei der Formulierung der Widerstandsfunktion wird die Rückkoppelung zwischen den o.g. Stufen der Nachfrageermittlung deutlich. In die Widerstandsfunktion für die Verkehrsverteilung geht die Reisezeit ein, die bei den einzelnen Verkehrsmitteln unterschiedlich ist. Zur Ermittlung eines mittleren Zeitaufwandes, wie er bei der Verkehrsverteilung benutzt wird, muss daher der

Anteil der unterschiedlichen Verkehrsmittel an dem Weg von i nach j bekannt sein. Dieser Anteil ergibt sich aber erst im Zusammenhang mit der Verkehrsmittelwahl. (s. unten). In der ursprünglichen Vorgehensweise der Nachfrageermittlung wurde dieser Sachverhalt meist vernachlässigt. Heute trägt man ihm durch Rückkoppelung zwischen den Modellstufen Rechnung: Um den Zeitaufwand bei der Verkehrsverteilung berücksichtigen zu können, muss die Aufteilung auf die verschiedenen Verkehrsmittel zunächst geschätzt werden. Bei einem erneuten Durchlauf ist der Berechnung der Verkehrsverteilung dann diejenige Aufteilung zugrunde zu legen, die sich bei der Ermittlung der Verkehrsmittelbenutzung ergeben hat.

Die Lagefaktoren u_i und v_j sind Systemvariable, die über die Systembedingungen bestimmt werden müssen. Auch wenn man sie in der Form $u_i \cdot P_i$ und $v_j \cdot A_j$ mit den Eingangsdaten P_i und A_j multipliziert, bleiben diese Produkte variable Größen. Es ist deshalb rechentechnisch einfacher, bei der Ermittlung der Variablen gleich von diesen Produkten auszugehen und die Produkte als variable Größen x_i und y_j zu bezeichnen. Wenn man außerdem den Widerstand als $a_{i,j}$ bezeichnet, ergibt sich für die Anzahl der Fahrten zwischen i und j der Ausdruck

$$F_{i,j} = a_{i,j} \cdot x_i \cdot y_j.$$

Damit lässt sich das Verteilungsproblem durch ein System bilinearer Gleichungen beschreiben (KIRCHHOFF, 1972). Die Systemvariablen müssen ebenso wie bei der ursprünglichen Formulierung des Verteilungsmodells aus den Systembedingungen ermittelt werden. Sie lauten

$$\sum_i F_{i,j} = \sum_i a_{i,j} \cdot y_j = P_i \quad und \quad \sum_j F_{i,j} = \sum_j a_{i,j} \cdot x_i = A_j$$

Als Ergebnis der Verkehrsverteilung ergeben sich die Wege bzw. Fahrten zwischen den Verkehrszellen in der Form einer Matrix, z.B.:

Tab. 4.1: Matrix der Verkehrsbeziehungen

nach j von i	Ver- kehrs- zelle 1	Ver- kehrs- zelle 2	Ver- kehrs- zelle 3	Produ- zierter Verkehr
Verkehrszelle 1	-	20	15	35
Verkehrszelle 2	100	-	25	125
Verkehrszelle 3	40	60	-	100
Angezogener Verkehr	140	80	40	260

Die Gesamtzahl der Wege bzw. Fahrten zwischen zwei Verkehrszellen ergibt sich wie bei der Ermittlung des Verkehrsaufkommens aus einer Addition des produzierten und des angezogenen Verkehrs. Die dort gemachten Einschränkungen hinsichtlich der Rückkehr während des Betrachtungszeitraums gelten auch hier. Hinzu kommen Fehler, wenn Wegeketten vorhanden sind, bei denen von einer Quelle aus ohne zwischenzeitliche Rückkehr mehrere Ziele nacheinander aufgesucht werden. Auf diese Probleme wird in Kap. 4.2.2 näher eingegangen.

Verkehrsaufteilung / Verkehrsmittelwahl

Bild 4.4: Verkehrsmittelwahl

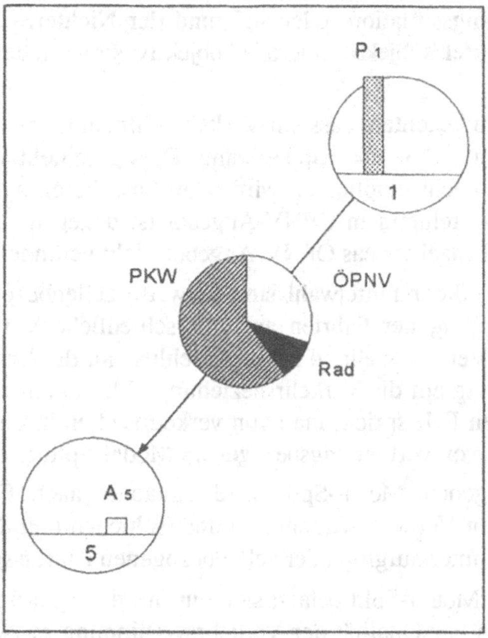

Durch die Verkehrsmittelwahl wird die Verkehrsnachfrage auf die verschiedenen Verkehrsmittel aufgeteilt. Hierfür wird auch der Begriff Modal-Split benutzt. Meist wird unter Modal Split jedoch nicht der Wahlvorgang, sondern der Prozentanteil des ÖPNV am Gesamtverkehr verstanden.

Als Verkehrsmittel werden betrachtet:

- Im allgemeinen Fall (multimodaler Split): Zu Fuß, Fahrrad, Pkw/Krad, Taxi, Bus, Straßenbahn, U-Bahn, S-Bahn, Fernbahn.

- Im speziellen Fall (bimodaler Split): MIV (Pkw / Krad) und ÖPNV (Taxi, Bus, Straßenbahn, U-Bahn, S-Bahn).

Bei der Wahl zwischen MIV und ÖPNV werden folgende Situationen unterschieden:

- Wahlfreie Verkehrsteilnehmer („choice riders"):

  Die Verkehrsteilnehmer haben aufgrund ihrer persönlichen Situation, der Fahrtumstände und der Ziele die Möglichkeit, zwischen ÖPNV und MIV zu wählen.

- ÖPNV-gebundene Verkehrsteilnehmer („captive riders"):

  Die Verkehrsteilnehmer sind aufgrund ihrer persönlichen Situation (z.B. mangelnder Führerscheinbesitz oder nicht verfügbarer Pkw) oder aufgrund der Art der aufgesuchten Ziele (z.B. keine Parkmöglichkeiten im Zielgebiet) auf die Benutzung öffentlicher Verkehrsmittel angewiesen.

84 Verkehrsnachfrage im privaten Verkehr

- MIV-gebundene Verkehrsteilnehmer („captive drivers"):

  Die Verkehrsteilnehmer haben aufgrund ihrer persönlichen Situation (z.B. gesundheitliche Gründe, Nicht-Informiertheit), aufgrund von Fahrtumständen (z.B. Transport von größeren Gegenständen, Witterungssituation) oder aufgrund der Nichterreichbarkeit der Ziele durch öffentliche Verkehrsmittel subjektiv und/oder objektiv keine andere Wahl, als den Pkw zu benutzen.

Bei dieser Einteilung ist zu beachten, dass ein Verkehrsteilnehmer seine Bindung an den ÖPNV durch die Anschaffung eines Pkw überwinden kann. Dies geschieht vor allem dann, wenn das ÖPNV-Angebot als zu schlecht empfunden wird. Ein Ausscheren aus einer MIV-Bindung bei einem schlechtem oder gar fehlendem ÖPNV-Angebot ist dagegen schwieriger, denn der Verkehrsteilnehmer kann als Einzelner das ÖPNV-Angebot nicht verändern.

Die Einflussgrößen der Verkehrsmittelwahl sind teilweise zellenbezogen und teilweise verbindungsbezogen. Die Aufteilung der Fahrten auf unterschiedliche Verkehrsmittel muss deshalb sowohl in Bezug auf die Verkehrszelle, d.h. im Anschluss an die Ermittlung des Verkehrsaufkommens, als auch in Bezug auf die Verkehrsbeziehung, d.h. im Anschluss an die Verkehrsverteilung, erfolgen. Im ersten Fall spricht man von verkehrszellen-bezogenem Modal-Split („trip-end") und im zweiten Fall von verbindungsbezogenem Modal-Split („trip-interchange").

Beim verkehrszellenbezogenen Modal-Split wird zunächst nach ÖPNV-gebundenen, MIV-gebundenen und wahlfreien Verkehrsteilnehmern unterschieden und dann die Entscheidung der wahlfreien Verkehrsteilnehmer aufgrund der zellenbezogenen Einflussgrößen nachgebildet.

Der verbindungsbezogene Modal-Split befasst sich nur mit den wahlfreien Verkehrsteilnehmern, die ihre Entscheidung von der Qualität der Verkehrsverbindung zwischen den Zellen abhängig machen.

Für die Aufteilung der Verbindungen auf die verschiedenen Verkehrsmittel wird entweder eine Analogie zum Kirchhoff'schen Gesetz über die Aufteilung des elektrischen Stroms auf parallele Leitungen verwendet oder ein Logit-Modell, das aus den Wirtschaftswissenschaften stammt und die Aufteilung nach dem Nutzen für den Verkehrsteilnehmer vornimmt

Das Modell in Analogie zum Kirchhoff'schen Gesetz hat die Form

$$p_r = \frac{w_r^{\delta}}{\sum\limits_{k=1}^{n} w_k^{\delta}}$$

p_r	Anteil der Fahrten zwischen i und j, der auf die Route r entfällt,
k	Index der Routen $1...r...n$,
r	betrachtete Route r,
w_r	Widerstand der Route r,
w_k	Widerstand der Route k,
δ	Parameter zur Beschreibung des Verhaltens gegenüber dem Widerstand; muss empirisch bestimmt werden.

Das Logit-Modell hat die Form:

$$p_{ijm} = \frac{e^{-u_{ijm}}}{\sum\limits_{k=1}^{n} e^{-u_{ijk}}}$$

p_{ijm} Wahrscheinlichkeit für die Wahl des Verkehrsmittels m zwischen den Zellen i und j,

u_{ijm} Nutzen eines Weges von i nach j mit dem Verkehrsmittel m,

n Anzahl der alternativen Verkehrsmittel.

Im einfachsten Fall wird der Nutzen als Reisezeitdifferenz ausgedrückt ($u = \gamma \cdot \Delta t$). γ ist dabei ein Parameter, der die Zeitempfindlichkeit angibt. Dieser Ansatz unterstellt, dass der Verkehrsteilnehmer nur auf die Differenz in der Beförderungsdauer reagiert. In Wirklichkeit fließt aber eine Reihe weiterer Einflussgrößen in die Entscheidung ein. Die wichtigsten zusätzlichen Einflussgrößen sind:

- Anteile unterschiedlicher Komponenten der Reisezeit
  (im ÖPNV: Wartezeit, Fußwegzeit, Fahrzeit; im MIV: Fahrzeit, Parksuchzeit),

- Kosten,

- Beförderungskomfort,

- Zuverlässigkeit (Zeitverluste durch Stau oder Verspätungen),

- Schwierigkeiten beim Finden eines Parkplatzes,

- Vorlieben oder Abneigungen gegenüber bestimmten Verkehrsmitteln,

- Attraktivität von P+R-Anlagen, sofern P+R in den Modal-Split einbezogen wird.

In den ökonometrischen Modellen werden die verschiedenen Einflussgrößen auf die Verkehrsmittelwahl in Kosten umgerechnet und als Zahlungsbereitschaft interpretiert. Diese Zahlungsbereitschaft eine problematische Größe, denn bei der Einschätzung des Nutzens bzw. der Zahlungsbereitschaft bestehen Synergieeffekte zwischen den einzelnen Komponenten des Angebots, die nur schwer zu trennen sind. Außerdem hängt die Zahlungsbereitschaft von Werthaltungen ab, die ihrerseits durch Modeströmungen bestimmt sind und von PR-Maßnahmen der Bewusstseinsbildung beeinflusst werden können. Aus diesen Gründen ist es unvertretbar, die Zahlungsbereitschaft, die mittels empirischer Untersuchungen für einen speziellen Fall und zu einem bestimmten Zeitpunkt ermittelt wurde, zu verallgemeinern.

Sofern mehrere Einflussgrößen in das Modell einbezogen werden, wird die Kalibrierung der entsprechenden Parameter schwierig. Die Bewertung der verschiedenen Einflussgrößen durch die Verkehrsteilnehmer lässt sich zwar einzeln abfragen, die Abhängigkeiten, die zwischen diesen Einflussgrößen bestehen, bleiben aber unberücksichtigt. Dennoch sind solche Abfragen wichtig, damit diejenigen Einflussgrößen gezielt verbessert werden können, die in der Befragung besonders schlecht abschneiden. Die Wirkung der verschiedenen Einflussgrößen lässt sich mit der Methode der „conjoint analysis" ermitteln, die aus den Wirtschaftswissenschaften stammt.

Bei einer Befragung nach der Einschätzung der verschiedenen Einflussgrößen auf die Verkehrsmittelwahl muss unterschieden werden, ob die Befragten die Verkehrsmittel kennen und ihre Urteile vor dem Hintergrund ihrer Erfahrung abgeben oder ob es sich um neue, noch unbekannte Ausprägungen der Verkehrsmittel handelt. Im ersten Fall wird das tatsächliche Verhalten abgefragt und der Einfluss der einzelnen Systemausprägungen auf dieses Verhalten ermittelt. Man spricht dann von „revealed preference". Wenn die Wirkung geplanter, bisher noch nicht bekannter Verkehrsmittel abgefragt werden soll, muss den Befragten zunächst ein Bild von der zukünftigen Ausprägung des Systems gegeben werden. Dies muss ganzheitlich und unter möglichst genauer Beschreibung der einzelnen Ausprägungen geschehen. Die daraufhin abgegebenen Urteile werden dann als „stated preference" bezeichnet. Diese Zusammenhänge sind in dem Technischen Regelwerk „Hinweise zur Messung von Präferenzstrukturen mit Methoden der Stated Preferences" der Forschungsgesellschaft für Straßen- und Verkehrswesen (1996) dargestellt.

4.2.2 Weiterentwicklung der Modelle

Die oben dargestellten Grundformen der Modelle haben zwar einen einfachen und transparenten Aufbau und bilden die Wirkungszusammenhänge tendenziell auch zutreffend ab. Sie haben jedoch folgende Schwächen:

- Für das gesamte Verkehrsgebiet werden dieselben Parameter verwendet. Dies unterstellt ein gleiches Verhalten aller Verkehrsteilnehmer unabhängig vom Wegezweck und ihren demographischen und sozialen Merkmalen.

- Die Entscheidung des Verkehrsteilnehmers bezüglich des aufzusuchenden Ziels oder des zu benutzenden Verkehrsmittels ist nicht nur von den tatsächlichen Ausprägungen der Einflussgrößen abhängig, sondern auch von der subjektiven Empfindung dieser Größen. Dabei spielen Werthaltungen (wie wichtig sind mir die Reisekosten, wie empfinde ich die Mühen der Parkplatzsuche?), Gewohnheiten und die Kenntnis der Ausprägungen (wieweit stimmt z.B. die unterstellte Reisedauer mit der Wirklichkeit überein?) eine wichtige Rolle. Im übrigen ist auch die tatsächliche Ausprägung der Einflussgrößen (z.B. Fahrzeit, Takt) nicht immer eine feste Größe, sondern abhängig von der Tageszeit und damit periodischen Schwankungen unterworfen.

- Ein Teil der Aktivitäten, die von der Wohnung ausgehen, werden in Form von Aktivitätenketten unternommen. Die dazugehörigen Ortsveränderungen laufen in Form einer Wegekette ab, d.h. der Ort der Folgeaktivität wird vom Ort der vorhergehenden Aktivität aus aufgesucht, ohne zwischendurch zur Wohnung zurückzukehren.

Aus diesen Gründen wurden und werden die Grundformen der Modelle weiterentwickelt. Diese Weiterentwicklung hat zu komplexen Strukturen mit einer Vielzahl von Einflussfaktoren und Parametern geführt. Die Modelle sind deshalb sehr rechenaufwendig geworden, und ihre Anwendung scheitert häufig an der Beschaffung der erforderlichen Daten.

Für die Weiterentwicklung der Grundformen gibt es folgende Ansätze:

- Differenzierung der Nachfrageermittlung nach Wegezwecken

  Da das Verkehrsaufkommen sowie die Widerstände bei der Zielwahl und der Verkehrsmittelwahl für die unterschiedlichen Verkehrszwecke unterschiedlich sind, wird die Ermittlung der Verkehrsnachfrage nach Wegezwecken getrennt vorgenommen. In erster Annäherung geschieht dies in einer Differenzierung nach den Verkehrszeiten. Eine genauere Differenzierung ist erst im Rahmen der Individualverhaltensmodelle möglich (s. unten).

- Differenzierung nach sozio-demographischen Gruppen („disaggregierte Modelle")

Wichtige Einflussgrößen für Art, Umfang und zeitlichem Auftreten von Aktivitäten sind die sozio-demographischen Merkmale der Bevölkerung. Die Einwohner der Verkehrszellen werden deshalb nach sozio-demographischen Merkmalen differenziert (KUTTER, 1981):

Bild 4.5: Differenzierung nach sozio-demographischen Gruppen

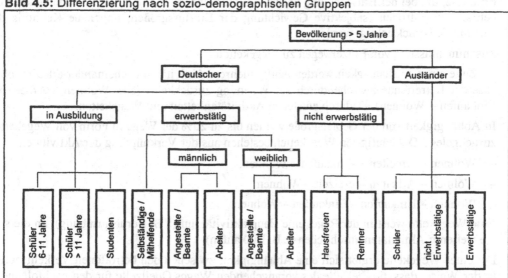

Bei dieser Differenzierung wird unterstellt, dass sich die Gruppen mit gleichartigen soziodemographischen Merkmalen ähnlich verhalten ("verhaltenshomogene Gruppen") und ihr Verkehrsverhalten maßgebend durch ihre rollenspezifischen Tätigkeitsstrukturen bestimmt ist (z.B. Kleinkinder, Schulkinder, Vollerwerbstätige, Hausfrauen, etc.).

Dieser Modelltyp („Personengruppenmodelle" oder „Kategoriemodelle") bildet jedoch (noch) nicht das individuelle Verhalten der einzelnen Verkehrsteilnehmer ab, sondern aggregiert lediglich über Individuen gleichen Verhaltens.

Das spezifische Verkehrsaufkommen dieser Gruppen wird entweder durch eine fallbezogene Haushaltsbefragung ermittelt, oder es wird Statistiken entnommen. Solche Statistiken sind die KONTIV (Kontinuierliche Erhebung zum Verkehrsverhalten) oder das SRV (System Repräsentativer Verkehrsbefragungen). Sie liefern in Abhängigkeit von sozio-demographischer Struktur, Raumstruktur (Großstädte, Kleinstädte, Städte im ländlichen Raum usw.) und Wegezweck die durchschnittliche Anzahl an Fahrten. Voraussetzung für die Verwendung solcher Statistiken ist, dass entsprechende Erhebungen regelmäßig und in hinreichender Breite und Tiefe durchgeführt werden. Ansonsten besteht die Gefahr, dass ältere Werte unreflektiert weiterverwendet oder mit Hilfe undurchsichtiger Verfahren fortgerechnet werden.

- Betrachtung von Individuen („Individualverhaltensmodelle")

Bei den Individualverhaltensmodellen werden die verhaltenshomogenen Gruppen weiter zu Einzelpersonen disaggregiert (SPARMANN, 1980). Aus der Gesamtheit der Verkehrsteilnehmer wird ein Einzelner ausgewählt und entsprechend seiner sozio-demographischen Eigenschaften mit einem Verkehrsverhalten belegt, das nicht mehr auf einem Mittelwert basiert, sondern zufällig einer Häufigkeitsverteilung entnommen wird. Diese Häufigkeitsverteilungen entstammen zeit- und ortsbezogenen Messungen. Damit gelten nach wie vor die o.g. Einschränkungen über die Prognosefähigkeit der Modelle. Die Gesamtheit des Verkehrsgeschehens wird schließlich aus dem Verhalten der Individuen zusammengesetzt.

Bei einer solchen Simulation des individuellen Verhaltens können auch die individuellen Einflüsse, die bei der Entscheidung über das aufzusuchende Ziel und das zu benutzende Verkehrsmittel auftreten (subjektive Gewichtung der Einflussgrößen, ungenaue Kenntnis des Angebots), berücksichtigt werden.

- Zusammenfassung von Einzelwegen zu Wegeketten

Im Zuge einer Aushäusigkeit werden häufig mehrere Aktivitäten nacheinander erledigt, ohne dass der Betreffende zwischendurch zur Wohnung zurückkehrt (z.B. Wohnen – Arbeiten – Einkaufen – Wohnen). Dadurch entstehen Aktivitätenketten und Wegeketten.

In Abhängigkeit von der Gebietsgröße werden bis zu 20% der Wege in Form von Wegeketten zurückgelegt. Die häufigsten Wegeketten bestehen aus der Verknüpfung der Aktivitäten

- Wohnen – Arbeiten – Einkaufen – Wohnen,

- Wohnen – Arbeiten – Freizeit – Wohnen,

- Wohnen – Einkaufen – Einkaufen – Wohnen.

Eine Wegekette weist in der Regel eine Hauptaktivität auf (z.B. Berufsausübung), an die sich die weiteren Aktivitäten anschließen (z.B. Einkaufen).

Bei einer Wegekette ergibt sich eine Abhängigkeit zwischen den betroffenen Verkehrszellen in der Weise, dass die Zielzelle des vorangehenden Weges Quellzelle für den nachfolgenden Weg ist. Zielzellen, die günstige Ausgangspunkte für nachfolgende Wege darstellen, gewinnen auf diese Weise an Attraktivität.

Die Bildung einer Wegekette hängt davon ab, mit welchem Umweg solche weiteren Aktivitäten in den Weg zwischen Wohnung und Hauptaktivität eingebunden werden können, welche Attraktivität die betreffenden Standorte für die Ausübung der weiteren Aktivitäten haben und welche zeitlichen Randbedingungen für die Abfolge der einzelnen Aktivitäten bestehen (z.B. Einkauf nach der Arbeit oder während der Mittagspause). Die Wahl des Standortes weiterer Aktivitäten erfolgt wie die Wahl der Ziele bei Einzelaktivitäten mit Hilfe eines Gravitationsmodells. Aus den Einflussgrößen können Wahrscheinlichkeiten für die Bildung von Aktivitätenketten abgeleitet werden.

Die Verkehrsmittelwahl einer Wegekette wird durch denjenigen Weg bestimmt, für den der geringste Spielraum für ein anderes Verkehrsmittel besteht. Es können für die einzelnen Wege aber auch unterschiedliche Verkehrsmittel benutzt werden, z.B. Fahrt zur Arbeitsstätte mit dem Auto, Einkaufen vom Arbeitsplatz aus zu Fuß oder mit dem ÖPNV. Dies geschieht vor allem dann, wenn nach der Ausübung einer Folgeaktivität zum Standort der vorhergehenden Aktivität zurückgekehrt wird. Ein zu Beginn der Wegekette mitgeführtes Fahrzeug (Auto, Fahrrad) wird in der Regel zum Endpunkt der Wegekette mit zurück gebracht.

Gesetzmäßigkeiten für die Bildung von Aktivitätenketten lassen sich aus empirischen Untersuchungen wie fallbezogenen Haushaltsbefragungen sowie KONTIV bzw. SRV-Erhebungen ableiten. Schwierigkeiten bestehen noch bei der Prognose, weil die Umorganisation von Wegemustern nur schwer vorhersagbar ist (KÖHLER, WERMUTH, 2000).

Unter Einbeziehung dieser Weiterentwicklungen läuft die Modellierung der Verkehrsnachfrage in folgenden Schritten ab:

- Auswahl einer Person mit bestimmten sozio-demographischen Merkmalen,
- Zuordnung eines Aktivitätenmusters zu dieser Person in Abhängigkeit von ihren sozio-ökonomischen Merkmalen und vom Wohnstandort (Einzelaktivität oder Aktivitätenkette),
- Zuordnung der Aktivität zu einer bestimmten Tageszeit(gruppe),
- Zuordnung von Zielzellen zu den Aktivitäten bzw. Aktivitätenketten in Abhängigkeit von den sozio-ökonomischen Merkmalen der Person, der Attraktivität der verschiedenen Standorte für die Folgeaktivität sowie dem Wegeaufwand zwischen den Standorten,
- Zuordnung von Verkehrsmitteln zu den Einzelwegen/Wegepaaren bzw. den einzelnen Wegen der Wegeketten in Abhängigkeit von den sozio-ökonomischen Merkmalen der Person, der Art der Aktivitäten, der Tageszeit und der Angebotsqualität der Verkehrsmittel.

Alle Zuordnungen erfolgen durch die zufällige Auswahl eines Musters aus einer Häufigkeitsverteilung dieser Muster.

Grundlage für eine solche Modellierung sind empirische Untersuchungen über die Häufigkeitsverteilung und die gegenseitige Abhängigkeit der Einflussgrößen.

4.2.3 Würdigung der Verfahren der Nachfrageermittlung

Die Entwicklung von Modellen zur Abbildung des Verkehrsverhaltens und der Ableitung der Verkehrsnachfrage aus diesem Verhalten hat wesentlich zur Aufklärung der Entscheidungsprozesse im Verkehr beigetragen und eine einigermaßen realistische Vorhersage der Verkehrsnachfrage möglich gemacht.

Während der Einfluss der objektiven Angebotsmerkmale hinreichend sicher beschrieben werden kann – auch wenn die in den ökonometrischen Modellen vorgenommene Zurückführung der verschiedenen Angebotsmerkmale auf Zahlungsbereitschaften problematisch ist –, entziehen sich subjektive Reaktionen auf das Verkehrsangebot, wie Werthaltungen und unterschiedliche Kenntnisstände über das Angebot nach wie vor einer Operationalisierung. Die Modelle stoßen an diesem Punkt trotz des immer größer werdenden mathematischen Aufwandes an Grenzen.

Grundsätzlich ist zu fragen, welche Genauigkeit bei der Nachbildung des Entstehungsprozesses der Verkehrsnachfrage überhaupt erforderlich ist. Hinzu kommt, dass es heute nicht mehr primär darum geht, die Verkehrsnachfrage bei einem bestimmten Angebot zu ermitteln, sondern vielmehr darum, welche Ausprägungen des Angebots erforderlich sind, um die Verkehrsnachfrage in ökonomisch, sozial und ökologisch gewünschte Bahnen zu lenken. Dies gilt insbesondere für die Anzahl und die Länge der Wege („Verkehrsvermeidung") und die Wahl des Verkehrsmittels („Verkehrsverlagerung"). Da die heute möglichen Maßnahmen zu einer entsprechenden Angebotsveränderung weniger investiver Art sind (z.B. Verbreiterung einer Straße) als vielmehr organisatorischer Art (z.B. Erhebung von Parkgebühren), wird es als ausreichend angesehen, die Wirkung bestimmter Maßnahmen auf die Verkehrsnachfrage vor der Maßnahmenrealisierung mit Hilfe einfacher Modelle grob abzuschätzen und die Feineinstellung der Maßnahmen dem Experiment zu überlassen. Dabei sollte allerdings der Spielraum des Experiments durch eine gründliche vorherige Wirkungsabschätzung hinreichend klein gehalten werden, um politische Proteste aufgrund unerwünschter zwischenzeitlicher Wirkungen zu vermeiden. Über den zulässigen Spielraum muss in jedem Einzelfall entschieden werden.

4.3 Verkehrsnachfrage im Wirtschaftsverkehr

Für die Ermittlung der Verkehrsnachfrage im Wirtschaftsverkehr gibt es bisher noch keine derartige Modellvielfalt wie im privaten Verkehr. Hierzu fehlen insbesondere noch die empirischen Grundlagen. Bisher muss man sich noch weitgehend damit begnügen, im konkreten Planungsfall den Wirtschaftsverkehr in seiner räumlichen und zeitlichen Erscheinungsform stichprobenhaft zu erheben, daraus die Gesamtheit des Verkehrsgeschehens abzubilden sowie Spekulationen über die weitere zeitliche Entwicklung und die Auswirkung von Maßnahmen anzustellen.

Voraussetzung für die Entwicklung entsprechender Modelle sind:

- Typisierung der Wirtschaftseinrichtungen nach Branche, Größe und Verkehrsaufkommen,
- Abbildung der Verknüpfung von Einrichtungen durch Verkehrsbeziehungen,
- Kenntnis über die Realisierung der Verkehrsbeziehungen durch Wege bzw. Fahrten.

Das Problem des Modal-Split stellt sich im Güterverkehr nicht, wenn man von vereinzelten Versuchen absieht, den Güterverkehr mittels Güter-U-Bahn oder Güter-Straßenbahn abzuwickeln. Im Personen-Wirtschaftsverkehr besteht die Möglichkeit, auch den ÖPNV zu benutzen; die Modellierung der Verkehrsmittelbenutzung läuft dabei wie im privaten Verkehr ab.

Nachdem SCHWERDTFEGER schon 1976 in empirische Untersuchungen Gesetzmäßigkeiten aufgezeigt hat, gibt es erst in jüngster Zeit wieder Versuche, Modelle zu entwickeln.

Das Modell der Fa. IVU (1995) basiert auf Strukturdaten über Arbeitsstätten und Beschäftigte, die der Wirtschaftsstatistik entnommen werden. Erfasst werden Daten über das Fahrtenaufkommen der „fahrenden Beschäftigten", die aufgesuchten Ziele, die Zusammenfassung dieser Fahrten zu Touren, die Tageszeit der Touren sowie den jeweils eingesetzten Fahrzeugtyp. Aus diesen Daten lassen sich das Fahrtenaufkommen der Quell- und Zielbezirke und die paarweise Verknüpfung der einzelnen Quell- und Zielpunkte errechnen. Für die Verknüpfung der Quellpunkte und Zielpunkte werden mit Hilfe eines speziellen, aus dem Bereich des Operation Research entlehnten Algorithmus Touren gebildet. Dabei ergeben sich Fahrten zwischen einem Quellpunkt und einem ersten Zielpunkt, zwischen jeweils zwei weiteren Zielpunkten sowie einem letzten Zielpunkt, der meist mit dem Quellpunkt identisch ist. Die Parameter des Tourenplanungs-Algorithmus werden anhand der empirischen Daten kalibriert.

Dieses Verfahren ermöglicht es, Verlagerungspotentiale auf den ÖPNV, die Einsparung von Güterfahrten bei einer Kooperation der einzelnen Versender sowie die Auswirkung von Güterverteilzentren auf den Umfang des Güterverkehrs zu untersuchen. Prognosen über die zeitliche Veränderung des vorhandenen Zustands werden nicht angestellt. Angesichts des andauernden Wandels im Gefüge des Güteraustauschs ist dies auch kaum möglich.

MACHLEDT-MICHAEL (2000) versucht, auf allen Stufen der Datensammlung und Datenverknüpfung Gesetzmäßigkeiten aufzuzeigen. Insbesondere grenzt die Autorin mit Hilfe einer Clusteranalyse Gruppen von Fahrzeugen ähnlicher Nutzung ab, auf denen dann die weiteren Modellschritte aufbauen. Diese Modellschritte sind:

- Ermittlung von Aktivitätenketten für die einzelnen Branchen und Fahrzeuggruppen,
- Zuordnung der Aktivitätenketten zu Betriebsstandorten,
- Umsetzung der Aktivitätenketten in Fahrtenketten durch Zuordnung der einzelnen Aktivitäten zu Zielzellen.

Die Bildung der Fahrtenketten erfolgt nicht wie bei SONNTAG mit Hilfe von Touren-Planungs-Verfahren, sondern anhand einer topologischen Betrachtung. Insgesamt entsteht ein geschlossenes Modell, das es ermöglicht, das Verkehrsgeschehen im Wirtschaftsverkehr aus Basisdaten der Wirtschaftsstatistik abzuleiten. Selbstverständlich sind die gefundenen Modellparameter fallbezogen, so dass – wie bei fast allen empirisch entwickelten Verfahren der Nachfragemodellierung – eine Übertragung auf andere Räume nur sehr eingeschränkt möglich ist. Eine Beurteilung von Maßnahmen unter Fortbestehen der Randbedingungen kann aber vorgenommen werden.

In beiden Modellen erfolgt die Modellierung des Verkehrsgeschehens nach dem Prinzip der Individualverhaltensmodelle (vg. Kap. 4.2.2), d.h. es werden bezogen auf die Branche der Wirtschaftseinrichtung aus den Verteilungen der einzelnen Einflussgrößen zufällig Werte herausgenommen und miteinander kombiniert.

4.4 Verkehrsnachfrage im ruhenden Verkehr

Ruhender Verkehr spielt nur im Personenverkehr eine Rolle. Bei Ladevorgängen des Güterverkehrs handelt es sich nicht um Parken, sondern lediglich um Halten. Das Abstellen von Güterfahrzeugen erfolgt hauptsächlich auf Betriebsgrundstücken.

4.4.1 Erhebung der vorhandenen Parknachfrage

Die Parknachfrage kann über eine Aufschreibung der Kfz-Kennzeichen in kleinen Zeitintervallen erhoben werden. Daraus lassen sich Anzahl und Dauer der Parkvorgänge einer Verkehrszelle zu den verschiedenen Tageszeiten bestimmen:

Bild 4.6: Anzahl und Dauer von Parkvorgängen

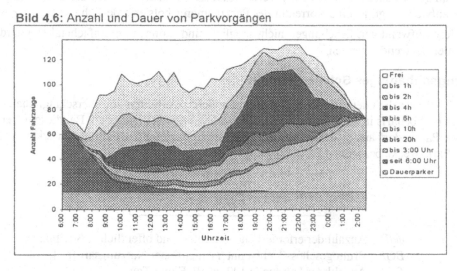

Durch eine Befragung der Parker werden analog zu Befragungen im fließenden Verkehr zusätzliche Informationen über Fahrtzweck, Herkunft und weitere Merkmale des Parkens gewonnen. Ebenso können Haushaltsbefragungen über das Parkverhalten durchgeführt oder solche Fragen in Haushaltsbefragungen zum fließenden Verkehr mit einbezogen werden.

4.4.2 Ermittlung der Anzahl der erforderlichen Stellplätze

Bei der Ermittlung der Anzahl der erforderlichen Stellplätze wird zwischen Stellplätzen auf Privatgrund und öffentlichen Stellplätzen unterschieden.

Richtwertverfahren

In den Bauordnungen der Bundesländer und den zugehörigen Verwaltungsvorschriften ist festgelegt, wie viele Stellplätze bei Neubauten oder wesentlichen Umbauten von baulichen Anlagen von den Bauherren auf Privatgrund geschaffen werden müssen. Außerdem gibt es kommunale Stellplatzsatzungen, in denen ebenfalls die Anzahl der zu schaffenden Stellplätze geregelt ist.

Unabhängig von diesen Vorgaben der Länder und Kommunen wird die Anzahl der erforderlichen öffentlichen Stellplätze nach einer Methodik bestimmt, die in den "Empfehlungen für Anlagen des ruhenden Verkehrs" (EAR, 1991) dargestellt ist.

Um die tageszeitlichen Schwankungen zu bestimmen, wird folgendermaßen vorgegangen:

- In einer Analyse der gegenwärtigen Parksituation werden das Parkraumangebot und die Parknachfrage erhoben. Beim Angebot wird nach der Art der Bewirtschaftung und bei der Nachfrage nach der Parkdauer unterschieden. Aus der Parkdauer können grobe Rückschlüsse auf den Parkzweck gezogen werden (vgl. Kap. 4.1). Als Kenngrößen der Parknachfrage dienen die Zufluss-, Abfluss- und Belegungsganglinien sowie die Parkdauerverteilungen.

- Zur Prognose der Parknachfrage müssen die Kenngrößen an mutmaßliche künftige Entwicklungen wie z.B. Arbeitsgewohnheiten, Nutzungen entlang der Straßen sowie Verhaltensweisen der Verkehrsteilnehmer angepasst werden. Dies geschieht in erster Linie intuitiv.

- Abschließend wird geprüft, ob die prognostizierte Parknachfrage durch das ermittelte Parkraumangebot gedeckt ist und ob der Verkehrsablauf im Straßenverkehr die erforderliche Qualität aufweist. Ggf. ist eine Korrektur des Parkraumangebots erforderlich.

Falls diese aufwendigen Erhebungen nicht möglich sind, können vereinfachend standardisierte Ganglinien verwendet werden.

Nutzungsabhängiges Schätzverfahren

In den EAR ist neben dem Richtwertverfahren ein Schätzverfahren zur überschläglichen Ermittlung des Parkbedarfs in Abhängigkeit von der Flächennutzung angegeben. Bei diesem Verfahren wird der Parkbedarf aus einer nutzungsspezifischen Schätzung der Fahrtenhäufigkeit und einer auf die Parkzwecke bezogenen Schätzung des Umschlagsgrads ermittelt:

$$erfP = \sum_j \frac{BGF_j}{100} \cdot \sum_n \frac{f_n \cdot m_n}{u_n}$$

$erfP$	Anzahl der erforderlichen privaten und öffentlichen Stellplätze,
BGF	Bruttogeschossflächen unterschiedlicher Nutzungsart [m²],
f	Anzahl der Fahrten je 100 m² BGF und Tag,
m	Anteil des individuellen Kfz-Verkehrs am Gesamtverkehrsaufkommen,
u	Umschlagsgrad,
j	Index der Art der Flächennutzung,
n	Index der Parkzwecke.

Als Parameter für das Schätzverfahren in den EAR sind angegeben:

Tab. 4.1: Parameter für die Abschätzung des Parkbedarfs nach EAR

Parameter	Nachfragegruppe				
	Bewohner	Liefer- und Wirtschaftsverkehr	Einkaufs- und Erledigungsverkehr	Besucherverkehr	Berufs- und Ausbildungsverkehr
f	2	3	6	2	Großstadt: 3,0 Mittelstadt: 2,0 Kleinstadt: 1,5
u	2	10	3	6	1
m	1	1	Großstadt (G): 0,60 - 0,70 Mittelstadt (M): 0,70 - 0,80 Kleinstadt (K): 0,80 - 1,00		

4.5 Gleichzeitige Ermittlung der Verkehrsnachfrage im fließenden und ruhenden Verkehr

Die Verkehrsnachfrage im fließenden und im ruhenden Verkehr sind in der Weise miteinander verknüpft, dass jede Fahrt des Ziel- und Binnenverkehrs mit einem Parkvorgang endet. Insofern liefert die Verkehrsnachfrage im fließenden Verkehr die Ausgangsdaten für die Ermittlung der Verkehrsnachfrage im ruhenden Verkehr.

AXHAUSEN hat 1989 die Ermittlung der Verkehrsnachfrage im fließenden Verkehr mit derjenigen im ruhenden Verkehr verknüpft. LÖNHARD hat 1999 dieses Verfahren weiterentwickelt. Das Verfahren von LÖNHARD (1999) wird nachstehend beschrieben. Das Verfahren ist so angelegt, dass nicht nur die Parknachfrage bei einem vorhandenen Angebot ermittelt wird, sondern auch die Wirkungen von Maßnahmen zur Veränderung abgeschätzt werden können.

Ausgangspunkt sind Daten über die Verkehrsnachfrage, wie sie in Haushaltsbefragungen anfallen, sowie Daten über das Angebot im fließenden und ruhenden Verkehr. Da Haushaltsbefragungen in der Regel auf das Gebiet einer Gemeinde begrenzt sind, müssen Personen, die außerhalb der Gemeinde wohnen und in das Gemeindegebiet einfahren, zusätzlich erfasst werden. Dies geschieht in Form einer Kordonbefragung des ein- oder ausströmenden Verkehrs an der Gemeindegrenze. Das Angebot im ruhenden Verkehr wird nicht nur durch die Anzahl der Stellplätze bestimmt, sondern auch durch ihre Nutzbarkeit. Die Nutzbarkeit kann durch Maßnahmen der Parkraumbewirtschaftung eingeschränkt sein.

In einem vorbereitenden Schritt werden die Daten der Bevölkerungsstruktur (Anzahl und soziodemographische Merkmale der Bewohner), der Wirtschaftsstruktur (Einrichtungen für die verschiedenen Aktivitäten), der Struktur der Flächennutzung (räumliche Verteilung der Bevölkerung und der Wirtschaftseinrichtungen) und des Verkehrsangebots (Form und Kapazität des Straßennetzes, Angebotsmerkmale des ÖPNV und des NIV, Umfang und Nutzungsmöglichkeit des Parkraums) zusammengestellt.

Für die Ermittlung der Verkehrsnachfrage im fließenden Verkehr wird ein Individualverhaltens-Modell verwendet:

- Die Anzahl der Wege wird aufgrund von Daten der Bevölkerungsstruktur sowie spezifischer Fahrtenhäufigkeiten der einzelnen Bevölkerungsgruppen für die verschiedenen Arten von Aktivitätenketten ermittelt.

- Die Ermittlung der Zielwahl und der Verkehrsmittelwahl erfolgt iterativ:

  - Mit Hilfe eines Gravitationsmodells werden die Wege auf die einzelnen Verkehrszellen (Ziele) entsprechend den dort vorhandenen Einrichtungen zur Ausübung von Aktivitäten verteilt. Für den Widerstand zwischen den Verkehrszellen werden zunächst Fahrzeiten verwendet, die dem Mittelwert der Fahrzeiten der einzelnen Verkehrsmittel entsprechen. Diese unrealistische Annahme wird anschließend korrigiert.

  - Die Verkehrsbeziehungen werden sodann mit Hilfe eines Logit-Modells auf die verschiedenen Verkehrsmittel aufgeteilt. Aus dieser Aufteilung und den Fahrzeiten der verschiedenen Verkehrsmittel lässt sich die tatsächliche mittlere Fahrzeit ermitteln. Mit diesem korrigierten Wert wird die Zielwahl wiederholt. Der Einfluss, den die Auslastung des Parkraums in der Zielzelle auf die Verkehrsmittelwahl ausübt, wird zunächst vernachlässigt und erst später in einer Rückkoppelung berücksichtigt.

  Bei der Zielwahl und der Verkehrsmittelwahl ist es erforderlich, Wegeketten zu berücksichtigen. Außerdem muss die Mehrfachnutzung von Pkw durch verschiedene Familienmitglieder im Laufe des Tages einbezogen werden.

Zur Ermittlung der Verkehrsnachfrage im ruhenden Verkehr wird der MIV-Zielverkehr dem Parkraumangebot der Verkehrszelle gegenübergestellt. Dies geschieht unter Berücksichtigung des Umfangs der Parknachfrage, der fahrtzweckspezifischen Parkzeitpunkte, der Parkdauern und der Nutzungsmöglichkeiten der Stellplätze. Aus dieser Gegenüberstellung ergibt sich der Auslastungsgrad des Parkraumangebots, differenziert nach den einzelnen Parkstandstypen.

Sofern benachbarte Verkehrszellen einen unterschiedlichen Auslastungsgrad aufweisen, werden die beiden Auslastungsgrade durch Verschiebung von Nachfrage angeglichen. Dies geschieht durch eine Ausgleichsrechnung über das gesamte Untersuchungsgebiet. Diesem Vorgehen liegt die Erkenntnis zugrunde, dass bei überlasteten Stellplätzen in der Nähe des Ziels auf weiter entfernt liegende Stellplätze ausgewichen und ein längerer Fußweg in kauf genommen wird.

Die auf diese Weise ermittelten Auslastungsgrade werden herangezogen, um die Verkehrsmittelwahl in Rückkoppelung mit der Zielwahl soweit zu verändern, dass in keiner Verkehrszelle mehr ein Nachfrageüberschuss besteht. Dabei wird der Verkehrsteilnehmer nicht erst bei einem Auslastungsgrad von 100% reagieren, sondern bereits früher, wenn das Finden eines Stellplatzes schon schwierig geworden ist.

Da das Parkraumangebot einer Verkehrszelle auch von den dort ansässigen Bewohnern und Geschäftsleuten beansprucht wird, muss bei der Ermittlung des Auslastungsgrades dieser Anspruch durch eine entsprechende Vorbelastung berücksichtigt werden. Dazu wird ermittelt, wie viele Anwohner und Geschäftsleute ihr Fahrzeug während des Tages zu Fahrten nach Zielen außerhalb der Verkehrszelle benutzen und damit Stellplätze frei machen bzw. wie viele Fahrzeuge während des gesamten Tages an der Wohnung bzw. am Geschäft abgestellt bleiben. Diese Informationen ergeben sich aus den Daten der Haushaltsbefragung (u.a. Frage nach den Abstellmöglichkeiten an der Wohnung), einer Befragung der Wirtschaftseinrichtungen und der Ermittlung der Aktivitätenmuster der Wohnbevölkerung und der Wirtschaftseinrichtungen.

Das Vorgehen bei der gleichzeitigen Ermittlung der Verkehrsnachfrage im fließenden und ruhenden Verkehr ist nachfolgend in einem Ablaufdiagramm dargestellt.

Bild 4.7: Gleichzeitige Ermittlung der Verkehrsnachfrage im fließenden und ruhenden Verkehr

Verkehrs- und Parkraum- nachfrage der Stadtbewohner	Verkehrs- / Parkraumnachfrage aller Verkehrsteilnehmer und Maßnahmenentwicklung	Verkehrs- und Parkraum- nachfrage der Auswärtigen

Heutiger Zustand
Analysegrundlage: heutige Siedlungs- und Bevölkerungsstruktur

Haushaltsbefragung der Stadtbewohner
* personenbezogene Merkmale der Verkehrsteilnehmer
* Aktivitäten- und Wegeketten

Erhebung des Verkehrs- und Parkraumangebotes
* Angebot im ÖPNV, NIV und fließenden MIV
* Angebot im ruhenden MIV

Verkehrsbefragungen im Straßenverkehr u. ÖPNV
V
V
* Fahrten

Verhaltensorientierte simulative Nachbildung des Analysezustandes
* Modellparameter
* Verkehrs- und Parkraumnachfrage

Nach Raumeinheiten aggregierte Nachbildung des Analysezustandes
* Modellparameter
* Verkehrs- und Parkraumnachfrage

Synthese der Simulationsergebnisse
* Nachfragematrizes
* Parkraumsituation

Künft. Zustand ohne Maßnahmen
Prognosegrundlage: Siedlungs- und bevölkerungsstruktur, Erwartungen

Verhaltensorientierte Trendprognose
* Änderungen in der Struktur der Verkehrsteilnehmer
* Aktivitäten- und Wegeketten
* Verkehrs- und Parkraumnachfrage

Aggregierte Trendprognose
* Fahrten
* Verkehrs- und Parkraumnachfrage

Synthese der Prognoseergebnisse
* Nachfragematrizes
* Parkraumsituation

Künftiger Zustand mit Maßnahmen
Prognosegrundlage: Siedlungs- und bevölkerungssituation, aktuelle Entwicklungen und Maßnahmen

Entwicklung / Überarbeitung verkehrlicher Maßnahmen
* Angebot im ÖPNV, NIV und fließenden MIV
* Angebot im ruhenden MIV

Wirkungsermittlung in verhaltensorientierter Maßnahmenprognose
* Änderungen in der Struktur der Verkehrsteilnehmer
* Aktivitäten- und Wegeketten
* Verlegung von Zielen
* Verlagerungspotentiale
* Verlagerung von Wegeketten
* Verkehrs- und Parkraumnachfrage

Wirkungsermittlung in aggregierter Maßnahmenprognose
* Ä
* r
* A
* Verlegung von Zielen
* Verlagerungspotentiale
* Verlagerung von Fahrten
* Verkehrs- und Parkraumnachfrage

Synthese der Prognoseergebnisse
* Nachfragematrizes
* Parkraumsituation

nein — Parkraumsituation unverändert?
ja

Bewertung der Wirkungen
* Feststellung von Mängeln

Mängel vorhanden? — nein → Ende
ja

Analyse der Mängel
* Ursachen der Mängel

→ Datenfluß
- - ▶ Entwicklung / Überarbeitung einer Lösung
..... Möglichkeit zur Rückkoppelung innerhalb eines Iterationsschrittes des Entwurfsprozesses

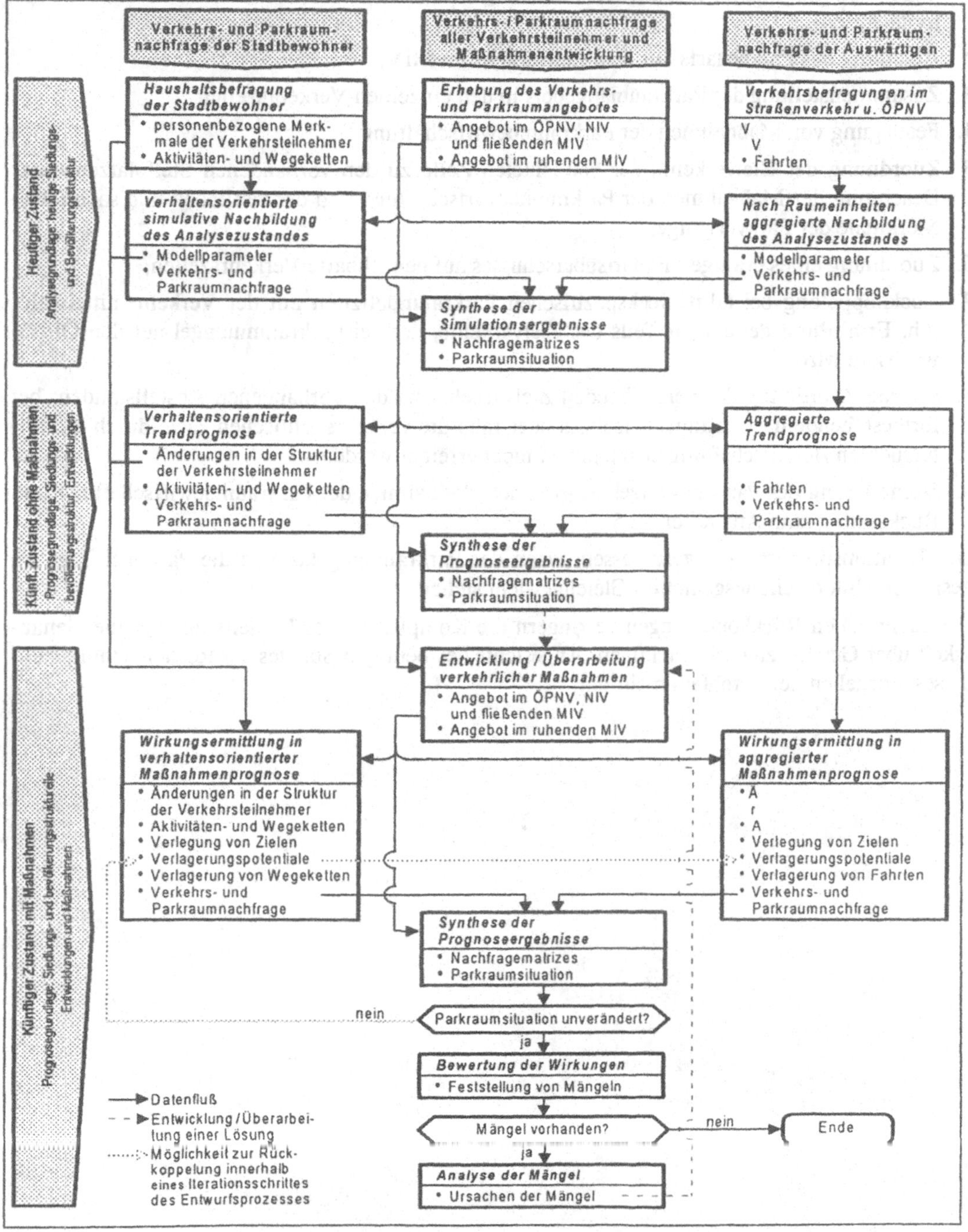

Die Ermittlung der maßnahmenbezogenen Parknachfrage läuft danach in folgenden Schritten ab (LÖNHARDT, 1999) :

1. Zusammenstellung der Verkehrsbeziehungen, differenziert nach Fahrtzwecken, benutztem Verkehrsmittel und tageszeitlicher Verteilung (Ankünfte und Aufenthaltsdauern an den Aktivitätsorten),

2. Ableitung des Parkbedarfs aus dem Zielverkehr im MIV,

3. Zusammenstellung des Parkraumangebots in den einzelnen Verkehrszellen,

4. Festlegung von Maßnahmen der Parkraumbewirtschaftung,

5. Zuordnung des Zielverkehrs der betrachteten Zelle zu den vorhandenen Stellplätzen unter Beachtung der Maßnahmen der Parkraumbewirtschaftung und der zeitlichen und sachlichen Merkmale der Parkvorgänge,

6. Zuordnung eines etwaigen Bedarfsüberschusses auf benachbarte Verkehrszellen,

7. Rückkoppelung bei fahrtzweckspezifischen Parkraumdefiziten mit der Verkehrsmittelwahl, d.h. Ermittlung desjenigen Teils des Zielverkehrs, der bei Parkraummangel auf den ÖPNV wechseln wird,

8. erneute Zuordnung des verbleibenden Zielverkehrs zu den vorhandenen Abstellständen; bei fortbestehendem Nachfrageüberschuss oder falls die verkehrspolitischen Ziele durch die untersuchten Bewirtschaftungsmaßnahmen nicht erreicht werden:

9. Veränderung des Parkraumangebots bzw. der Maßnahmen der Parkraumbewirtschaftung und Rücksprung zum Arbeitsschritt 5.

Der Iterationsprozess ist abgeschlossen, wenn das Parkraumangebot und die Parknachfrage im gesamten Untersuchungsgebiet im Gleichgewicht stehen.

Die mehrfachen Rückkoppelungen verringern die Komplexität des Modells, ohne seine Genauigkeit über Gebühr zu beeinträchtigen. Angesichts des heutigen Standes der Rechentechnik stellt dieses Vorgehen kein Problem mehr dar.

5 Entwurf des Verkehrsangebots

5.1 Grundlagen

Das Verkehrsangebot besteht aus

- technischen Komponenten (Verkehrsanlagen und Betriebseinrichtungen),
- organisatorischen Komponenten (Verkehrsnetze, Fahrpläne, Nutzungsregeln und Nutzungsentgelte).

Die Regeln für den Entwurf der technischen Komponenten liegen weitgehend vollständig in Form von Richtlinien der Forschungsgesellschaft für das Straßen- und Verkehrswesen vor. Außerdem ist 2001 ein von der Forschungsgesellschaft für Straßen- und Verkehrswesen herausgegebenes Handbuch für die Bemessung von Straßenverkehrsanlagen erschienen. Aus diesen Gründen wird hier auf den Entwurf von Verkehrsanlagen und Betriebseinrichtungen nicht weiter eingegangen.

Für den Entwurf der organisatorischen Komponenten sind Regelwerke insbesondere im ÖPNV bisher nur in Ansätzen vorhanden. Deshalb werden hier entsprechende Entwurfsverfahren näher behandelt.

Die organisatorischen Komponenten des Verkehrsangebots haben folgende Ausprägungen:

- Im Individualverkehr (IV) werden dem Nachfrager nach Verkehrsleistungen

  - ein Wegenetz,
  - Parkierungseinrichtungen

  angeboten. Die Vorhaltung der Fahrzeuge, die Auswahl der zu fahrenden Route sowie die zeitliche Organisation der Reise ist Sache des Nachfragers.

- Im Öffentlichen Verkehr (ÖV) erhält der Nachfrager ein Leistungsangebot, das sich zusammensetzt aus

  - einem Liniennetz,
  - einem Fahrplan,
  - Fahrzeugen (einschl. Fahrern).

  Die zu fahrende Route und die zeitliche Organisation der Reise ist nicht frei wählbar, sondern an das Liniennetz und den Fahrplan gebunden. Der Anbieter der ÖV-Leistungen ist seinerseits Nutzer eines Wegenetzes. Im straßengebundenen ÖPNV besteht dieses aus dem allgemein zugänglichen Straßennetz und im straßenunabhängigen ÖV aus einem Netz eigener Wege.

Für die Nutzung des Angebots im IV gelten Verkehrsregeln und für die Nutzung des Angebots im ÖV Beförderungsbedingungen. Außerdem werden Nutzungsentgelte erhoben. Im MIV sind dies Steuern und Gebühren und im ÖV Fahrpreise.

Damit besteht das Angebot aus folgenden Komponenten:

Bild 5.1: Angebot im Individualverkehr

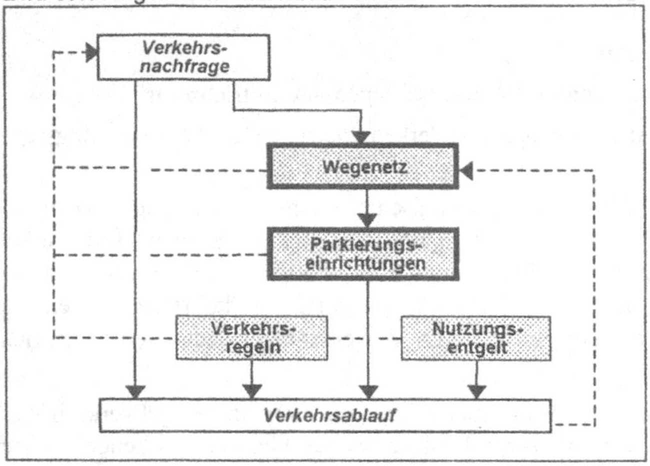

Bild 5.2: Angebot im Öffentlichen Verkehr

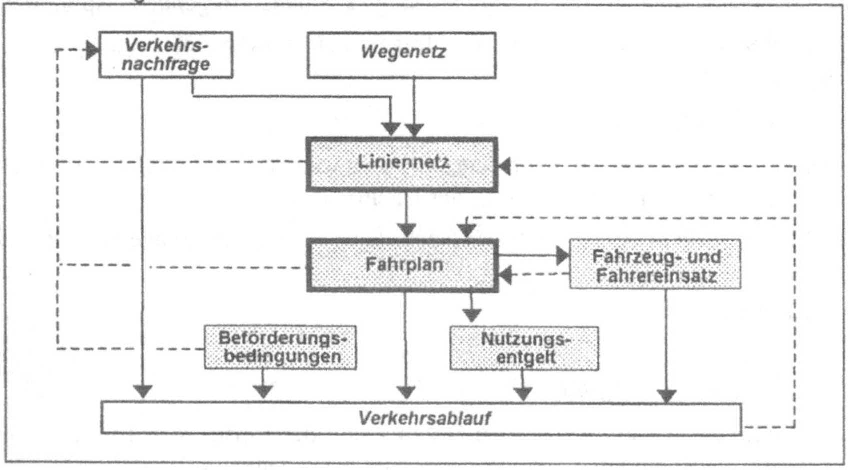

Die Nutzung des Verkehrsangebots führt zum Verkehrsablauf. Seine Steuerung wird in Kap. 6 näher beschrieben.

Aus der Steuerung des Verkehrsablaufs ergeben sich Rückkoppelungen zu den Komponenten des Verkehrsangebots. Sie beinhalten Anforderungen, die für eine optimale Wirkung der Steuerung erfüllt sein müssen (z.B.: ausreichende Flexibilität des Straßennetzes für eine wirksame Steuerung der Fahrtrouten im Netz, ausreichende Flexibilität des Fahrplans für eine wirksame Anschlusssicherung).

Netze

Netze lassen sich folgendermaßen gliedern:

Netzarten

- Materielle Netze (Wegenetze)
  - Straßennetz,
  - Schienennetz,
  - Radwegenetz,
  - Fußwegenetz,

- Organisatorische Netze
  - Routennetz im IV (Wegweisung),
  - Liniennetz im ÖV.

Netztypen

- Örtliche Netze
  - Radialnetz,
  - Radial-Ring-Netz,
  - Rasternetz,
  - Verästelungsnetz,

- Überörtliche Netze
  - Verbindung von Orten in freier geometrischer Form.

Die Netztypen sind häufig historisch aus Einrichtungen anderer Zweckbestimmung entstanden (z.B. Straßenring als Folge geschleifter Befestigungsanlagen).

Netzelemente

- Anlagen für den fließenden Verkehr
  - Strecken,
  - Knotenpunkte (Einmündungen, Kreuzungen),

- Anlagen für den ruhenden Verkehr
  - Stellplätze für den IV (Kfz, Fahrrad),
  - Abstellplätze für den ÖV,

- Zu- und Abgangspunkte
  - Aus- und Einfahrten in das betrachtete Netz im IV, z.B. Hauptstraßennetz,
  - Haltestellen im ÖV.

Netzmerkmale

- Netzform
  - Lage der Zugangs- und Verknüpfungspunkte (Haltestellen, Anschlußpunkte),
  - Verlauf der Strecken / Routen / Linien,
  - Lage der Knotenpunkte,

- Netzleistung
  - Kapazität der Strecken und Knotenpunkte
    - im Straßenverkehr: Anzahl der Fahrstreifen, Grünzeitangebot an Knotenpunkten,
    - im ÖV: Fahrtenfolge und Fahrzeuggröße.

Zwischen Netzform und Netzleistung besteht folgende Differenzierung:

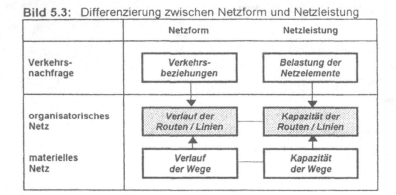

Bild 5.3: Differenzierung zwischen Netzform und Netzleistung

Fahrplan

Beim Fahrplan ist zu unterscheiden zwischen

- fahrgastbezogenem Fahrplan,
- betriebsbezogenem Fahrplan.

Der fahrgastbezogene Fahrplan enthält das Beförderungsangebot an den Fahrgast mit der Abfahrtszeit an der Quellhaltestelle und der Ankunftszeit an der Zielhaltestelle. Er gilt für eine Fahrplanperiode und wird vor Beginn dieser Periode veröffentlicht.

Der betriebsbezogene Fahrplan enthält Fahranweisungen an den Fahrer. Er ist zunächst mit dem fahrgastbezogenen Fahrplan identisch. Über die im fahrgastbezogenen Fahrplan angegebenen Fahrten hinaus enthält er auch Einsetz- und Aussetzfahrten sowie etwaige aktuell notwendige Verstärkerfahrten. Bei Störungen des Betriebsablaufs, die nicht unmittelbar behebbar sind (z.B. durch schnelleres Fahren), sondern mittelbar wirksame Maßnahmen erfordern (z.B. vorzeitiges Wenden), müssen die damit verbundenen Fahranweisungen in den betriebsbezogenen Fahrplan eingefügt werden. Fahrgastbezogener Fahrplan und betriebsbezogener Fahrplan weichen dann voneinander ab. Ziel der veränderten Fahranweisungen ist es, den Betriebsablauf wieder in den fahrgastbezogenen Fahrplan zurückzuführen.

Fahrzeug- und Fahrereinsatz

Die Realisierung des Fahrplans erfordert den Einsatz von Fahrzeugen und Fahrern. Dieser Einsatz bestimmt in erheblichem Maße die Kosten des Angebots. Art und Umfang des Einsatzes von Fahrzeugen und Fahrern sind damit Teil der Fahrplanbildung.

Nutzungsregeln, Tarifstrukturen

Die Aufstellung von Verkehrsregeln, Beförderungsbedingungen und Tarifstrukturen ist keine ingenieurtechnische Entwurfsaufgabe. Diese Aufgaben werden hier deshalb nicht behandelt. Tarifstrukturen dürften sich in absehbarer Zeit durchgreifend ändern, sobald automatische Ticketing-Systeme zum Einsatz kommen (vgl. Kap. 6).

5.2 Entwurf von Straßennetzen

Definitionen und Regeln für den Entwurf von Straßennetzen sind in der Richtlinie für die Anlage von Straßen – Teil Netzgestaltung (RAS-N) der Forschungsgesellschaft für Straßen- und Verkehrswesen festgelegt. Diese Richtlinien werden in die nachfolgenden Ausführungen mit einbezogen.

5.2.1 Definitionen

Straßen werden in den Richtlinien in Straßenkategorien eingeteilt, die sich zusammensetzen aus

- Kategoriengruppen
  - Lage der Straße (außerhalb oder innerhalb bebauter Gebiete),
  - Straßenumfeld (bebaut oder unbebaut),
  - maßgebliche Funktion (Verbindung, Erschließung, Aufenthalt),
- Verbindungsfunktionen
  - großräumige Straßenverbindung,
  - überregionale/regionale Straßenverbindung,
  - zwischengemeindliche Verbindung,
  - flächenerschließende Verbindung,
  - untergeordnete Verbindung,
  - Wegeverbindung.

Die Kategoriengruppen werden dabei mit Großbuchstaben A bis E und die Verbindungsfunktionen mit römischen Zahlen I bis VI bezeichnet.

Die Kategorisierung führt zu folgenden Straßentypen:

Tab. 5.1: Straßentypen

Straßen-kategorie	Straßentyp
A I	Fernstraße
A II	überregionale / regionale Straße
A III	zwischengemeindliche Straße
A IV	flächenerschließende Straße
A V	untergeordnete Straße
A VI	Wirtschaftsweg
B II	anbaufreie Schnellverkehrsstraße
B III	anbaufreie Hauptverkehrsstraße
B IV	anbaufreie Hauptsammelstraße
C III	Hauptverkehrsstraße
C IV	Hauptsammelstraße
D IV	Sammelstraße
D V	Anliegerstraße
E V	Anliegerstraße
E VI	Anliegerweg

Für diese Straßentypen sind in der Richtlinie Standards festgelegt hinsichtlich

- zulässiger Geschwindigkeit (innerorts 50 km/h, außerorts 100 km/h bzw. unbegrenzt),
- Bemessungsgeschwindigkeit (erreichbare Geschwindigkeit, bei normalen Verhältnissen),
- Entwurfsgeschwindigkeit (Geschwindigkeit unter Berücksichtigung der Fahrdynamik),
- Querschnitt (einbahnig, zweibahnig) und Knotenpunktsart (höhenfrei, höhengleich).

Außerdem sind Straßen nach ihrem Baulastträger unterteilt in

- Bundesfernstraßen (Autobahnen, Bundesstraßen),
- Landes- bzw. Staatsstraßen,
- Kreisstraßen,
- Gemeindestraßen.

5.2.2 Ziele und Arbeitsschritte des Netzentwurfs

Beim Entwurf von Straßennetzen geht es in der Regel um partielle Verbesserungen durch Einfügen oder Verändern von Netzelementen oder von Verkehrsregelungen.

Für den Entwurf von Straßennetzen sind folgende Zielkriterien vorrangig:

- Schnelligkeit,
- Zuverlässigkeit,
- Fahrkomfort,
- Sicherheit,
- Übersichtlichkeit,
- Wirtschaftlichkeit.

Eingangsgröße ist die Verkehrsnachfrage in Form von Verkehrsbeziehungen (Kap. 4).

Der Netzentwurf läuft in folgenden Schritten ab:

1. Abgrenzung des Netzes,
2. Beschreibung des Netzes,
3. Ermittlung der vorhandenen Belastung der Netzelemente,
4. Ermittlung der Wirkungen des vorhandenen Zustandes und seiner zukünftigen Entwicklung ohne Maßnahmen,
5. Bewertung der Wirkungen,
6. Feststellung von Mängeln,
7. Festlegung der Netzform,
8. Ermittlung der zukünftigen Belastung der Netzelemente,
9. Bemessung der Netzelemente (Netzleistung),
10. Ermittlung der Wirkungen der Maßnahmen,
11. Bewertung der Wirkungen.

Die Punkte 1 bis 6 sind Teil der Problemanalyse (Kap. 3.2.1). Häufig wird die Problemanalyse aber in einem so geringen Detaillierungsgrad durchgeführt, dass im Zusammenhang mit dem Entwurf eine genaue quantitative Beschreibung und Analyse nachgeholt werden muss.

Schlüsselgrößen für die Beurteilung der vorhandenen Netze und ihre Weiterentwicklung sind die Verkehrsbeziehungen zwischen den Quellen und Zielen der Reisen sowie die daraus resultierenden Belastungen der einzelnen Netzelemente. Die Verkehrsbeziehungen dienen zur Beurteilung und Weiterentwicklung der Netzform und die Belastungen der einzelnen Netzelemente zur Beurteilung und Weiterentwicklung der Netzleistung. Beide Größen bilden die Grundlage für die Zielindikatoren zur Ermittlung und Bewertung der Wirkungen.

Die Verkehrsbeziehungen und Belastungswerte für den vorhandenen Zustand können erhoben werden. Für den zukünftigen Zustand ohne Maßnahmen und den zukünftigen Zustand mit Maßnahmen müssen sie aus den Einflussgrößen des Verkehrsbedarfs abgeleitet werden. Dies geschieht für die Verkehrsbeziehungen nach den in Kap. 4 dargestellten Verfahren. Die Belastung ergibt sich durch eine Aufteilung der Verkehrsbeziehungen auf die einzelnen Routen. Dazu müssen zunächst Annahmen über die Ausprägung der Netzelemente getroffen werden. Wenn die anschließende Bemessung der Netzelemente zu anderen Ausprägungen führt als vorher angenommen, muss die Ermittlung der Belastung wiederholt werden (Rückkoppelung zum Punkt 8).

Eine Veränderung von Netzform und/oder Netzleistung ist erforderlich, wenn die Bewertung zeigt, dass durch die gewählten Maßnahmen kein befriedigendes Ergebnis erzielt wird (Rückkoppelung vom Punkt 11 zu den Punkten 7 und 9).

5.2.3 Abgrenzung und Beschreibung des Netzes

Da Straßennetze „unendlich" sind, muss das zu untersuchende Netz abgegrenzt werden. Diese Abgrenzung erfolgt sowohl funktional (z.B. Netz der klassifizierten Straßen) als auch räumlich.

Gegenstand des Netzentwurfs sind in der Regel Straßen mit Verbindungsfunktion. Für Erschließungsnetze von Wohn-, Misch- oder Gewerbegebieten werden standardisierte Netzformen mit standardisierten Abmessungen verwendet.

Die Beschreibung des Netzes erfolgt in einem Netzmodell. Da Straßennetze komplex sind und viele Einzelelemente enthalten, muss bei ihrer Abbildung ein Kompromiss zwischen Bearbeitungsaufwand und Detaillierungsgrad getroffen werden. Wegen des hohen Datenaufwandes werden üblicherweise nur die für die jeweilige Entwurfsaufgabe wichtigsten Straßen in das Netzmodell aufgenommen. Dadurch entstehen jedoch Ungenauigkeiten.

Die Netzdaten werden in einer Verkehrszellen-Datei und einer Wegenetz-Datei gespeichert.

Die Verkehrszellen-Datei enthält Daten über die Merkmale der Verkehrszellen und ihre verkehrliche Anbindung an das Netz:

- Bezeichnung der Verkehrszelle,
- Abgrenzung der Verkehrszelle,
- Art und Lage (Koordinaten) der Nutzungsschwerpunkte innerhalb der Verkehrszelle,
- Verkehrsaufkommen der Nutzungsschwerpunkte,
- Anbindung der Nutzungsschwerpunkte an das Netz.

Die Wegenetz-Datei enthält Daten über die Form und die Leistung des Netzes:

● Die Netzform wird beschrieben durch

   – Knotenpunkte mit ihren Koordinaten,

   – Strecken zwischen den Knotenpunkten,

   – Verknüpfung der Strecken in den Knotenpunkten,

   – Koordinaten der Zugangs- und Abgangspunkte.

● Die Netzleistung wird beschrieben durch

   – leistungsbezogene Merkmale der einzelnen Netzelemente

      ○ Querschnittsabmessungen (Anzahl der Fahrstreifen),

      ○ Knotenpunktsausbildung und Knotenpunktsorganisation (Anzahl der Fahrstreifen, Vorfahrtsregelung, Grünzeitangebot bei Lichtsignalisierung),

   – zulässige Geschwindigkeit auf den einzelnen Netzelementen.

Die Knotenpunkte werden in einem Koordinatensystem mit Hilfe von Gauß-Krüger-Koordinaten des UTM-Gitters verortet. Die Koordinaten werden elektronischen Stadtplänen entnommen.

Die Streckenabschnitte werden fortlaufend nummeriert. Für jeden Streckenabschnitt werden die Länge, die Anzahl der Fahrstreifen, die Kapazität, die Form der anschließenden Knotenpunkte und die auf dem Streckenabschnitt gefahrene mittlere Geschwindigkeit angegeben. Die Streckenabschnitte können in Hin- und Rückrichtung unterschiedlich sein (z.B. in bergigem Gelände), oder bei Einbahnstraßen nur eine Richtung aufweisen. Je nach Genauigkeitsanforderung kann auch eine detaillierte Beschreibung der Abbiegevorgänge im Knotenpunkt vorgenommen werden.

Der Zusammenhang der Netzelemente wird durch die Angabe der möglichen Fahrvorgänge zwischen den Elementen definiert, entweder

● als knotenpunktorientierte Darstellung von Knotenpunkt über Straßenabschnitt nach Knotenpunkt oder

● als streckenorientierte Darstellung von (richtungsbezogenem) Streckenabschnitt über Knotenpunkt nach Streckenabschnitt.

Die knotenpunktorientierte Darstellung eignet sich vor allem für Fernstraßennetze, bei denen die Fahrten vorwiegend der Raumüberwindung dienen. Bei städtischen Netzen ist die streckenorientierte Darstellung besser geeignet. Sie erfordert zwar mehr Daten als eine knotenpunktorientierte Darstellung, ermöglicht aber eine genauere Beschreibung der Fahrvorgänge.

Tab. 5.2: Streckenorientierte Wegenetzdatei

Strek-ken-Nr.	Strecken-merkmal		Koordinaten der Anschlußknotenpunkte		Folgestrecke FS und Typ T des Fahrvorgangs zwischen der Strecke und der Folgestrecke[a]							
	Typ[a]	Länge	Anfg.-Knoten	End-Knoten	FS1	T1	FS2	T2	FS3	T3	FS4	T4
2697	23	910	7356 2778	7344 2809	2699	0	2751	0				
2698	23	910	7344 2809	7356 2778	2622	21	2623	11	2696	11	2698	11
2699	23	490	7344 2809	7350 2827	2701	2	2750	11	3931	21		
2700	23	490	7350 2827	7344 2809	2698	0	2751	0				
2701	24	1330	7350 2827	7377 2871	2703	3	3939	21	3960	23		
[a] Zur Typisierung werden Schlüsselzahlen verwendet.												

5.2.4 Ermittlung der Belastung der Netzelemente

Die vorhandene Belastung wird erhoben. Bei der Ermittlung der Streckenbelastung werden für einzelne Zeitintervalle die den Querschnitt passierenden Fahrzeuge nach Fahrzeugarten getrennt bzw. die den Querschnitt passierenden Fußgänger erfasst. Bei der Ermittlung der Knotenpunktsbelastung müssen die einzelnen Ströme des Knotenpunktes (Rechtsabbieger, Geradeausfahrer und Linksabbieger auf den einzelnen Zufahrten) gezählt werden.

Die Erhebung von Querschnittsbelastungen erfolgt im einfachsten Fall manuell in Strichlisten. Bei stärkerem Verkehr werden Handzählgeräten benutzt. Wenn Querschnittszählungen häufig wiederholt werden sollen, ist es sinnvoll, automatische Zählgeräte einzusetzen:

- Gummischläuche   (pneumatische Wahrnehmung),
- Induktionsschleifen (elektro-magnetische Wahrnehmung),
- Lichtschranken   (optische Wahrnehmung),
- Schallwellenmessgeräte (akustische Wahrnehmung),
- Radarmessgeräte   (Radiowellenreflektion),
- Lasermessgeräte (Laserlichtreflektion).

Einige Systeme ermöglichen die Ermittlung zusätzlicher Verkehrskennwerte, wie z.B. Zeitlücken, Geschwindigkeiten und Fahrzeuggewichte.

Neuere Erhebungsmethoden sind

- Digitalisieren von Videobildern mit dem Ziel der Gewinnung von Belastungsdaten,
- automatische Datenerfassung durch im Einsatz befindliche Fahrzeuge (Floating-Car-Data).

Einzelheiten über Verkehrserhebungen sind den "Empfehlungen für Verkehrserhebungen – EVE91", dem "Merkblatt über Verkehrserhebungen und Datenschutz" und den "Hinweisen für die Ermittlung von Verhaltensweisen im Verkehr" zu entnehmen.

Die zukünftige Belastung muss aus den Verkehrsbeziehungen abgeleitet werden. Dazu werden die zukünftigen Verkehrsbeziehungen zwischen den Verkehrszellen ermittelt (Kap. 4) und auf die möglichen Routen zwischen diesen Zellen umgelegt:

Bild 5.4: Umlegung von Verkehrsbeziehungen

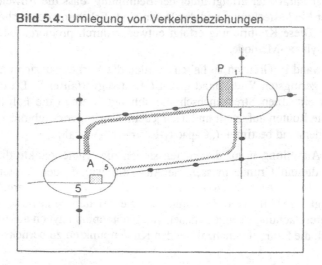

Maßgebend für die Wahl einer Route sind die Widerstände, die der Verkehrsteilnehmer im Vergleich der unterschiedlichen Routen empfindet. Wichtigste Einflussgröße des Widerstandes ist der Zeitbedarf für die Fahrt. Weitere Einflussgrößen sind Routenlänge (sie beeinflusst den Treibstoffverbrauch), und Fahrkomfort auf den Routen.

Der Einfluss dieser Größen geht nicht mit ihrer tatsächlichen Ausprägung in den Widerstand ein, sondern hängt vom Kenntnisstand des Verkehrsteilnehmers (kognitive Komponente) sowie von der Einschätzung ihrer Bedeutung (subjektive Komponente) ab.

Für die Aufteilung der Verkehrsbeziehungen auf die verschiedenen Routen werden Verfahren benutzt, denen Modellvorstellungen über das individuelle Verhalten der Verkehrsteilnehmer zugrunde liegen:

- Analogie zum Kirchhoff'schen Gesetz der Elektrizität über den Anteil der Stromstärke in parallelen Leitungen (Analogie-Modell):

$$p_r = \frac{w_r^{\delta}}{\sum\limits_{k=1}^{n} w_k^{\delta}}$$

- Logit-Modell über die Einschätzung des Nutzens der Routenwahl bzw. die entsprechende Zahlungsbereitschaft (ökonometrisches Modell):

$$p_r = \frac{e^{\alpha \cdot w_r}}{\sum\limits_{k=1}^{n} e^{\alpha \cdot w_k}}$$

p_r Anteil der Fahrten zwischen i und j, der auf die Route r entfällt,

k Index der Routen 1...r...n,

r betrachtete Route r,

w_k, w_r Widerstände der Routen k und r,

δ, α Parameter zur Beschreibung des Verhaltens gegenüber dem Widerstand; muss empirisch bestimmt werden.

Die Bestimmung der Parameter erfolgt unter der Bedingung, dass die Abweichungen zwischen den Ergebnissen der Modellrechnung und den Daten einer Erhebung des vorhandenen Zustandes ein Minimum sind. Diese Kalibrierung erfolgt entweder durch probieren oder analytisch nach der Maximum-Likelyhood-Methode.

Um den Rechenaufwand in Grenzen zu halten, werden die Verkehrsbeziehungen häufig nur auf die Route mit dem geringsten Widerstand gelegt ("Bestwegverfahren"). Da die Fahrtdauer von der Auslastung der einzelnen Streckenabschnitte abhängt, werden die Fahrten in Teilmengen von z.B. 20% auf die Routen aufgeteilt und nach jedem Schritt der durch die zunehmende Belastung veränderte Widerstand bestimmt ("Capacity-Restraint"-Verfahren).

Bei innerörtlichen Aufteilungen auf die Routen stellen die Knotenpunkte die kritischen Netzelemente dar. Aus diesem Grunde müssen die Auslastungsgrade der Knotenpunkte berechnet und als Widerstände in das Aufteilungsverfahren eingefügt werden. Die Berechnung dieser Auslastungsgrade erfolgt mit Hilfe von Verfahren, wie sie bei der Bemessung von Lichtsignalen üblich sind. Zur Vereinfachung genügt es dabei, von Knotenpunktstypen auszugehen und bei der Bemessung lediglich die Fahrstreifenanzahl in den Knotenpunkten zu berücksichtigen.

Die Belastung ist keine feste Größe, sondern unterliegt zeitlichen Veränderungen und zeitlichen Schwankungen. Es muss daher festgelegt werden, welcher Belastungswert für die Bemessung des Netzes maßgebend sein soll. Als maßgebende Belastung wird diejenige Belastung definiert, die mit einer vorgegebenen Sicherheitswahrscheinlichkeit nicht überschritten wird. .

Die zeitlichen Veränderungen müssen dadurch berücksichtigt werden, dass die Umlegung aufgrund prognostizierter Verkehrsbeziehungen erfolgt. Die zeitlichen Schwankungen können unmittelbar aus den Ergebnissen von Dauerzählungen über kleine Zeitintervalle (z.B. 10 Minuten) abgegriffen oder aus einer Überlagerung der prognostizierten mittleren Belastung mit separat gemessenen zeitlichen Schwankungen ermittelt werden.

Bei den zeitlichen Schwankungen ist zu unterscheiden zwischen

- periodischen Schwankungen über den Tag, die Woche und die Jahreszeit,
- zufälligen Schwankungen innerhalb der Zeitintervalle.

Die periodischen Schwankungen lassen sich in Form von Ganglinien über die Tagesstunden, die Wochentage und die Jahresmonate darstellen. Angegeben werden Mittelwerte für einzelne Stundenintervalle.

Bild 5.5: Belastungsschwankung über den Tag

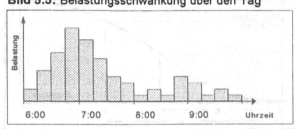

Falls die Verkehrsbeziehungen lediglich als Tageswerte oder als Stundengruppenwerte vorhanden sind, ergeben sich auch entsprechend statische Werte bei der Umlegung. Diese statischen Werte müssen dann – unter Inkaufnahme von Ungenauigkeiten – mit den periodischen Schwankungen überlagert werden. Die periodischen Schwankungen können für die verschiedenen Netzelemente unterschiedlich sein. Ihre Ausprägung lässt sich durch Querschnittszählungen an den betreffenden Netzelementen ermitteln.

Die zufälligen Schwankungen werden durch Häufigkeitsverteilungen dargestellt:

Bild 5.6: Verteilung zufälliger Schwankungen

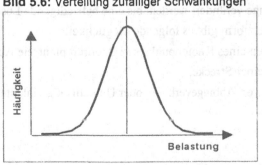

Zur Berücksichtigung der zufälligen Schwankungen können Verfahren der Mikrosimulation des Fahrtablaufs benutzt werden. Sie gehen von Belastungswerten möglichst kleiner Zeitintervalle aus und bilden den Bewegungsablauf der einzelnen Fahrzeuge ab. Pionier solcher Simulationsverfahren ist WIEDEMANN (1974). Dank der heutigen Rechentechnik sind die Verfahren inzwischen verfeinert. NAGEL und SCHRECKENBERG (1992) benutzen sogenannte „Zellulare Automaten" zur Modellierung des Verkehrsflusses. Sie sind wegen ihrer Pauschalierung zwar weniger genau, bieten aber erhebliche Rechenvorteile und sind damit insbesondere für große Netze geeignet. Mit Hilfe dieser Verfahren lassen sich maßgebende Belastungen für die Bemessung der Netzelemente gewinnen.

Ohne solche Verfahren müssen die zufälligen Schwankungen mit den periodischen Schwankungen überlagert werden. Grundlage dafür ist die Summenhäufigkeit der Belastungsschwankungen. Die maßgebende Belastung wird dann durch Multiplikation der mittleren maßgebenden Belastung mit dem Quotienten aus maßgebender Häufigkeit (= Faktor a) und mittlerer Häufigkeit (= Faktor b) ermittelt:

Bild 5.7: Berücksichtigung zufälliger Schwankungen

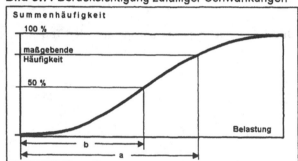

5.2.5 Festlegung der Netzform

Die Netzform orientiert sich an den Verkehrsbeziehungen. Sie ist so festzulegen, dass für die stärksten Verkehrsbeziehungen möglichst direkte Wege entstehen. Dies dient den Zielen Schnelligkeit und Übersichtlichkeit.

Beim Netzentwurf wird die Netzform in der Regel intuitiv an die Verkehrsbeziehungen angepasst. Eine Ausgangslösung wird durch das vorhandene Netz gebildet. Sie muss im Verlauf des Entwurfsprozesses solange verändert werden, bis eine befriedigende Lösung erreicht ist.

Zur Veränderung der Netzform gibt es folgende Möglichkeiten:

- Verschieben / Löschen eines Knotenpunktes (z.B. durch planfreie Ausbildung),
- Einfügen / Löschen einer Strecke,
- Erlassen / Aufheben von Abbiegeverboten oder Umkehrmöglichkeiten,
- Einführen/ Aufheben von Einbahnregelungen.

5.2.6 Bemessung der Netzelemente (Netzleistung)

Die Netzleistung ergibt sich aus den Abmessungen der einzelnen Netzelemente (Anzahl der Fahrstreifen von Strecken und Knotenpunkten) und der Verkehrsregelung an den Knotenpunkten. Aus der Fahrzeugbelastung der Strecken und Knotenpunkte lässt sich auf die Lärm- und Abgasimmissionen der angrenzenden Nutzungen schließen. Der Auslastungsgrad – Verhältnis zwischen Belastung und Kapazität – beeinflusst die Ziele Schnelligkeit und Zuverlässigkeit.

Die Netzelemente müssen in ihren Abmessungen so festgelegt werden, dass die Belastung mit der gewünschten Verkehrsqualität bewältigt werden kann.

Wenn die Kapazität erreicht oder überschritten wird, sind folgende Maßnahmen möglich:

- Ändern der Abmessungen eines Netzelementes (Strecke, Knotenpunkt),
- Ändern der zulässigen Geschwindigkeit einer Strecke,
- Ändern von Lichtsignalprogrammen.

Liegt die Belastung deutlich unter der Kapazität, sollten die Abmessungen der Netzelemente im Interesse der Wirtschaftlichkeit verringert werden.

Mit solchen Maßnahmen ändert sich ggf. auch die Fahrtdauer. Bei größeren Änderungen muss die Aufteilung der Verkehrsbeziehungen auf das Netz mit den veränderten Eingangsdaten wiederholt werden. Bei erheblichen Änderungen der Fahrtdauern ist ggf. auch eine Korrektur des Verkehrsaufkommens und der Verkehrsbeziehungen notwendig.

5.2.7 Ermittlung und Bewertung der Wirkungen

Die Wirkungen des Zustandes auf die Ziele – des heutigen Zustands sowie der zukünftigen Zustände ohne Maßnahmen und mit Maßnahmen – werden mit Hilfe von zielbezogenen Kenngrößen beschrieben. Dabei ist zu unterscheiden zwischen primären und sekundären Kenngrößen: Primäre Kenngrößen sind solche, die den Zielkriterien unmittelbar zugeordnet sind (z.B. Reisegeschwindigkeit dem Zielkriterium Schnelligkeit). Sekundäre Kenngrößen sind den Zielkriterien nur mittelbar zugeordnet und bilden die Grundlage für die Berechnung unmittelbar zugeordneter Kenngrößen (z.B. Belastung als Grundlage für die Ermittlung der Lärmimmissionen).

Zur Analyse der Wirkungen der Netzzustände werden folgende Kenngrößen verwendet:

- Matrizen der
  - Weglängen,
  - Verhältniszahlen zwischen Weglänge und Luftlinienentfernung,
  - Reisegeschwindigkeiten von der Quelle bis zum Ziel,
  - maximalen Auslastungsgrade der auf der Route liegenden Knotenpunkte
  zwischen allen Verkehrszellen, gemittelt über die Gesamtheit der jeweiligen Routen,
- Fahrzeugbelastung aller Strecken als Grundlage für die Ermittlung der Belastung angrenzender Nutzungen,
- Flächenbeanspruchungen und Trennwirkungen durch die Verkehrswege,
- Betriebs- und Investitionskosten der Verkehrswege.

Diese Liste der Kenngrößen muss anwendungsfallbezogen ggf. ergänzt oder modifiziert werden.

Eingangsdaten für die Ermittlung dieser Kenngrößen sind

- Verkehrsbeziehungen zwischen den Verkehrszellen (Kap. 4),
- Belastungen der einzelnen Netzelemente (Kap. 5.2.4),
- Wegelängen und Fahrzeiten aus der Festlegung der Netzform (Kap. 5.2.5),
- Belastungen aus der Bemessung der Netzelemente (Kap. 5.2.6).

Diese Daten sind am Ende der entsprechenden Arbeitsschritte in geeigneten Dateien abzulegen.

Die Bewertung der Wirkungen des vorhandenen Zustands sowie der Zustände ohne und mit Maßnahmen erfolgt in der Regel intuitiv unter Bezug auf die Kennwerte der Indikatoren. Es können aber auch die in Kap. 3.6 dargestellten Bewertungsverfahren verwendet werden.

Für die politische Diskussion ist es wichtig, die bei der Bewertung festgestellten Mängel zu benennen und soweit wie möglich quantitativ zu belegen. Ergebnis ist ein Mängelkatalog.

5.2.8 Eignung der Netze für die Verkehrssteuerung

Heute werden zunehmend Verkehrsleitsysteme eingesetzt (Kap. 6.5.1). Ihre Aufgabe ist es, die Verkehrsströme bei Engpässen an einzelnen Netzelementen so über andere Routen zu lenken, dass staubedingte Zeitverluste und Umweltbelastungen vermieden oder gering gehalten werden.

Voraussetzung für eine solche Steuerung ist, dass das Netz auf den der Umleitung dienenden Routen eine ausreichende Kapazität aufweist. Die Netzelemente dieser Routen müssen deshalb für diejenige Belastung dimensioniert werden, die sich bei der Umleitung auf dem betreffenden Netzelement ergibt.

Wenn eine solche Dimensionierung intuitiv erfolgt, besteht die Gefahr, dass entweder die Kapazität nicht ausreicht und Engpässe auch auf den der Umleitung dienenden Routen entstehen, oder dass eine Überdimensionierung entsteht, die unwirtschaftlich ist. Diese beiden Mängel lassen sich nur vermeiden, wenn der gestörte Fahrtablauf simulativ nachgebildet und die Bemessung an die dann auftretenden Belastungen angepasst wird.

5.2.9 Überwachung der Funktionsfähigkeit der Netze

Da die Verkehrsnachfrage vielfältigen Einflüssen unterworfen ist, sollte regelmäßig überprüft werden, ob sie mit der Netzform und der Netzleistung noch im Einklang steht. Dies gilt insbesondere, wenn verstärkte periodische Schwankungen auftreten oder sich ein zunehmender oder abnehmender Trend in der Verkehrsnachfrage abzeichnet.

Für die Überwachung der Funktionsfähigkeit ist es erforderlich, die Verkehrsnachfrage kontinuierlich zu erfassen. Dies kann im Hinblick auf die Belastung der einzelnen Netzelemente mit Hilfe von automatischen Zähleinrichtungen geschehen (s. vorn). Eine automatische Erfassung der Verkehrsbeziehungen ist demgegenüber nicht unmittelbar möglich, denn regelmäßige Befragungen sind zu teuer und behindern den Verkehr. Es gibt heute aber Verfahren, die es ermöglichen, die Verkehrsbeziehungen aufgrund von Querschnittsbelastungen zumindest abzuschätzen (PLOSS, 1993). Erst die Erhebung einer streckenabhängigen Straßenbenutzungsgebühr würde es ermöglichen, den räumlichen Verlauf der Fahrten und damit auch die Verkehrsbeziehungen automatisch zu erfassen.

5.3 Entwurf von ÖPNV-Liniennetzen

5.3.1 Definitionen

Im ÖPNV sind folgende Teilsysteme zu unterscheiden:

- Schienenpersonenfernverkehr (Verbindungsfunktion)
  - Intercity-Express,
  - Intercity,
- Schienenpersonennahverkehr SPNV (Verbindungs- und Erschließungsfunktion)
  - Regionalexpress,
  - Regionalbahn,
  - S-Bahn,
- Öffentlicher Personen-Nahverkehr ÖPNV (Erschließungsfunktion)
  - U-Bahn,
  - Straßenbahn, Stadtbahn,
  - Bus mit Verbindungsfunktion,
  - Bus mit Zubringer- und Verteilerfunktion.

Diese Teilsysteme sind Ausgangspunkt für eine Netzkategorisierung.

Den Teilsystemen sind unterschiedliche Standards für Fahrzeit, Fahrtenhäufigkeit, Direktheit und Zuverlässigkeit zugeordnet. Sie sind im Gegensatz zum Straßenverkehr jedoch nicht fixiert, sondern liegen im Ermessen der für das jeweilige Teilsystem zuständigen politischen Instanz.

5.3.2 Ziele und Arbeitsschritte des Netzentwurfs

Beim Entwurf von ÖPNV-Liniennetzen geht es sowohl um die partielle Verbesserung der Netze durch Einfügen oder Verändern von Netzelementen als auch um den Entwurf von Netzen von Grund auf.

Folgende Zielkriterien sind maßgebend:

- Erreichbarkeit der Haltestellen,
- Fahrtenfolgezeit,
- Beförderungsgeschwindigkeit,
- Zuverlässigkeit,
- Direktheit des Weges (Anzahl der Umsteigevorgänge, Umsteigewartezeit),
- Beförderungskomfort,
- Übersichtlichkeit,
- Betriebsaufwand (erforderliche Fahrzeuganzahl).

Auf Netze mit nachfragegesteuertem Betrieb wird hier nicht weiter eingegangen, denn sie spielen für städtische Netze nur eine untergeordnete Rolle. Ihr hauptsächliches Anwendungsgebiet liegt in ländlich strukturierten Räumen. Im Hinblick auf entsprechende Entwurfstechniken wird auf das HANDBUCH ÖPNV IM LÄNDLICHEN RAUM (1999) verwiesen.

Die Arbeitsschritte für den Entwurf von ÖPNV-Netzen sind den Arbeitsschritten für den Entwurf von Straßennetzen ähnlich (Kap. 5.2.2). Zusätzlich müssen jedoch zwischen den Linien Umsteigehaltestellen festgelegt und die daraus resultierenden Umsteigebeziehungen ermittelt werden. Die Arbeitsschritte lauten:

1. Abgrenzung des Netzes,

2. Beschreibung des Netzes,

3. Ermittlung der vorhandenen Belastung der Linienabschnitte und Umsteigebeziehungen zwischen den Linien,

4. Ermittlung der Wirkungen des vorhandenen Zustandes und seiner zukünftigen Entwicklung ohne Maßnahmen,

5. Bewertung der Wirkungen,

6. Feststellung von Mängeln,

7. Festlegung des Linienverlaufs (Netzform) und der Haltestellenstandorte,

8. Ermittlung der zukünftigen Belastung der Linienabschnitte und der Umsteigebeziehungen zwischen den Linien,

9. Bemessung der Linien (Netzleistung),

10. Ermittlung der Wirkungen der Maßnahmen,

11. Bewertung der Wirkungen.

Eingangsgröße für den Netzentwurf sind die Verkehrsbeziehungen (Kap. 4).

Die Punkte 1 bis 6 sind Teil der Problemanalyse (Kap. 3.4). Häufig wird die Problemanalyse aber in einem so geringen Detaillierungsgrad durchgeführt, dass im Zusammenhang mit dem Entwurf eine genaue quantitative Beschreibung und Analyse nachgeholt werden muss.

Für den vorhandenen Zustand werden die Belastung der Linien sowie die Umsteigebeziehungen erhoben. Für den zukünftigen Zustand ohne Maßnahmen und den zukünftigen Zustand mit Maßnahmen müssen sie aus den Verkehrsbeziehungen abgeleitet werden. Dazu müssen zunächst Annahmen über die Ausprägung der Linien getroffen und die Verkehrsbeziehungen anhand dieser Ausprägungen auf die verschiedenen Linien aufgeteilt werden. Wenn die anschließende Bemessung der Linien zu anderen Ausprägungen führt, müssen die Belastungen und die Umsteigebeziehungen entsprechend korrigiert werden (Rückkoppelung vom Punkt 9 zum Punkt 8).

Eine Veränderung der Form des Liniennetzes und/oder Ausprägung der Linien ist erforderlich, wenn die Bewertung zeigt, dass kein befriedigendes Ergebnis erzielt worden ist (Rückkoppelung vom Punkt 11 zu den Punkten 7 und 9).

5.3.3 Abgrenzung und Beschreibung des Netzes

Eine Abgrenzung von Netzen ist nur im Fernverkehr notwendig. Im ÖPNV geht es in der Regel darum, Gesamtnetze oder von vorn herein abgegrenzte Teilnetze neu zu entwerfen.

Die Daten des Netzes werden in einer Verkehrszellen-Datei, einer Wegenetz-Datei und einer Liniennetz-Datei gespeichert.

Die Verkehrszellen-Datei enthält Daten über die Verkehrszellen und ihre Nutzungen:

- Bezeichnung der Verkehrszelle,
- Art und Lage (Koordinaten) der Nutzungsschwerpunkte innerhalb der Verkehrszelle,
- Verkehrsaufkommen der Nutzungsschwerpunkte.

Die Fußwege, welche die Nutzungsschwerpunkte einer Verkehrszelle mit den Haltestellen verbinden, werden beschrieben durch

- Anfangs- und Endkoordinate des Fußweges (= Koordinate der Nutzungsschwerpunkte und Koordinate der Haltestellen),
- Zuordnung des Verkehrsaufkommens der Nutzungsschwerpunkte zu den umliegenden Haltestellen. Wenn die Nutzungsschwerpunkte mehreren Haltestellen zugeordnet werden können, ergibt sich die Zuordnung aus der Betrachtung der gesamten Reise, d.h. eine definitive Zuordnung ist erst im Zusammenhang mit der Aufteilung der Verkehrsbeziehungen auf die angebotenen Verbindungen möglich.

Die Wegenetz-Datei enthält Daten über die räumliche Ausprägung des Wegenetzes. Ihr Aufbau entspricht dem Aufbau der Netzdatei von Straßennetzen. Die Strecken werden beschrieben durch

- Anfangs- und Endkoordinate des Streckenabschnitts,
- Länge des Streckenabschnitts,
- Fahrzeit für das Befahren des Streckenabschnitts,
- Verknüpfung der Streckenabschnitte an den Knotenpunkten.

Die Liniennetz-Datei enthält Kenndaten der Linien, ihrer Haltestellen sowie ihres Streckenverlaufs:

- Name der Linie,
- Verkehrsmitteltyp der Linie (Bus, Straßenbahn, U-Bahn, S-Bahn, Regionalbahn),
- Name und Koordinaten der Haltestellen,
- Fahrtenfolgezeit / Takt (ergibt sich erst aus der Bemessung, s. unten),
- Übergangszeit für Umsteigevorgänge an den Linienverknüpfungspunkten.

5.3.4 Ermittlung der Linienbelastung und der Umsteigebeziehungen

Die vorhandene Belastung der Linien und die vorhandenen Umsteigebeziehungen können durch Erhebungen gewonnen werden. Die Erfassung der Fahrgastzahlen auf den einzelnen Linienabschnitten erfordert Zählungen innerhalb der Fahrzeuge oder eine Zählung und Bilanzierung der Ein- und Aussteiger an den Haltestellen. Die Erfassung der Umsteigebeziehungen erfordert die Befragung der Fahrgäste an den Umsteigehaltestellen.

Die Erhebungen der Fahrgastzahlen in den Fahrzeugen lässt sich manuell oder automatisch durchführen. Automatische Zählgeräte werden im ÖPNV erst seit jüngerer Zeit eingesetzt. Sie ermöglichen eine kontinuierliche Erfassung sowohl der Fahrzeugbesetzung als auch der Ein- und Aussteiger.

Im praktischen Betrieb haben sich folgende Systeme bewährt:

- Besetzungsgraderfassung auf Wiegebasis,
- Lichtschranken,
- drucksensible Trittstufen,
- Infrarotsensoren.

Bei einer automatischen Erfassung der Fahrgastzahlen müssen auch die zugehörigen Fahrzeug-standorte automatisch erfasst werden. Dies geschieht wie bei Systemen zur automatischen Messung des Fahrtablaufs oder bei Betriebsleitsystemen durch die Zählung der Radumdrehungen (Kap. 5.4.2 und 6.3).

Die zukünftige Belastung der Fahrzeuge sowie die zukünftigen Umsteigebeziehungen müssen aus den Verkehrsbeziehungen abgeleitet werden. Dazu werden die zukünftigen Verkehrsbeziehungen zwischen den Verkehrszellen ermittelt (Kap. 4) und auf die möglichen Routen bzw. Verbindungen zwischen diesen Zellen umgelegt.

Wenn eine kurze Fahrtenfolgezeit von bis zu 10 Minuten besteht, wird das Fahrtenangebot als quasi kontinuierlich empfunden, und die Wahl der Fahrtmöglichkeit richtet sich wie beim MIV lediglich nach den Zeitmerkmalen der Routen. Diese Zeitmerkmale setzen sich aus der Haltestellenzugangszeit, einer Wartezeit gleich der halben Fahrtenfolgezeit (wegen des zufälligen Zugehens zur Haltestelle), der Beförderungsdauer zwischen Einstiegs- und Ausstiegshaltestelle und der Haltestellenabgangszeit zusammen. Bei größeren Fahrtenfolgezeiten ist dagegen zusätzlich der Zeitraum vom Zeitpunkt des Entstehens eines Fahrtwunsches bis zum Zeitpunkt der nächsten Fahrtmöglichkeit mit zu berücksichtigen. An die Stelle einer Umlegung auf Routen tritt dann eine Umlegung auf Verbindungen, bei denen Routenmerkmale und Fahrplanmerkmale miteinander zu verknüpfen sind. Die Umlegung auf Routen ist im ÖPNV damit ein Sonderfall der Umlegung auf fahrplanabhängige Verbindungen.

Nachfolgend wird ein Verfahren für die Umlegung von Verkehrsbeziehungen auf ÖPNV-Verbindungen dargestellt, das auf FRIEDRICH (1994) zurückgeht. Beispielhaft ist die Wahlmöglichkeit zwischen fünf Verbindungen (2 Routen, 3 Zeitpunkte) angegeben.

Bild 5.8: Verkehrsangebot zwischen Quell- und Zielhaltestelle

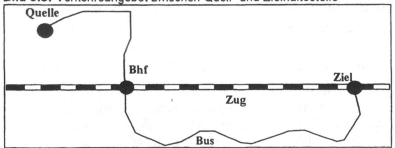

Zwischen der Quelle und dem Ziel gibt es eine durchgehende Busverbindung. Der Bus kreuzt eine Bahnlinie, wo in einen Zug umgestiegen werden kann, der ebenfalls zum Ziel fährt. Da der Bus Anschluss an den Zug hat, führt das Umsteigen auf den Zug schneller zum Ziel als die durchgehende Busfahrt. Hier stehen die Mühen des Umsteigens und die Länge der Fahrzeit einander gegenüber. Dieser zeitliche Ablauf ist nachfolgend in einem Bildfahrplan dargestellt:

Bild 5.9: Bildfahrplan der angebotenen Verkehrsmittel

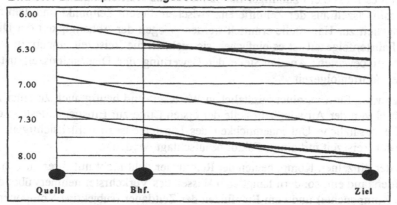

Tab. 5.3: Merkmale der Verbindungen

Verbin-dung	Merkmale der Verbindungen
1	Abfahrt 6.10 Uhr, Ankunft 6.55 Uhr, Beförderungszeit 45 Minuten, 0 x Umsteigen
2	Abfahrt 6.10 Uhr, Ankunft 6.40 Uhr, Beförderungszeit 30 Minuten, 1 x Umsteigen
3	Abfahrt 6.55 Uhr, Ankunft 7.40 Uhr, Beförderungszeit 45 Minuten, 0 x Umsteigen
4	Abfahrt 7.25 Uhr, Ankunft 8.10 Uhr, Beförderungszeit 45 Minuten, 1 x Umsteigen
5	Abfahrt 7.25 Uhr, Ankunft 8.00 Uhr, Beförderungszeit 35 Minuten, 1 x Umsteigen

Maßgebend für die Wahl einer Verbindung ist ihr Widerstand im Verhältnis zu den Widerständen der anderen Verbindungen. Der Widerstand ist abhängig vom Zeitbedarf zwischen dem Auftreten des Fahrtwunsches und der Ankunft am Ziel (= Reisedauer) sowie der Häufigkeit ggf. erforderlicher Linienwechsel (Umsteigen).

Die Reisezeit setzt sich aus folgenden Komponenten zusammen:

- Wartezeit am Quellort der Reise bis zum Reiseantritt,
- Zugangszeit zur Einstiegshaltestelle,
- Wartezeit an der Einstiegshaltestelle,
- Beförderungszeit von der Einstiegshaltestelle bis zur Ausstiegshaltestelle; sie beinhaltet neben der Fahrzeit auch die Fußwegzeiten und die Wartezeit bei etwaigen Umsteigevorgängen,
- Abgangszeit von der Ausstiegshaltestelle.

Bei kurzen Fahrtenfolgezeiten bis etwa 10 Minuten kommt es zu keinen Wartezeiten am Quellort der Reise, denn der Fahrgast geht nicht fahrplanbezogen zur Haltestelle, sondern unmittelbar nach Auftreten des Fahrtwunsches. Wegen des zufälligen Zugangszeitpunktes kann für die Wartezeit an der Haltestelle die halbe Fahrzeugfolgezeit angenommen werden. Bei längeren Fahrtenfolgezeiten wird dagegen in der Regel fahrplanbezogen zur Haltestelle gegangen. Damit vergeht eine zusätzliche Zeit zwischen dem Auftreten des Fahrtwunsches und dem Zeitpunkt des Losgehens zur Haltestelle. Diese Zeit wird am Quellort der Reise zugebracht, und die Wartezeit an der Haltestelle besteht dann nur noch aus einem Sicherheitsanteil, um Ungenauigkeiten der geschätzten Zugangszeit auszugleichen. Die Wartezeit am Quellort der Reise, die zu anderen Tätigkeiten genutzt werden kann, wird damit zur Reise-Dispositionszeit. Ihre Ermittlung ist schwierig, denn es müsste ein zufälliger Zeitpunkt für das Auftreten des Fahrtwunsches gewählt und die Dispositionszeit aus der Zeitdifferenz zwischen diesem Zeitpunkt und dem fahrplanabhängigen Losgehen zur Haltestelle ermittelt werden. Wegen der Abhängigkeit der Dispositionszeit von der Fahrtenfolgezeit ist es einfacher, sie nicht in die Reisezeit einzubeziehen, sondern sie gesondert zu bewerten. An die Stelle der Bewertung der Dispositionszeit tritt dann die Bewertung der Fahrtenfolgezeit.

Ein Umsteigezwang führt zu einer zusätzlichen Wartezeit und häufig auch zu einer Fußwegzeit für den Wechsel von der Ausstieghaltestelle der ersten Linie zur Einstieghaltestelle der zweiten Linie. Um die zusätzliche Unbequemlichkeit des Umsteigens zu berücksichtigen, kann diese Komponente der Reisezeit mit einem Faktor beaufschlagt werden.

Der Einfluss der einzelnen Komponenten der Reisedauer geht nicht mit ihrer tatsächlichen Größe in den Widerstand ein, sondern hängt vom Wissen des Verkehrsteilnehmers über die Zeitdauer (kognitive Komponente) und vom Empfinden der Zeitdauer (subjektive Komponente) ab. Um dem unterschiedlichen subjektiven Empfinden der Fahrgäste für die verschiedenen Zeitkomponenten Rechnung zu tragen, müssen sie gewichtet werden. Durch eine überproportionale Gewichtung der Gehzeit werden bevorzugt gehzeitminimale Routen ausgewählt. Eine überproportionale Gewichtung der Wartezeit bewirkt dagegen eine Verschiebung auf Routen, die zwar eine längere Zugangszeit erfordern, dafür aber eine höhere Fahrtenfolge aufweisen. Durch eine hohe Gewichtung der Umsteigewartezeit erhält man umsteigeminimale Routen.

Die Aufteilung der Verkehrsbeziehungen auf die möglichen Verbindungen umfasst als ersten Schritt die Zuordnung des Verkehrsaufkommens der Nutzungsschwerpunkte in den Verkehrszellen zu den Haltestellen. Wenn ein Fahrgast die Wahl zwischen Haltestellen unterschiedlicher Linien hat, wird er bei seiner Entscheidung über die zu benutzende Einstiegs- und Ausstiegshaltestelle zwischen der Länge des Zugangs- und Abgangsweges einerseits sowie Merkmalen der Angebotsqualität der verschiedenen Linien (Art des Verkehrsmittels, Fahrzeit, Bedienungshäufigkeit, Umsteigezwang, Beförderungsqualität) andererseits abwägen. Damit erfolgt die Wahl der Haltestelle nicht nur aufgrund des jeweiligen Fußweges, sondern aufgrund einer Bewertung der gesamten Reise. Aus diesem Grunde muss die Aufteilung auf die benutzten Haltestellen in Abhängigkeit von den Merkmalen der gesamten Verbindung erfolgen.

Nachfolgend ist beispielhaft die Aufteilung einer Verkehrsbeziehung von i nach j auf zwei Verbindungen (Bus+U-Bahn und Zug+U-Bahn) dargestellt:

Bild 5.10: Alternative Routen zwischen Quelle und Ziel der Reise

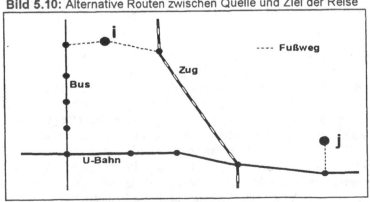

Tab. 5.4: Komponenten der Reisezeit für alternative Verbindungen

[1] = halbe Fahrtenfolgezeit	Verbindung 1: Bus / U-Bahn	Verbindung 2: Zug / U-Bahn
Fahrtenfolgezeit [min]	20	60
⇒ mittl. Wartezeit / Dispositionszeit [min][1]	10	30
Zugangszeit zur Haltestelle [min]	5	10
Beförderungszeit [min]	24	14
Übergangszeit an der Umsteigehaltestelle [min]	6	0
Abgangszeit von der Haltestelle [min]	3	3
Reisezeit (einschl. Wartezeit beim Zugang)	47	58

Durch die Zuordnung des Verkehrsaufkommens zu den Haltestellen wird die Matrix zwischen den Verkehrszellen in eine Matrix zwischen den Haltestellen umgewandelt.

Die Fahrtenfolgezeit ergibt sich erst bei der Bemessung des Fahrtenangebots und muss deshalb zunächst geschätzt werden. Bei einer späteren Abweichung von der Schätzung ist die Bemessung mit korrigierten Eingangsdaten zu wiederholen.

Den Verfahren zur Aufteilung der Verkehrsbeziehungen auf die möglichen Verbindungen liegen dieselben Modellvorstellungen über das Verhalten der Verkehrsteilnehmer zugrunde wie im Straßenverkehr. Aufgeteilt wird analog zum Kirchhoff'schen Gesetz der Elektrotechnik oder nach dem Logit-Modell (Kap. 5.2.4). Um den Rechenaufwand zu begrenzen, erfolgt die Umlegung nur auf Verbindungen, deren Reisedauer einen bestimmten Wert nicht überschreitet.

Im Gegensatz zum Straßenverkehr ist die Kapazität des Netzes durch den Einsatz größerer Fahrzeuge und/oder eine häufigere Bedienung fast beliebig zu erhöhen, so dass das Kapazitätsproblem der Routenwahl im Straßenverkehr nur eine untergeordnete Rolle spielt.

Aus den Ergebnissen der Umlegung ergibt sich die Anzahl der Fahrgäste auf den einzelnen Linienabschnitten sowie die Anzahl der Umsteiger an den Umsteigehaltestellen. Diese Belastung ist nicht konstant, sondern wie im Straßenverkehr zeitlichen Schwankungen und Veränderungen unterworfen. Aus diesem Grunde muss eine für die Bemessung maßgebende Belastung definiert werden. Dies geschieht auf dieselbe Weise wie im Straßenverkehr (Kap. 5.2.4).

5.3.5 Festlegung des Linienverlaufs (Netzform)

Anforderungen

Die Netzform orientiert sich an den Verkehrsbeziehungen. Sie ist so festzulegen, dass für die stärksten Verkehrsbeziehungen möglichst direkte Wege entstehen. Dieses Prinzip dient den Zielen Schnelligkeit und Übersichtlichkeit.

Eingangsgrößen für die Festlegung des Linienverlaufs sind

- Entwurfsziele,
- Verkehrsbeziehungen,
- Wegenetz (besteht im straßengebundenen Verkehr aus allen befahrbaren Straßen).

Auf dem Wegenetz werden Linien gebildet und Haltestellen festgelegt. Dabei sind folgende Regeln zu beachten:

- gestreckte Führung der Linien,
- Führung der Linien durch die Schwerpunkte des Verkehrsaufkommens,
- Führung der Linien
  - außen: auf Verkehrsstraßen oder Haupterschließungsstraßen,
  - innen: auf eigenen Fahrstreifen oder ÖPNV- Straßen,
- Anordnung der Haltestellen an Knotenpunkten des Wegenetzes und in der Nähe der Nutzungsschwerpunkte der Verkehrszellen.

Zwischen dem Linienverlauf und den Haltestellenstandorten gibt es enge Wechselbeziehungen: Die Linien des straßengebundenen ÖPNV sollten auf Straßen verlaufen, die für die Aufnahme des ÖPNV geeignet sind und einen gestreckte Form der Linie ermöglichen, und die Haltestellen sollten in der Nähe der Nutzungsschwerpunkte liegen. Diese beiden Forderungen müssen auf einen Nenner gebracht werden. Der Entwurfsprozess solle mit der intuitiven Festlegung der Haltestellenstandorte beginnen. Die Haltestellen sind einerseits an ÖPNV-geeigneten Straßen anzuordnen und andererseits eine möglichst geringe Entfernung zu den Nutzungsschwerpunkten aufweisen. Dabei dient eine Haltestelle im Regelfall mehreren Nutzungsschwerpunkten gleichzeitig als Zugangspunkt des ÖPNV. Geeignete Standorte entlang der Straße sind Straßenknotenpunkte, weil von dort aus Wege in mehrere Richtungen möglich sind und unterschiedliche Nutzungsschwerpunkte wegeminimal angebunden werden können. Solche Knotenpunkte bieten sich auch aus betrieblichen Gründen an, weil sich dort häufig Lichtsignalanlagen befinden, die Brechpunkte für den Fahrtablauf des ÖPNV sind. Die Haltestellenstandorte sind zu modifizieren, wenn der anschließend festzulegende Linienverlauf dies sinnvoll erscheinen lässt. Daten zur Beurteilung der Haltestellenstandorte ergeben sich erst aus der Wirkungsanalyse.

Netzkonfigurationen

Beim Linienverlauf gibt es folgende Konfigurationen:

- Um monozentrale Verkehrsgebiete flächendeckend erschließen zu können, müssen die Linienäste außen aufgespalten und innen überlagert werden:

Bild 5.11: Aufgliederung von Linienästen

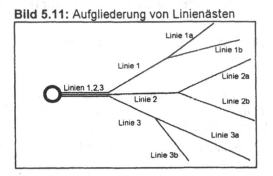

Bei einem Takt der einzelnen Linien von z.B. 10 Minuten ergibt sich außen durch die Aufspaltung ein 20-Minuten-Takt und innen durch die Überlagerung ein 3- bis 4-Minuten-Takt. Im Zentrum sind die Linienäste so zu verknüpfen, dass die Anzahl der Umsteiger an den Verknüpfungspunkten minimiert wird und die Äste nach Möglichkeit gleiche Fahrtenfolgezeiten aufweisen.

- Bei sehr langen Linien, wie sie im Umland großer Ballungsräume auftreten, ist es sinnvoll, die Linienäste teleskopartig so anzuordnen, dass jeder Teilast nur die Haltestellen eines bestimmten Entfernungsbereichs bedient und die anderen Bereiche als Expresslinie durchfährt. Dadurch verringert sich die Fahrtdauer aus den äußeren Bereichen ins Zentrum. Diese Differenzierung hat folgende grundsätzliche Form:

Bild 5.12: Axiale Umlanderschließung

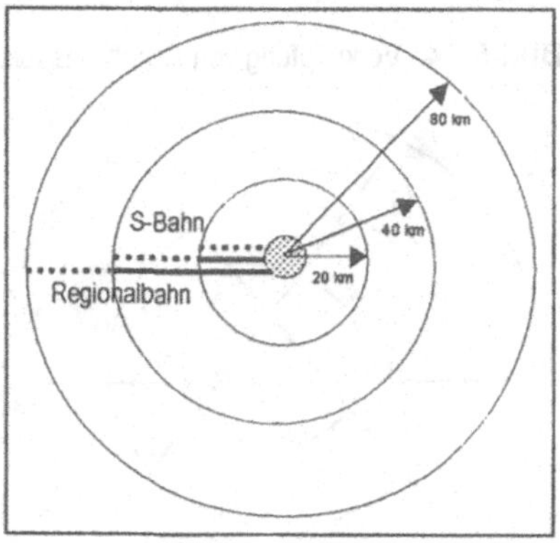

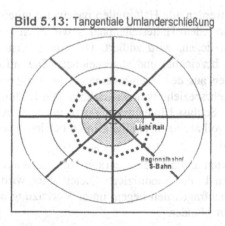

- Nachdem sich im Zusammenhang mit der Suburbanisierung zunächst hauptsächlich Wohnstandorte aus der Kernstadt ins Umland verlagerten, ziehen jetzt die Gewerbestandorte verstärkt nach. Sie siedeln sich hauptsächlich in den Räumen zwischen den Achsen an. Dadurch verändern sich die Verkehrsbeziehungen im Pendlerverkehr: Die Zentrierung der Pendlerströme auf das Zentrum („many-to-one") nimmt ab und es ergeben sich seitliche Bewegungen von den Achsen in die Achsenzwischenräume („many-to-many"). Außerdem entstehen Beziehungen vom Zentrum nach außen („one-to-many"). Hierdurch kommt es zwar zu einem Ausgleich zwischen Lastrichtung und Gegenlastrichtung es entstehen jedoch verstärkt flächige Nachfragestrukturen, für die axiale Verkehrssysteme wie die S-Bahn weniger geeignet sind. Das S-Bahn-System muss deshalb durch ein tangentiales System ergänzt werden, das in Verknüpfung mit dem axialen System eine bessere Flächenerschließung ermöglicht. Für eine solche tangentiale Erschließung eignen sich Light-Rail-Systeme, wie sie bereits in Karlsruhe und in Saarbrücken vorhanden sind:

Bild 5.13: Tangentiale Umlanderschließung

- Wenn mehrere Durchmesserlinien im Stadtzentrum zusammentreffen, sollten sie nicht durch einen Punkt geführt werden, weil sonst dieser Verknüpfungspunkt durch Umsteigevorgänge leicht überlastet wird. Besser ist es, die Durchmesserlinien innen auseinander zu rücken und die Verknüpfung auf mehrere Punkte aufzuteilen. Sofern lediglich drei Durchmesserlinien miteinander verknüpft werden müssen, entsteht ein Dreieck, bei dem jede Linie mit jeder anderen Linie unmittelbar zusammentrifft, so dass für die Fahrgäste nur ein einmaliges Umsteigen erforderlich wird.

Bild 5.14: Verknüpfung von Durchmesserlinien

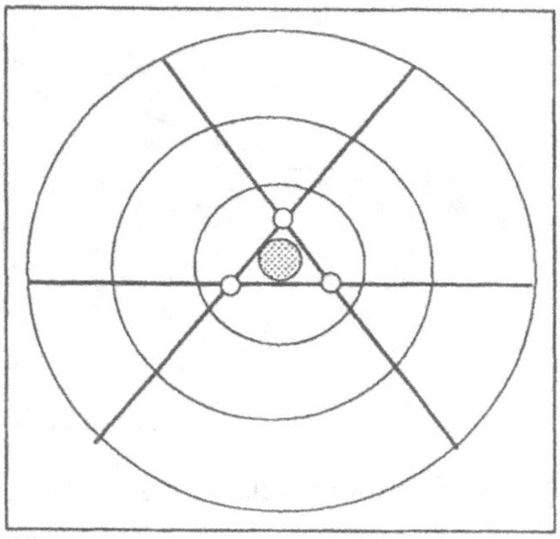

Entwurfsverfahren

Die ersten Verfahren für den Entwurf von Liniennetzen wurden aus Vorgehensweisen im Straßenverkehr abgeleitet. Sie legen ÖPNV-Verkehrsbeziehungen auf das Straßennetz um und bündeln anschließend die Routen auf wenigen Straßen. Diese Strombündel bilden die Linien (vgl. SONNTAG, 1977, HÜTTMANN, 1979). Später wurden ÖPNV-Verfahren entwickelt, die eine weitgehende Optimierung des Liniennetzes erlauben. Das Verfahren von SAHLING (1981) geht vom Wegenetz, von Haltestellenstandorten und von der Matrix der Verkehrsnachfrage zwischen den Haltestellen aus und maximiert die Anzahl der Direktfahrer auf kürzestem Wege. Das Verfahren läuft folgendermaßen ab:

- In einem ersten Schritt werden alle Haltestellen paarweise miteinander kombiniert. Die Verkehrsnachfrage zwischen jedem Haltestellenpaar sowie allen Haltestellen, die auf dem kürzesten Weg dazwischen liegen, wird addiert. Das am stärksten belastete Haltestellenpaar wird als Nachfragelinie bezeichnet und abgespeichert. Die auf diese Weise bedienten Verkehrsbeziehungen werden aus der Nachfragematrix herausgenommen und der Prozess mit den verbleibenden Verkehrsbeziehungen wiederholt. Die Bildung von Nachfragelinien wird abgebrochen, wenn zum Schluss Linien mit einer so geringen Anzahl an Fahrten entstehen, dass sie nicht mehr sinnvoll als eigenständige Linien betrieben werden können.

- In einem zweiten Schritt wird der Verlauf der Nachfragelinien im Hinblick auf das Vorhandensein von Wendepunkten und die Befahrbarkeit von Straßen im straßengebundenen ÖPNV zu betrieblich sinnvollen Linien modifiziert. Gleichzeitig wird versucht, Haltestellen, die nicht im Verlauf der Nachfragelinien liegen, unter Verletzung der Bedingung des kürzesten Weges durch Umwege anzubinden.

- In einem dritten Schritt wird an den Verknüpfungspunkten der Linien untersucht, ob eine andere Verknüpfung der Linienäste unter Inkaufnahme längerer Wege und zusätzlicher Umsteigevorgängen zu Linien führt, die eine gleiche Fahrtenfolge auf beiden Ästen erfordern. Diese Frage kann erst im Anschluss an die Bemessung genau beantwortet werden (s. unten).

Die Linienlänge bestimmt die Umlaufdauer. Bei Taktverkehr gibt es einen Zusammenhang zwischen Umlaufdauer und Taktzeit. Sofern die Umlaufdauer zuzüglich etwaiger Pausenzeiten kürzer ist als ein Vielfaches der Taktzeit, entstehen unproduktive Standzeiten am Linienende. Bei kurzen Taktzeiten ist dies unproblematisch, denn die Standzeit kann nicht größer werden als die Taktzeit. Bei langen Taktzeiten, wie sie in Räumen oder zu Zeiten geringer Verkehrsnachfrage vorkommen, kann eine solche Standzeit zu erheblichen Produktivitätsverlusten führen. Um dies zu vermeiden, ist die Linienlänge über die Umlaufdauer an die Taktzeit anzupassen.

5.3.6 Bemessung der Linien (Netzleistung)

Bei der Bemessung der Linien müssen für jede Linie folgende Größen festgelegt werden:

- Größe der eingesetzten Fahrzeuge,
- Fahrtenfolgezeit (=Häufigkeit der Bedienung je Zeiteinheit),
- Anzahl der einzusetzenden Fahrzeuge.

Indikatoren für die Zielerreichung sind die Anzahl der einzusetzenden Fahrzeuge und ihr Auslastungsgrad (unmittelbare Indikatoren zur Ermittlung der Kosten und des Fahrkomforts) sowie die Belastung der Netzelemente (mittelbarer Indikator zur Ermittlung der Lärm- und ggf. Abgasbelastung der angrenzenden Nutzungen).

Eingangsgrößen für die Bemessung sind

- Entwurfsziele,
- Linienverlauf,
- Anzahl der Fahrgäste auf den einzelnen Linienabschnitten.

Bei der Bestimmung der Fahrtenfolgezeit muss unterschieden werden zwischen

- Attraktivität der Bedienung,
- Bewältigung der Belastung.

Die aus Attraktivitätsgründen wünschenswerte Fahrtenfolgezeit hängt von der Beförderungsdauer ab. Für alle wichtigen Quelle-Ziel-Beziehungen sollte das Verhältnis von Fahrtenfolgezeit zu Beförderungsdauer folgende Werte nicht überschreiten:

- 0,5, wenn der ÖPNV Vorrangsystem oder Konkurrenzsystem zum MIV sein soll,
- 2 bis 3, wenn der ÖPNV lediglich der Daseinsvorsorge dienen soll.

Die aus Belastungsgründen erforderliche Fahrtenfolgezeit der einzelnen Linien hängt ab von

- der Größe (=Platzangebot) der eingesetzten Fahrzeuge,
- dem vorgegebenen maximalen Besetzungsgrad der Fahrzeuge (=Beförderungsqualität),
- Anzahl der Fahrgäste auf dem maximal belasteten Linienabschnitt.

Die Fahrtenfolgezeit ergibt sich zu

$$f = \frac{m}{p \cdot b_{max}}$$

f Fahrten/Std
m Fahrgäste/Std
p Plätze/Fahrzeug
b_{max} maximaler Besetzungsgrad/Fahrzeug.

Die Bestimmung der Anzahl der Fahrten je Zeiteinheit läuft in folgenden Schritten ab:

- Bestimmung der aus Attraktivitätsgründen wünschenswerten Fahrtenfolge in Form eines Taktes, der einem ganzzahligen Bruchteil oder dem Vielfachen einer Stunde entspricht.
- Vorgabe eines maximalen Besetzungsgrades oder minimalen Sitzplatzanteils, ggf. differenziert nach verschiedenen Klassen von Verkehrsbeziehungen (Klasseneinteilung nach Entfernung vom Zentrum).
- Abgrenzung von Tagesverkehrszeiten mit annähernd gleicher Belastung und Ermittlung der Anzahl der Fahrgäste je Stunde.
- Ermittlung der aus Belastungsgründen erforderlichen Fahrtenfolge.

Maßgebend ist der kleinere Wert der aus Attraktivitätsgründen wünschenswerten und aus Belastungsgründen erforderlichen Fahrzeugfolge.

Sofern Belastungssprünge entlang des Linienverlaufs bestehen, empfiehlt es sich, die Linie in Teillinien aufzuteilen, die Teillinien gesondert zu bemessen und sie in den stärker belasteten Abschnitten zu überlagern.

Die Anzahl der einzusetzenden Fahrzeuge ergibt sich zu

$$z = f \cdot u$$

z Anzahl der einzusetzenden Fahrzeuge,
f Fahrten/Zeiteinheit (Fahrtenfolge),
u Umlaufzeit.

Bei Fahrtenfolgezeiten unter 10 Minuten kann auf einen Taktbetrieb verzichtet und in gleichmäßigem Abstand gefahren werden.

Aus der Einsatzplanung für die einzusetzenden Fahrzeuge und deren Laufleistung ergeben sich die Betriebskosten.

Die Fahrzeuggröße und die Fahrtenfolge auf den einzelnen Linien sind Ausgangspunkt für eine Kontrolle des Wegenetzes auf ausreichende Leistungsfähigkeit. Sofern dieses Wegenetz ein Straßennetz ist, stellen die ÖPNV-Fahrzeuge eine additive Belastung zur Belastung durch die Fahrzeuge des Individualverkehrs dar. Bei Schienennetzen erfolgt die Bemessung allein für die Fahrzeuge des ÖPNV, die allerdings unterschiedlichen Systemen angehören können.

5.3.7 Ermittlung und Bewertung der Wirkungen

Zur Ermittlung der Wirkungen des vorhandenen Netzzustandes und der zukünftigen Netzzustände werden folgende Kenngrößen verwendet:

- Matrizen der
  - Weglängen,
  - Verhältniszahlen zwischen Weglänge und Luftlinienentfernung,
  - Wegezeiten zwischen den Nutzungsschwerpunkten und Haltestellen,
  - Fahrtenfolgen zwischen den Quell- und Zielhaltestellen,
  - Beförderungszeiten zwischen den Quell- und Zielhaltestellen,
  - Anzahl der Umsteigeerfordernisse,
  - maximale Auslastungsgrade der Fahrzeuge auf den Streckenabschnitten

  zwischen allen Verkehrszellen, gemittelt über die jeweiligen Verbindungen,
- Fahrzeugbelastung aller Strecken (für die Ermittlung der Belastung angrenzender Nutzungen),
- Betriebskosten der Linien.

Diese Liste der Kenngrößen muss ggf. anwendungsfallbezogen ergänzt oder modifiziert werden.

Eingangsdaten für die Ermittlung dieser Kenngrößen sind

- Verkehrsbeziehungen zwischen den Nutzungsschwerpunkten (Kap. 4),
- Belastungen der einzelnen Linienabschnitte (Kap. 5.3.4),
- Wegelängen und Beförderungszeiten aus der Festlegung des Linienverlaufs (Kap. 5.3.5),
- Fahrtenfolgen sowie Größe und Anzahl der benötigten Fahrzeuge aus der Bemessung der Linien (Kap. 5.3.6).

Diese Daten sind am Ende der entsprechenden Arbeitsschritte in geeigneten Dateien abzulegen.

Die Bewertung der Wirkungen des vorhandenen Zustands sowie der Zustände ohne und mit Maßnahmen erfolgt in der Regel intuitiv unter Bezug auf die Kennwerte der Indikatoren. Es können aber auch die in Kap. 3.6 dargestellten Bewertungsverfahren verwendet werden.

Für die politische Diskussion ist es wichtig, die bei der Bewertung festgestellten Mängel zu benennen und soweit wie möglich quantitativ zu belegen. Ergebnis ist ein Mängelkatalog.

5.3.8 Anwendungsfall Innsbruck

In den Jahren 1989/90 hat die Arbeitsgemeinschaft RETZKO/KIRCHHOFF/STRACKE ein Verkehrskonzept für die Stadt Innsbruck erstellt, das auch eine Verbesserung des ÖPNV-Liniennetzes enthielt. Nachfolgend sind die Ergebnisse der Mängelanalyse, die Maßnahmen zur Mängelbeseitigung sowie die Ergebnisse der vergleichenden Wirkungsanalyse dargestellt.

Das damals vorhandene Liniennetz wies folgende Mängel auf:

- Das ÖPNV-Angebot bestand aus unterschiedlichen Systemen: Straßenbahn mit Einrichtungs- und Zweirichtungsfahrzeugen, O-Bussen und Dieselbussen. Diese Vielfalt verhindert die Austauschbarkeit der Fahrzeuge, führt zu einer höheren Betriebsreserve und erhöht den Wartungsaufwand.

- Fast alle Wohngebiete waren durch gesonderte Linien mit der Innenstadt verbunden. Dies bedingte einerseits eine Vielzahl von Linien und Unterlinien mit häufiger Parallelführung, gewährleistet andererseits aber auch eine gute Anbindung der Gebiete mit direkten Wegen in die Innenstadt.
- Das Netz wies überwiegend Halbmesserlinien auf, die in der Innenstadt enden. Dies führt dort zu Linienüberlagerungen mit betrieblichem Mehraufwand, starken Belastungen der Straßen und einem Umsteigezwang bei Fahrten in jeweils gegenüber liegende Randgebiete.
- Die Haltestellen lagen teilweise ungünstig zu den Nutzungsschwerpunkten,
- Viele Linien waren – vor allem in der Innenstadt – in Richtung und Gegenrichtung auf unterschiedlichen Straßen geführt. Dies erschwerte die Orientierung, zwang zu Umwegfahrten oder langen Wegen von und zur Haltestelle.
- Alle Linien werden in der Innenstadt auf Straßen mit starkem MIV geführt. Dadurch kam es zu gegenseitigen Behinderungen mit Fahrzeitverlängerungen für den ÖPNV.
- Ein großer Teil der Linien verkehrte in einem 6-, 12- und 15-Minuten Takt, der für Fahrgäste und Fahrer gleichermaßen zu schlecht merkbaren Abfahrtzeiten führt.

Aufgabe der Planung war es, diese Mängel zu beseitigen. Dazu dienten folgende Maßnahmen:

- Straffung des Liniennetzes,
- Verknüpfung der Halbmesserlinien zu Durchmesserlinien,
- Bessere Heranführung der Linien an die Nutzungsschwerpunkte,
- Führung von Richtung und Gegenrichtung auf demselben Straßenzug,
- Weitgehende Trennung von MIV und ÖPNV in der Innenstadt,
- Minimierung der haltestellenbezogenen Zugangswege und Wartezeiten,
- Minimierung des Umwegs bzw. der Umwegzeit.

Die Entwicklung der Maßnahmen erfolgte in einem doppelten Dialog: Ausgehend vom vorhandenen Zustand hat der Entwerfer im Dialog mit dem Rechner das Netz schrittweise soweit verbessert, bis er eine befriedigende Lösung gefunden hatte. Anschließend wurde diese Lösung von Vertretern der Stadtverwaltung und Interessenvertretern diskutiert entsprechend verändert. Nachstehend sind die Indikatorwerte für die endgültige Lösung wiedergegeben:

Tab. 5.5: Vergleich von Zielindikatoren

Stadtteil nach Entfernung vom Zentrum gruppiert	Einwohner	Zugangsweg in m		Wartezeit in min		Umwegfaktor	
		vorhan-den	zukünftig	vorhan-den	zukünftig	vorhan-den	zukünftig
Anspruchsniveau		*230*		*3,5*			
Wilten-Ost	4.511	217	+187	3,8	++2,7	1,53	1,43
Wilten-West	6.524	224	+187	2,4	—3,2	1,42	1,38
Westfriedhof	4.629	247	++198	5,0	+++2,3	1,62	1,58
St. Nikolaus	3.887	282	++228	3,5	++2,7	1,44	1,47
Dreiheiligen	2.107	213	203	2,3	-2,6	1,64	1,57
Anspruchsniveau		*250*		*5,0*			
Wilten-Süd	682	401	423	2,4	—4,0	1,58	1,64
Villen-Saggen	1.665	222	212	3,3	+++2,2	1,65	+1,35
Block-Saggen	5.560	295	+++205	2,7	—3,6	1,55	+1,40
Am Viadukt	1.474	256	+215	5,6	+4,9	1,57	1,64
Pradl-Nordwest	5.988	191	192	3,3	+2,8	1,62	1,57
Pradl-Nordost	3.830	228	234	5,3	+4,4	1,91	++1,41
Pradl-Südwest	1.984	331	++271	4,1	++3,0	1,87	+1,61
Pradl-Südost	5.213	310	+250	3,6	+3,2	1,60	1,50
Reichenau-West	3.593	184	-221	2,0	—3,8	1,42	1,43
Reichenau-Mitte	7.783	234	250	3,1	—5,0	1,57	1,44
Reichenau-Ost	4.061	224	205	2,8	—4,1	1,32	1,36
Neu-Arzl-West	2.967	212	187	3,6	+++2,6	1,38	1,39
Neu-Arzl-Ost	7.397	283	+++164	3,8	4,1	1,55	1,42
Höttinger Au-Ost	6.026	203	214	3,5	+2,9	1,76	1,61
Höttinger Au-West	6.534	265	250	5,9	+4,5	1,74	+1,48
Anspruchsniveau		*300*		*7,5*			
Hötting, Hungerburg	6.865	349	+300	9,4	+++6,1	2,07	1,98
Lohbachsiedlung	4.117	241	245	3,5	—5,1	1,26	1,20
Sadrach	5.019	239	214	5,7	—7,2	1,61	1,55
Mühlau	2.342	304	288	4,1	—4,7	1,41	+1,18
Anspruchsniveau		*350*		*10,0*			
Arzl	3.815	393	+328	3,9	—5,0	1,46	1,33
Siglanger	931	130	++100	14,7	+++10,0	1,27	1,20
Wiltenberg	1.064	397	+331	9,4	10,0	1,40	1,25
Amras	4.430	366	+314	5,6	+++3,9	1,55	+1,41
Kranebitten	1.245	191	+170	15,0	+++10,0	1,22	1,24
Vill	584	40	+++20	15,0	+++10,0	1,88	+1,56
Igls	2.038	245	+221	15,0	+++10,0	1,78	+1,52
insgesamt / im Mittel	118.847	260	+227	4,6	+4,3	1,58	1,48

+/–   Verbesserung/Verschlechterung um 10 bis 20%
++/——   Verbesserung/Verschlechterung um 20 bis 30%
+++/——   Verbesserung/Verschlechterung um über 30%
unterstrichen: Werte unterschreiten das Anspruchsniveau

Die Daten sind folgendermaßen zu interpretieren:

• Die Anspruchsniveaus für den Zugangsweg und die Wartezeit sind willkürlich gesetzte Werte. Sie sind in der Weise differenziert, dass sie von innen nach außen niedriger werden. Dies erscheint gerechtfertigt, wenn man sie auf die zunehmende Beförderungszeit bezieht. Durch die Straffung des Netzes werden die Umwege i.a. größer und durch die direkte Führung kleiner. Beim Umwegfaktor wurde auf die Angabe eines Anspruchsniveaus verzichtet. Hier interessieren vor allem die Abweichungen vom Mittelwert.

• Unterstrichene Daten, die +-Zeichen aufweisen, liegen zwar außerhalb des Anspruchsniveaus, stellen aber dennoch eine Verbesserung gegenüber dem heutigen Zustand dar. Daten mit -Zeichen ohne Unterstreichung bedeuten zwar eine Verschlechterung, erfüllen aber noch den gesetzten Anspruch.

5.3.9 Überwachung der Funktionsfähigkeit der Netze

Da die Verkehrsnachfrage vielfältigen Einflüssen unterworfen ist, sollte regelmäßig überprüft werden, ob die Verkehrsnachfrage in ihren Verkehrsbeziehungen und ihrem Umfang mit der Netzform und der Netzleistung noch im Einklang steht.

Hierzu ist es erforderlich, die Verkehrsnachfrage kontinuierlich zu erfassen. Dies kann im Hinblick auf die Besetzung der verschiedenen Kurse mit Hilfe von automatischen Zähleinrichtungen in den Fahrzeugen (Lichtschranken, Trittstufen, Infrarotsensoren) geschehen. Eine kontinuierliche, unmittelbare Erfassung der Verkehrsbeziehungen ist demgegenüber nicht möglich. Verkehrsbeziehungen müssen nach wie vor durch Befragungen erhoben werden, und dies ist, wenn es kontinuierlich geschehen soll, zu teuer. Es gibt heute aber Verfahren, die es ermöglichen, die Verkehrsbeziehungen aufgrund von Querschnittsbelastungen abzuschätzen (vgl. PLOSS, 1993). Zukünftige Ticketsysteme liefern unmittelbar die Verkehrsbeziehungen.

Für die Ermittlung der Fahrzeugbesetzung reichen Stichprobenerhebungen aus. Dabei werden die Fahrzeuge, die mit entsprechenden Zählvorrichtungen ausgerüstet sind, nach einem Stichprobenplan auf den verschiedenen Kursen eingesetzt. Der erforderliche Stichprobenumfang kann nicht allgemeingültig angegeben werden, weil er vom Ausmaß der Belastungsschwankungen abhängt.

Bei größeren Veränderungen der Verkehrsnachfrage müssen Netzform und Netzleistung daraufhin geprüft werden, ob sämtliche Teile des Netzes der Verkehrsnachfrage noch gerecht werden. Andernfalls müssen partielle Veränderungen des Netzes ins Auge gefasst werden. Dies gilt insbesondere, wenn verstärkte periodische Schwankungen auftreten oder sich ein Trend abzeichnet.

5.4 Entwurf von ÖPNV-Fahrplänen

5.4.1 Definitionen

Fahrspiel

Der Fahrtablauf des ÖPNV ist gekennzeichnet durch die Vorgänge

- Halten,
- Anfahren,
- Fahren,
- Abbremsen,
- Halten.

Diese Abfolge von Vorgängen wird als „Fahrspiel" bezeichnet:

Bild 5.15: Fahrspiel

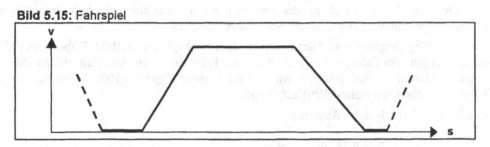

Diese Darstellung ist aus Vereinfachungsgründen abstrahiert und geht von konstanten Beschleunigungen und Verzögerungen aus. Im praktischen Fahrtablauf verändern sich diese Größen, so dass auch der Geschwindigkeitsverlauf nicht linear ist, sondern leicht s-förmig verläuft. Auch werden die Haltestellenaufenthalte weggelassen. Bei Schienenfahrzeugen wird der Motor aus Gründen der Energieeinsparung nach Erreichung einer Höchstgeschwindigkeit abgeschaltet und das Fahrzeug rollt. Dabei vermindert sich die Geschwindigkeit leicht aufgrund des geringen Rollwiderstandes.

Das Fahrspiel ist abhängig von

- Fahreigenschaften des Fahrzeugs (Geschwindigkeit, Beschleunigung Verzögerung),
- Trassenverlauf des Fahrwegs (Kurven, Steigung),
- zulässiger Geschwindigkeit,
- Aufenthaltszeit an der Haltestelle.

Im ÖPNV ist zu unterscheiden zwischen

- Verkehrsmitteln, die von anderen Verkehrsmitteln unabhängig sind (Regionalbahn, S-Bahn, U-Bahn),
- Verkehrsmitteln, die in ihrem Fahrtablauf durch andere Verkehrsmittel beeinflusst werden (Straßenbahn, Bus); sie werden als „straßengebundener ÖPNV" bezeichnet.

Während bei den von anderen unabhängigen Verkehrsmitteln das Fahrspiel im wesentlichen durch die Haltestellenaufenthaltszeiten variiert, wirken beim straßengebundenen ÖPNV zusätzliche Einflüsse aus dem sonstigen Straßenverkehr auf das Fahrspiel ein. Diese Einflüsse stellen für den ÖPNV Störungen dar, die zusätzlich zur Varianz der Aufenthaltszeiten an den Haltestellen zu einer Varianz in der Fahrgeschwindigkeit bis hin zu Haltevorgängen außerhalb der Haltestellen führen.

Die mögliche Fahrgeschwindigkeit des straßengebundenen ÖPNV ist abhängig von folgenden Größen:

- Zulässiger Geschwindigkeit auf dem Straßenabschnitt,
- Verkehrsdichte des Straßenverkehrs,
- Einrichtungen zur Sicherung des Fahrwegs (z.B. Lichtsignalanlagen).

Fahrplan

Als Fahrt wird die Bewegung des Fahrzeugs zwischen einer Anfangs- und einer Endhaltestelle definiert. Der Fahrplan setzt sich aus der zeitlichen Abfolge der einzelnen Fahrten zusammen und enthält die zugehörigen Abfahrtszeiten an den Haltestellen.

In einem Zeit-Weg-Diagramm wird der Fahrplan als Bildfahrplan dargestellt. Dabei wird auf die genaue Wiedergabe des Fahrspiels verzichtet und die Fahrt zwischen zwei Haltestellen lediglich als Gerade (Differenz der Abfahrtszeiten an zwei aufeinander folgenden Haltestellen bezogen auf die Distanz zwischen den Haltestellen) aufgefasst.

Der Bildfahrplan hat folgendes Aussehen:

Bild 5.16: Bildfahrplan

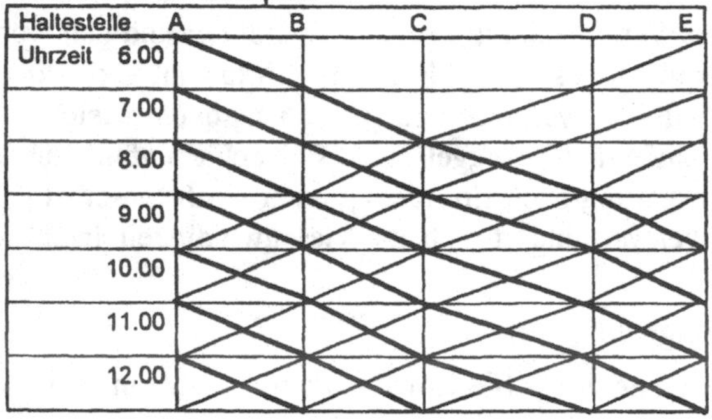

Er enthält folgende Informationen:

- Neigung der Fahrplantrasse ⇒ Geschwindigkeit,
- senkrechter Abstand zwischen den Schnittpunkten der Fahrplantrasse mit den Haltestellen ⇒ Fahrzeit zwischen den Haltestellen (einschl. Haltezeit),
- Zuordnung der Fahrplantrassen zur Uhrzeit ⇒ Abfahrtzeit an den Haltestellen,
- senkrechter Abstand zwischen zwei Fahrplantrassen derselben Linie ⇒ Fahrtenfolgezeit auf der Linie,
- Anzahl der Fahrplantrassen pro Zeiteinheit (z.B. Stunde) ⇒ Fahrtenhäufigkeit.

Bei der Verknüpfung von Fahrplantrassen kommt es zu folgenden Abhängigkeiten:

- Zwischen den Fahrten der beiden Richtungen einer Linie (Hin- und Rückfahrt) ergibt sich eine zeitliche Bindung dadurch, dass ein Fahrzeug nach Erreichen der Endhaltestelle wendet und zur Anfangshaltestelle zurückfährt:

Bild 5.17: Verknüpfung von Hin- und Rückfahrt

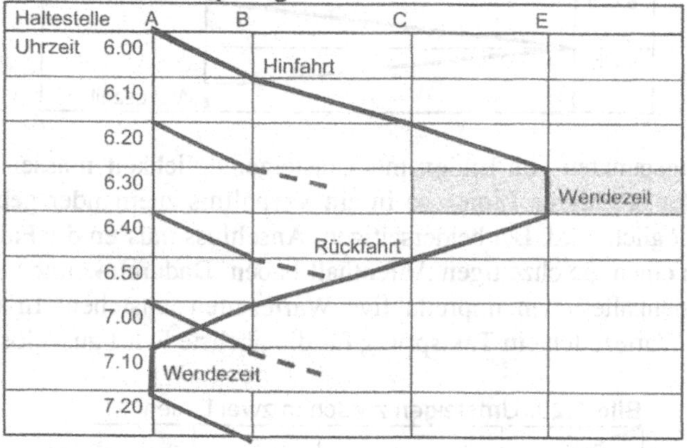

Haltestelle	A	B	C	E
Uhrzeit 6.00		Hinfahrt		
6.10				
6.20				
6.30				Wendezeit
6.40		Rückfahrt		
6.50				
7.00				
7.10	Wendezeit			
7.20				

- Zwischen den aufeinanderfolgenden Fahrten einer Linie besteht häufig ein Zeittakt. Eine Wiederabfahrt an der Anfangshaltestelle kann deshalb meist nicht unmittelbar nach Ablauf der Wendezeit erfolgen, sondern erst nach Ablauf der Taktzeit. Dadurch ergibt sich zusätzlich zur Wendezeit eine Wartezeit:

Bild 5.18: Folge von Hin- und Rückfahrten bei Taktbetrieb

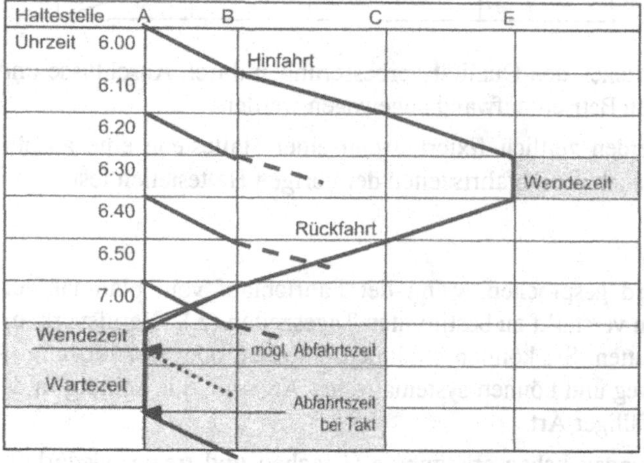

Haltestelle	A	B	C	E
Uhrzeit 6.00		Hinfahrt		
6.10				
6.20				
6.30				Wendezeit
6.40		Rückfahrt		
6.50				
7.00				
Wendezeit		mögl. Abfahrtszeit		
Wartezeit		Abfahrtszeit bei Takt		

Wartezeiten treten weniger bei den kurzen Taktzeiten innerhalb von Großstädten als bei langen Taktzeiten in Kleinstädten und im ländlichen Raum auf. Solche Wartezeiten verursachen unproduktive Zeiten im Fahrzeug- und Fahrereinsatz. Deshalb muss zwischen Taktbetrieb und einem dadurch ggf. ausgelösten erhöhten Betriebsaufwand abgewogen werden.

● Zwischen Fahrzeit, Takt und Linienlänge besteht eine gegenseitige Abhängigkeit. Aus dem Ziel, unproduktive Wartezeiten zu vermeiden, ergibt sich eine optimale Linienlänge:

Bild 5.19: Optimale Linienlänge

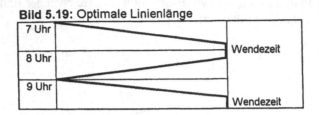

● An Verknüpfungspunkten von Linien mit Umsteigemöglichkeit müssen die Ankunfts- und Abfahrtzeiten der beteiligten Linien so in ein Verhältnis zueinander gebracht werden, dass ein Übergang möglich wird. Bei beiderseitigem Anschluss müssen die Fahrzeuge an der Umsteigehaltestelle einen gleichzeitigen Aufenthalt haben. Dadurch können an den Linienenden oder an Zwischenhaltestellen unproduktive Wartezeiten entstehen. In ungünstigen Fällen kann durch die Wartezeiten ein Taktsprung für die nächste Fahrt ausgelöst werden.

Bild 5.20: Umsteigen zwischen zwei Linien

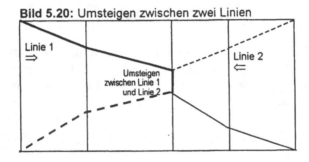

Auch hier muss zwischen den Qualitätsverbesserungen durch Anschlüsse und dem dadurch ggf. verursachten höheren Betriebsaufwand abgewogen werden.

Fahrplantrassen werden zeitlich fixiert, wenn einer Haltestelle eine absolute Zeit zugeordnet wird. Damit liegen auch die Abfahrtszeiten der übrigen Haltestellen fest.

Störungen

Von Störungen wird gesprochen, wenn der Fahrtablauf vom planmäßigen Ablauf abweicht. Störungen entstehen verstärkt zu bestimmten Tageszeiten (z.B. Berufsverkehr) und auf bestimmten Streckenabschnitten. Sie können punktuell auftreten oder linienförmig über eine bestimmte Streckenlänge hinweg und können systematischer Art sein, d.h. ständig in derselben Weise wiederkehren, oder zufälliger Art.

Systematische Störungen haben erkennbare Ursachen und treten wiederholt in derselben Ausprägung auf. Die Einordnung einer Störung als systematisch hängt davon ab, ob der Betrachter detaillierte Analysen anstellt und die Störungsursachen sowie die Wirkungsmechanismen erkennt. Andernfalls wird er sie als zufällig bezeichnen. Je mehr Systematik in den Störungen aufgedeckt wird, um so größer wird der Anteil systematischer Störungen und um so kleiner der verbleibende Anteil der zufälligen Störungen. Die Abgrenzung zwischen diesen beiden Störungsarten ist demgemäss subjektiv und nicht eindeutig.

Die Störungen zeigen folgendes Bild:

Bild 5.21: Erscheinungsbild von Störungen

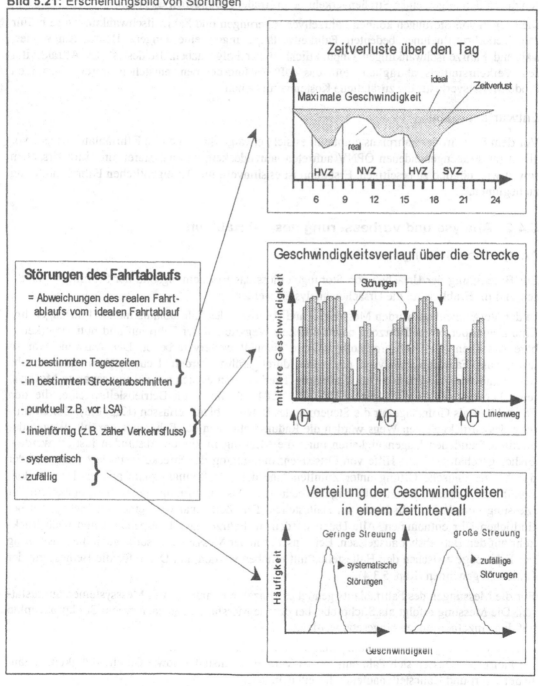

Ursachen von Störungen können systemimmanente Vorgänge sein (Fahrzeugdefekt, Fahrwegdefekt, unplanmäßige Fahrweise) oder von außen auf das System einwirkende Vorgänge (Störungen durch den allgemeinen Straßenverkehr beim straßengebundenen ÖPNV).

Die Folgen von Störungen können Fahrzeitverlängerungen und Fahrzeitschwankungen sein. Für den Verkehrsteilnehmer bedeuten Fahrzeitverlängerungen eine längere Beförderungsdauer, während Fahrzeitschwankungen Unpünktlichkeit zur Folge haben. Beides ist der Attraktivität des Verkehrsmittels abträglich. Für das ÖPNV-Unternehmen entstehen durch Störungen Produktivitätsverluste, die zusätzliche Kosten verursachen.

Entwurfsaufgabe

Vor dem Entwurf des Fahrplans empfiehlt es sich, etwaige Störungen im Fahrtablauf, wie sie vor allem im straßengebundenen ÖPNV auftreten, aufzudecken, zu analysieren und ihre Ursachen soweit wie möglich zu beseitigen. Erst dann ist es sinnvoll, mit der eigentlichen Fahrplanbildung zu beginnen.

5.4.2 Analyse und Verbesserung des Fahrtablaufs

Analyse von Störungsursachen

Zur Beseitigung der Ursachen von Störungen muss das Erscheinungsbild der Störungen gemessen und im Hinblick auf die Ursachen analysiert werden.

In der Vergangenheit wurden Messungen und Analysen des Fahrtablaufs manuell durchgeführt. Eine Begleitperson im Fahrzeug nahm den Zeit-Weg-Ablauf der Fahrt auf und notierte erkennbare Ursachen. Die Messprotokolle wurden manuell weiterverarbeitet. Der Aufwand war so hoch, dass Fahrtablaufanalysen nur selten durchgeführt wurden. Heute stehen automatische Mess- und Analyseverfahren zur Verfügung. Hierbei kann es sich sowohl um separate Messsysteme handeln (KELLERMANN, SCHENK, 1984) als auch um Betriebsleitsysteme, die den Fahrtablauf als Grundlage für die Steuerung des Betriebsablaufs erfassen (Kap. 6.3). Zur Ermittlung des zurückgelegten Wegs werden die Radumdrehungen des Fahrzeugs gezählt. Wegen der damit verbundenen Ungenauigkeiten muss die Messung in kurzen Abständen justiert werden. Bisher geschah dies mit Hilfe von Ortsbaken, die entlang der Strecke installiert wurden, oder durch eine logische Ortung unter Zuhilfenahme der Türöffnungssignale an den Haltestellen. Zukünftig wird man hierzu GPS-Signale benutzen. Das Türöffnungssignal dient außerdem der Messung von Aufenthaltsdauern an Haltestellen. Das Zeitsignal wird einer im Meßsystem befindlichen Uhr entnommen. Alle Daten werden im Fahrzeuggerät gespeichert und nach Rückkehr auf den Betriebshof ausgelesen. Bei Einsatz solcher Messsysteme sollte auch die Auslastung der Fahrzeuge zwischen den Haltestellen mit erhoben werden, um Daten für die Bemessung der Linien zu gewinnen (Kap. 5.3.4).

Für die Messungen des Fahrtablaufs genügt es, einzelne Fahrzeuge mit Messsystemen auszustatten. Die Messung erfolgt als Stichprobe, bei der die Messfahrzeuge nach einem Stichprobenplan auf den einzelnen Linien eingesetzt werden.

Bei der Erfassung des Fahrtablaufs werden Fahrtprofile über die Strecke ermittelt. Anhand dieser Fahrprofile lassen sich Fahrzeit-Soll-Ist-Vergleiche anstellen sowie Geschwindigkeitsverläufe der Fahrt und Haltestellenaufenthaltszeiten angeben:

Bild 5.22: Zeitverluste über den Linienweg

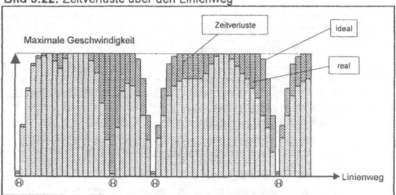

Bild 5.23: Geschwindigkeits-Weg-Diagramm

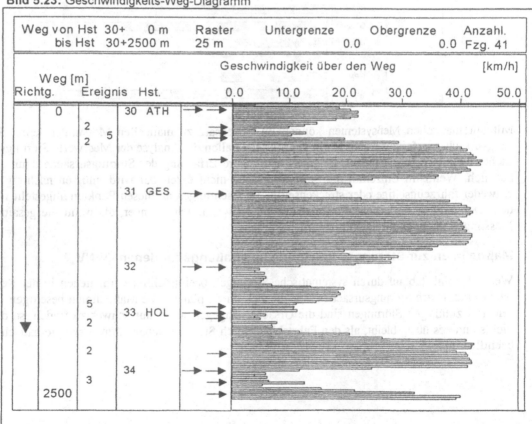

Bild 5.24: Türöffnungsdauern

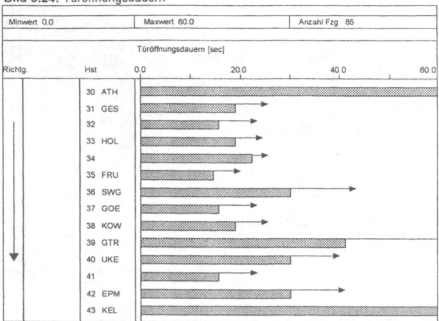

Mit automatischen Meßsystemen können im Gegensatz zu manuellen Messungen keine Störungsursachen erfasst werden. Da in den meisten Fällen die Analyse der Messwerte Störungsursachen bereits deutlich macht, ist eine unmittelbare Erfassung der Störungsursache dann entbehrlich. Wenn im Einzelfall die Störungsursache nicht erkennbar wird, müssen nachträglich entweder fahrzeugseitige oder streckenseitige Beobachtungen an diesen Punkten angestellt werden. Der dafür erforderliche Personalaufwand ist wesentlich geringer, als wenn die gesamten Messungen manuell durchgeführt werden würden.

Maßnahmen zur Störungsvermeidung im straßengebundenen ÖPNV

Wenn der Fahrtablauf durch systematische Störungen beeinträchtigt wird, liegen in der Regel leicht erkennbare Störungsursachen vor, die sich durch planerische Maßnahmen beseitigen lassen. Bei zufälligen Störungen sind die Ursachen dagegen meist nur schwer zu finden, so dass nichts anderes übrig bleibt, als den Fahrtablauf durch Steuerungsmaßnahmen symptomatisch zu beeinflussen.

Nachfolgend sind Maßnahmen zur Störungsvermeidung dargestellt:

Bild 5.25: Maßnahmen zur Störungsvermeidung

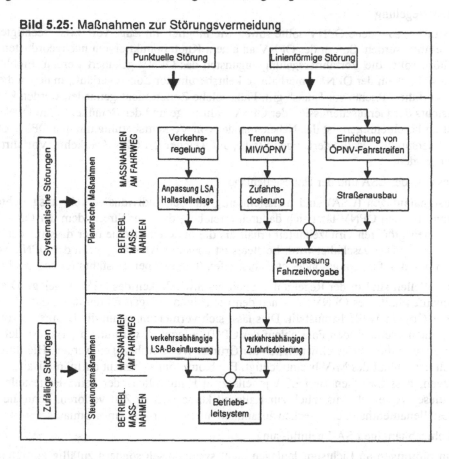

Die Maßnahmen sind in der Senkrechten nach ihrer sachlogischen Reihenfolge und in der Waagerechten nach den Kosten geordnet.

Maßnahmen zur Beseitigung systematischer Störungen fördern vorrangig die Schnelligkeit und Maßnahmen zur Verminderung zufälliger Störungen die Zuverlässigkeit.

Vor einem Einsatz von Steuerungsmaßnahmen sollte zunächst versucht werden, die Ursachen der systematischen Störungen herauszufinden und sie durch planerische Maßnahmen zu beseitigen. Dabei sollte mit Maßnahmen am Fahrweg begonnen werden. Die Realisierung solcher Maßnahmen stößt aber oft an Grenzen der Durchsetzbarkeit und der Finanzierbarkeit. Wenn das mögliche Verbesserungspotential am Fahrweg ausgeschöpft ist, müssen die Fahrzeitvorgaben an die Randbedingungen des Fahrtablaufs angepasst werden, denn unrealistische Fahrzeitvorgaben sind häufig ebenfalls Ursache von Störungen. Sofern danach noch systematische Störungen verbleiben, muss ebenso wie bei den zufälligen Störungen zu Steuerungsmaßnahmen gegriffen werden.

Die Maßnahmen zur Beseitigung von Störungen haben folgende Ausprägungen:

- Verkehrsregelung

  Der straßengebundene ÖPNV sollte soweit wie möglich im Zuge vorfahrtsberechtigter Straßen geführt werden. Sofern der ÖPNV an einem Knotenpunkt einem nachgeordneten Strom angehört, sollte die Vorfahrtsregelung zugunsten des ÖPNV geändert werden. Probleme ergeben sich, wenn der ÖPNV innerhalb verkehrsberuhigter Zonen verläuft, in denen die generelle Vorfahrt "Rechts vor Links" gilt. Falls solche Zonen nicht gemieden werden können – angesichts der Geräuschemission der ÖPNV-Fahrzeuge und des Bemühens, den ÖPNV möglichst zu beschleunigen, ist das Nebeneinander von Verkehrsberuhigung und ÖPNV ohnehin ein Widerspruch –, sollte derjenigen Straße, auf welcher der ÖPNV verkehrt, Vorfahrt eingeräumt werden.

- Anpassung der LSA und der Haltestellenlage

  Lichtsignalanlagen (LSA) sind meist einseitig auf den Individualverkehr ausgerichtet. Ein Vorrang für den ÖPNV lässt sich dadurch erreichen, dass der Strom, dem der ÖPNV angehört, einen größeren Grünzeitanteil erhält als die anderen Ströme oder dass für den ÖPNV eine Sonderphase geschaltet wird. Letzteres ist aber nur wirksam, wenn der ÖPNV vor dem Knotenpunkt auf einem gesonderten Fahrstreifen (Gleiskörper, Busfahrstreifen) geführt wird.

  Grüne Wellen sind in der Regel auf die Fahrgeschwindigkeit des MIV ausgelegt. Die Haltestellenaufenthalte des ÖPNV zwischen den Lichtsignalanlagen führen dazu, dass der ÖPNV aus der Grünen Welle herausfällt. Dies lässt sich vermeiden, wenn die Laufgeschwindigkeit der Grünen Welle an den Fahrtablauf des ÖPNV angepasst wird und die Haltestellenaufenthaltszeiten in die Laufgeschwindigkeit der Grünen Welle einbezogen werden. Hierdurch wird jedoch der Ablauf des MIV beeinträchtigt. Ein Kompromiss besteht darin, die Haltestellen so zu legen, dass zwischen zwei LSA jeweils zwei Haltestellen oder keine Haltestelle liegen. Auf diese Weise geht zusätzlich zur Haltezeit keine weitere Zeit verloren, denn die beiden Haltestellenaufenthalte entsprechen zusammen in etwa der Zeit eines Umlaufs.

- Verkehrsabhängige LSA-Beeinflussung

  Wenn Störungen an Lichtsignalanlagen nicht systematisch sondern zufällig auftreten, muss in die Lichtsignalsteuerung verkehrsabhängig eingegriffen und die Grünzeit für den Strom, dem der ÖPNV angehört, verlängert werden. Wenn der ÖPNV keinen eigenen Fahrstreifen besitzt, muss die Verlängerung der Grünzeit solange wiederholt werden, bis das ÖPNV-Fahrzeug den Knotenpunkt passiert hat. In beiden Fällen sind eine Anmeldung und eine Abmeldung des ÖPNV-Fahrzeugs notwendig. Dies geschieht bei der Straßenbahn über Oberleitungskontakt und beim Bus über Funk. Die Grünzeit-Verlängerung des ÖPNV-Stroms kann in Umläufen, in denen kein ÖPNV-Fahrzeug vorhanden ist, durch mehr Grün für die anderen Ströme wieder kompensiert werden.

- Trennung zwischen MIV und ÖPNV

  Innerhalb des Straßennetzes sollte eine Trennung zwischen MIV und ÖPNV in der Weise angestrebt werden, dass die Hauptströme des MIV und der ÖPNV auf unterschiedlichen Straßen geführt werden. Dazu sollten die Straßen, die vom ÖPNV befahren werden, soweit wie möglich vom Durchgangsverkehr des MIV befreit werden.

- Zuflussdosierung

  Wenn bei Behinderungen des ÖPNV durch den allgemeinen Straßenverkehr eine Herausnahme des MIV aus dem betreffenden Streckenabschnitt nicht möglich ist, sollte versucht werden, den MIV zumindest zu reduzieren. Dies kann durch eine Zufahrtsdosierung am Anfang der Strecke mit Hilfe der Lichtsignalisierung geschehen. Dabei muss aber durch einen separaten ÖPNV-Fahrstreifen im Zulauf zu der Lichtsignalanlage sichergestellt werden, dass der ÖPNV nicht selber durch die Zuflussdosierung behindert wird.

  Die Zuflussdosierung kann auch verkehrsabhängig erfolgen. Sie wird nur dann aktiviert, wenn auf einem Streckenabschnitt der MIV so dicht ist, dass Behinderungen des ÖPNV durch den MIV befürchtet werden müssen.

- Einrichtung von ÖPNV-Fahrstreifen

  Ein ungestörter Fahrtablauf des ÖPNV entlang einer Strecke wird erreicht, wenn für den ÖPNV gesonderte Fahrstreifen eingerichtet werden. Oft fehlt es dafür aber am nötigen Platz. Die Einrichtung von ÖPNV-Fahrstreifen sollte nicht zu Lasten der Haltespuren am Straßenrand gehen (höchstens einseitig), weil sonst keine Andienung der straßenbegleitenden Nutzungen mehr möglich ist oder die Andienung von Fuß- oder Radweg aus erfolgen muss. Die Einrichtung von ÖPNV-Fahrstreifen zu Lasten des MIV ist jedoch nur bei einer hohen Frequenz des ÖPNV vertretbar. Bei einer geringen Frequenz sollte stattdessen versucht werden, durch eine Zuflussdosierung kurz vor Eintreffen des ÖPNV-Fahrzeugs einen zeitweiligen Quasi ÖPNV-Fahrstreifen zu schaffen.

- Straßenausbau

  Ein Straßenausbau ist i.a. die wirksamste Maßnahme. Er scheitert aber oft an den hohen Kosten und dem zu geringen Platz.

- Anpassung der Fahrzeiten

  Die Anpassung der im Fahrplan enthaltenen Fahrzeiten erfordert die Messung der realisierten Fahrzeiten einschließlich ihrer periodischen und zufälligen Schwankungen. Auf ein Verfahren zur Ableitung der vorzugebenden Fahrzeiten aus den realisierten Fahrzeiten wird in Kap. 5.4.5 näher eingegangen.

- Betriebsleitsystem

  Ein Betriebsleitsystem ist ein Instrument, um Störungen zu identifizieren und ihnen durch betriebliche Maßnahmen (z.B. Kurzwenden, Fahrt verkürzen, ohne Halt fahren) zu begegnen (Kap. 6.3). Die damit erreichbare Verbesserung des Betriebsablaufs kommt auch dem Fahrtablauf zugute.

Weitere Ausführungen über Maßnahmen zur Verbesserung des Fahrtablaufs im straßengebundenen ÖPNV finden sich bei ALBERS (1996).

DÜRR hat 2000 ein Verfahren entwickelt, bei dem die LSA-Beeinflussung und die Zuflussdosierung miteinander verknüpft werden. Dieses Verfahren ist auf linienförmige Strukturen ausgerichtet. Es eignet sich besonders für die Übergangsbereiche zwischen Außenstadt und Innenstadt, wo es durch Linienüberlagerungen bereits zu einer höheren Frequenz in der Fahrzeugfolge kommt und der Platz für die Einrichtung eigener Fahrstreifen in der Regel nicht vorhanden ist.

Die Konzeption der Steuerung besteht darin, dass für das ÖPNV-Fahrzeug im Straßenraum dynamisch eine elektronische Fahrstraße gebildet wird. Das ÖPNV-Fahrzeug wird nicht nur an den einzelnen Knotenpunkten berücksichtigt, sondern vorausschauend und in Prognose des zu erwartenden Fahrtablaufs in die Steuerungsentscheidungen für sämtliche in dem betreffenden Straßenabschnitt liegenden Lichtsignalanlagen mit einbezogen. Dazu wird das Fahrzeug vor der Einfahrt in den Steuerungsbereich detektiert. Um die Zufälligkeiten des Fahrtablaufs, z.B. die unterschiedlichen, von der Verkehrsnachfrage bestimmten Haltestellenaufenthalte, berücksichtigen zu können, werden die Detektion während der Durchfahrt durch den Streckenabschnitt ständig wiederholt und die Prognose des Fahrtablaufs ständig angepasst. Gesucht wird eine Einstellung der Lichtsignalanlagen, die unter Beachtung der Straßengeometrie und der Verknüpfung der einzelnen Signalphasen zu einem minimalen Zeitverlust führt, und zwar bei Einstellung eines vorzugebenden Verhältniswertes sowohl für den ÖPNV als auch für den MIV. Um die zeitlichen Anforderungen eines on-line-Betriebs erfüllen zu können, erfolgt die Suche nach der optimalen Lösung mit Hilfe genetischer Algorithmen.

Die Steuerungsaufgabe ist in dem nachfolgenden Zeit-Weg-Diagramm dargestellt:

Bild 5.26: Steuerungsaufgabe für die Erstellung eines elektronischen Fahrstreifens

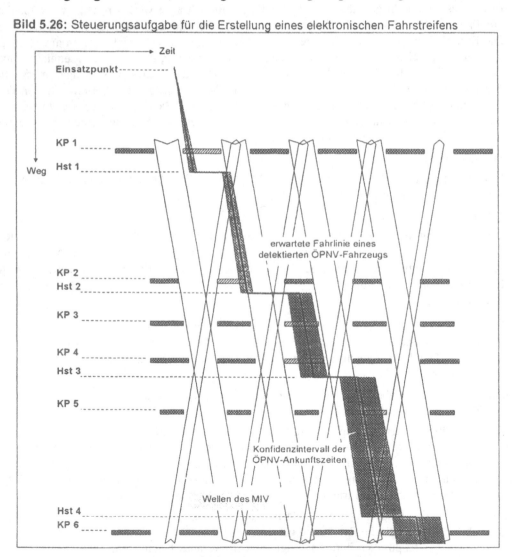

Die Maßnahmen zur Beseitigung der Ursachen systematischer Störungen und die Maßnahmen zur Reduzierung der Folgen zufälliger Störungen ermöglichen es, die Fahrzeiten zu verkürzen und die Zuverlässigkeit zu erhöhen. Dabei muss ein angemessenes Verhältnis zwischen Schnelligkeit und Zuverlässigkeit angestrebt werden.

5.4.3 Ziele und Arbeitsschritte des Fahrplanentwurfs

Die Entwurfsaufgabe besteht darin, für ein Liniennetz mit einer vorgegebenen Fahrtenfolge die Abfahrtszeiten an den Haltestellen festzulegen.

Beim Fahrplanentwurf sind folgende Zielkriterien maßgebend:

- Schnelligkeit,
- Zuverlässigkeit (Abfahrts- und Ankunftszeit, Anschlüsse),
- Umsteigemodalitäten (Umsteigewartezeit),
- Merkbarkeit der Abfahrtszeiten (Zulässigkeit von Taktsprüngen),
- Betriebsaufwand (erforderliche Fahrzeuganzahl).

Zwischen den verschiedenen Zielen bestehen Zielkonflikte: Je stärker die realisierten Fahrzeiten ausgereizt werden, desto weniger Puffer bleibt für den Ausgleich von Störungen und umgekehrt. Ebenso kann die Merkbarkeit der Abfahrtszeiten in Form des Taktbetriebs zu einer Erhöhung des Betriebsaufwandes führen. Ausgangspunkt einer Fahrplanoptimierung sind die Zulässigkeit von Taktsprüngen (s. unten) sowie die angestrebte Zuverlässigkeit. Die erreichbaren Zielerfüllungsgrade der übrigen Ziele hängen dann von diesen Vorgaben ab.

Eingangsgrößen für den Entwurf des Fahrplans sind

- Entwurfsziele,
- Liniennetz mit der Folge der Haltestellen (Kap. 5.3.5),
- Umsteigebeziehungen an definierten Umsteigehaltestellen (Kap. 5.3.4),
- Fahrtenfolgezeiten auf den Linien (Kap. 5.3.6),
- Maßnahmen zur Verbesserung des Fahrtablaufs (s. Kap. 5.4.2).

Der Entwurf des Fahrplans läuft in folgenden Schritten ab:

1. Beschreibung des Fahrplans,
2. Ermittlung der realisierbaren Fahrzeiten,
3. Vorgabe von Fahrzeiten zwischen den Haltestellen,
4. zeitliche Verknüpfung des Netzes,
5. Ermittlung der Wirkungen der Maßnahmen,
6. Bewertung der Wirkungen.

Wenn der Fahrplan die Ziele nicht hinreichend erfüllt, muss in die Arbeitsschritte 3 und 4 zurückgesprungen werden.

Die rechentechnische Abbildung des Fahrplans baut auf der Abbildung des Liniennetzes auf: Die Linienabschnitte zwischen den Haltestellen werden mit zusätzlichen Attributen belegt (Fahrzeit, Abfahrtszeit an den Haltestellen, vorhandene bzw. geforderte Zuverlässigkeit).

5.4.4 Ermittlung der realisierbaren Fahrzeiten

Als Fahrzeit zwischen zwei Haltestellen wird die Zeitdifferenz zwischen der Abfahrt an der ersten Haltestelle und der Abfahrt an der zweiten Haltestelle einschließlich der Haltezeit an der zweiten Haltestelle definiert. Die realisierbaren Fahrzeiten lassen sich nicht synthetisch ermitteln, sondern müssen aus realisierten Fahrzeiten abgeleitet werden. Die realisierten Fahrzeiten müssen gemessen werden, denn sie unterliegen nicht exakt vorhersehbaren Einflüssen aus Ein- und Aussteigevorgängen sowie beim straßengebundenen ÖPNV zusätzlich aus Behinderungen durch den allgemeinen Straßenverkehr. Für die Messung der realisierten Fahrzeiten werden dieselben Messsysteme benutzt wie bei der Aufdeckung und Analyse von Störungen des Fahrtablaufs (Kap. 5.4.2).

Die realisierten Fahrzeiten sind abhängig von den Sollfahrzeiten. Bei zu langen Fahrzeitvorgaben kommt es zu Wartezeiten an den Haltestellen oder zu bewusstem Langsamfahren, so dass systematische Fehler entstehen. Je weiter bei der Festlegung veränderter Sollfahrzeiten von der vorhandenen Sollfahrzeit abgewichen wird, um so weniger passt die gemessene Häufigkeitsverteilung zu der neuen Sollfahrzeit. Dies erkennt man an der Häufigkeitsverteilung: Es müssen genauso viele realisierte Fahrzeiten oberhalb der Soll-Fahrzeit liegen, wie es der vorzugebenden Sicherheitswahrscheinlichkeit für die Einhaltung der Soll-Fahrzeit entspricht. Bei einer geringeren Überschreitung ist die Soll-Fahrzeit zu lang und bei einer stärkeren Überschreitung zu kurz. Bei erheblichen Veränderungen der Sollfahrzeiten empfiehlt es sich, nach Umstellung des Fahrplans eine Nachmessung vorzunehmen. In den folgenden Ausführungen wird davon ausgegangen, dass die realisierten Fahrzeiten den realisierbaren entsprechen, und es wird nur noch von realisierten Fahrzeiten gesprochen.

Heute werden Fahrzeiten i.a. anhand einzelner Probefahrten ermittelt. Dadurch bleiben die Streuungen weitgehend unberücksichtigt. Im Laufe der Zeit werden die Fahrzeiten aufgrund der Betriebserfahrungen korrigiert. Häufig kommt es vor, dass Fahrzeitvorgaben auf Wunsch des Betriebsrates verlängert werden, weil die Fahrer über Verspätungen und nichteingehaltene Pausen klagen. Da umgekehrt entsprechende Verkürzungen der Fahrzeitvorgaben sehr selten sind, entwickelt sich ein Trend zu ständiger Verlängerung der vorgegebenen Fahrzeit. Ein solches Vorgehen ist unbefriedigend und sollte im Interesse einer genauen Erfassung der Streuungen durch automatische Messungen über längere Zeiträume ersetzt werden.

5.4.5 Vorgabe von Fahrzeiten zwischen den Haltestellen

Die realisierten Fahrzeiten sind vielfältigen Schwankungen unterworfen. Auffälligstes Merkmal sind die periodischen Schwankungen. Am deutlichsten treten die tageszeitlichen Schwankungen hervor, die durch die Bindung der Fahrtzwecke an bestimmte Tageszeiten verursacht werden. Hinzu kommen wochentägliche und jahreszeitliche Schwankungen als Folge unterschiedlicher Aktivitäten der Bevölkerung an den verschiedenen Wochentagen und zu den unterschiedlichen Jahreszeiten. Diese in ihrer Addition komplexe Periodik wird überlagert durch zufällige Schwankungen. Außerdem kommt es infolge der noch immer zunehmenden Motorisierung und von Verkehrsberuhigungsmaßnahmen zu einer generellen Zunahme der Verkehrsdichte auf den Hauptverkehrsstraßen, so dass auch die realisierbaren Fahrzeiten tendenziell länger werden.

Bislang tragen die Fahrzeitvorgaben diesen Schwankungen zu wenig Rechnung. Der Fahrtablauf im straßengebundenen ÖPNV wird meist noch wie bei den Schienenverkehrssystemen als deterministisch angesehen und die periodischen Schwankungen bei der Festlegung der Fahrzeitvorgaben werden nicht berücksichtigt. Als Begründung hierfür wird die leichtere Merkbarkeit gleichbleibender Minuten der Abfahrt für Fahrgast und Fahrer angeführt. Eine Verlängerung der Fahrzeitvorgaben im Berufsverkehr und eine Verkürzung in den verkehrsschwachen Zeiten, die den Verkehrsschwankungen zumindest teilweise Rechnung tragen würden, bilden eher die Ausnahme. Noch seltener werden die Fahrzeitvorgaben nach Lastrichtung und Gegenlastrichtung differenziert.

Die Kenntnisse über die Gesetzmäßigkeiten des Straßenverkehrs, die Anwendung von Methoden der mathematischen Statistik, die Möglichkeit, mit Hilfe automatischer Messverfahren die erforderlichen Daten bereitzustellen, sowie die Verfügbarkeit einer leistungsfähigen EDV für die Verarbeitung dieser Daten erlauben es, den Fahrplan im Hinblick auf Zuverlässigkeit und Produktivität zu verbessern.

Bei der Festlegung der Fahrzeitvorgaben müssen folgende Interessen berücksichtigt werden:

- Die Fahrgäste erwarten vom ÖPNV kurze Beförderungszeiten, hohe Pünktlichkeit und eine gute Merkbarkeit des Fahrplans.

- Der Betreiber fordert hohe Produktivität, hohe Zuverlässigkeit und – im Hinblick auf die Arbeit des Fahrers – ebenfalls eine gute Fahrplanmerkbarkeit.

Diese Interessen führen zu folgenden, teilweise gegenläufigen Zielen:

- Die Fahrzeiten sollen im Interesse einer hohen Beförderungsgeschwindigkeit und einer hohen Produktivität möglichst kurz und im Interesse einer hohen Zuverlässigkeit ausreichend lang bemessen sein.

- Die Fahrzeiten sollen im Interesse einer hohen Zuverlässigkeit möglichst gut an die tageszeitlichen Schwankungen der Verkehrsnachfrage und des Straßenverkehrs angepasst werden.

- Die Abfahrtzeiten sollen im Interesse einer guten Merkbarkeit des Fahrplans über möglichst lange Zeiträume des Tages gleiche Minuten aufweisen.

Wegen der Gegenläufigkeit dieser Ziele handelt es sich bei der Festlegung der Fahrzeitvorgaben um ein Optimierungsproblem. Der Entwerfer muss entscheiden, welches Gewicht er den einzelnen Zielen beimisst.

Die Zusammenhänge zwischen Merkbarkeit des Fahrplans, Zuverlässigkeit des Betriebs und Länge der Fahrzeit sind nachfolgend schematisch dargestellt. Die Darstellung geht zurück auf Arbeiten von HOLZ und KIRCHHOFF (1987).

Für das Beispiel des morgendlichen Berufsverkehrs sind jeweils die realisierten (gemessenen) Fahrzeiten aufgetragen. Diesen realisierten Fahrzeiten sind unterschiedliche Formen der Fahrzeitvorgabe gegenübergestellt:

Bild 5.273: Möglichkeiten der Fahrplanvorgabe

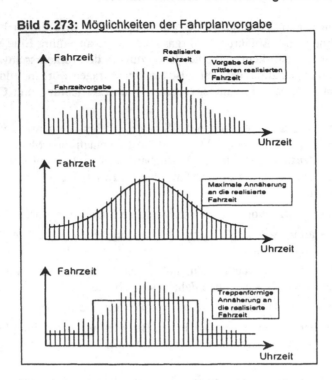

Im ersten Fall entspricht die Fahrzeitvorgabe dem Mittelwert der realisierten Fahrzeiten. Wegen der Konstanz der Fahrzeitvorgabe ist der Fahrplan leicht merkbar, die Fahrzeitvorgabe ist jedoch nicht an die Schwankungen der realisierten Fahrzeiten angepasst, so dass es zu starken Fahrplanabweichungen kommt: Innerhalb der Berufsverkehrsspitze sind die Fahrzeitvorgaben zu kurz und außerhalb der Berufsverkehrsspitze zu lang.

Im zweiten Fall sind die vorgegebenen Fahrzeiten bestmöglich an die realisierten Fahrzeiten angepasst. Damit werden zwar die jeweils kürzestmöglichen Fahrzeiten erreicht und die Abweichung zwischen Fahrzeitvorgabe und realisierter Fahrzeit minimiert. Ein Fahrplan mit ständig wechselnden Fahrzeitvorgaben ist aber im praktischen Betrieb weder vom Fahrer noch vom Fahrgast zu handhaben.

Im dritten Fall wird ein Kompromiss gesucht, bei dem die Fahrzeitvorgaben zwar zwischen verschiedenen Tageszeitbereichen unterschiedlich sind, innerhalb der Zeitbereiche aber konstant bleiben. Die durch einen solchen treppenförmigen Verlauf der Fahrzeitvorgabe erreichte Annäherung an die realisierten Fahrzeiten trägt den periodischen Schwankungen meist ausreichend Rechnung. Wenn der Wechsel der vorgegebenen Fahrzeiten an die tageszeitliche Ausprägung der Fahrtzwecke angepasst wird, ist auch das Problem der Fahrplanmerkbarkeit entschärft: Fahrgäste im Berufsverkehr brauchen sich morgens nur die Abfahrzeit zu Hause und nachmittags nur die Abfahrzeit an der Arbeitsstätte zu merken. Eine veränderte Abfahrzeit außerhalb der Berufsverkehrszeit betrifft sie nicht. Fahrten im Einkaufs- und Erledigungsverkehr beginnen meist erst nach Abschluss des morgendlichen Berufsverkehrs, so dass für diese Fahrgäste die Fahrzeiten im Berufsverkehr ohne Belang sind. Da sie nicht regelmäßig fahren und sich deshalb meist über den Fahrplan informieren müssen, spielt die Merkbarkeit des Fahrplans für diese Gruppe von Fahrgästen ohnehin eine geringere Rolle.

In der treppenförmigen Anpassung der Fahrzeitvorgaben an die realisierten Fahrzeiten, die sich am zeitlichen Auftreten der unterschiedlichen Fahrtzwecke ausrichten, wird ein Weg gesehen. wie die gegenläufigen Ziele der Fahrplanbildung am ehesten erfüllt werden können. Bei geringen Differenzen in den realisierbaren Fahrzeiten wird aus der treppenförmigen Annäherung ohnehin eine gleichbleibende Fahrzeitvorgabe.

Der Konflikt zwischen Produktivität und Pünktlichkeit lässt sich durch die Variation der Breite des Tageszeitbereichs konstanter Fahrzeitvorgabe und die Variation der in diesem Zeitraum geltenden Sollfahrzeit beeinflussen:

Bild 5.28: Berücksichtigung periodischer Schwankungen

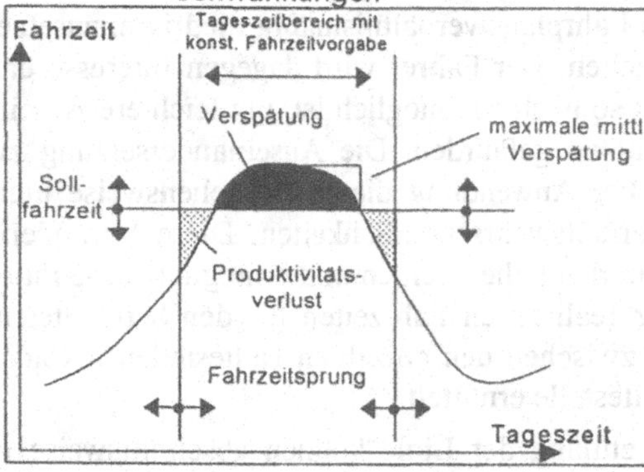

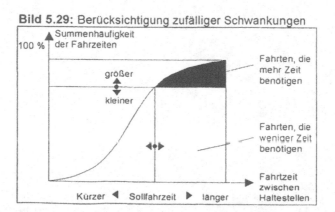

Durch eine Verringerung der Sollfahrzeit schrumpfen die Flächen des Produktivitätsverlustes und steigt die Fläche der Verspätung. Bei einer Erhöhung der Sollfahrzeit kehrt sich diese Tendenz um. Das Ausmaß der Produktivitätsverluste und Verspätungen kann verringert werden, wenn der Tageszeitbereich verkleinert wird. Dann nehmen jedoch die Probleme der Fahrplanhandhabbarkeit zu. Die Abgrenzung von Tageszeitbereichen und die Festlegung der jeweiligen Sollfahrzeit müssen deshalb in gegenseitiger Anpassung durchgeführt werden.

Bei der Festlegung der Sollfahrzeit für einen bestimmten Tageszeitbereich müssen neben den periodischen Schwankungen auch die zufälligen Schwankungen berücksichtigt werden. Für den gewählten Tageszeitbereich wird die Häufigkeitsverteilung der realisierten Fahrzeiten in Form der Summenhäufigkeit aufgetragen:

Bild 5.29: Berücksichtigung zufälliger Schwankungen

Für eine bestimmte Fahrzeitvorgabe, die auf der Abszisse markiert wird, lässt sich auf der Ordinate die Sicherheitswahrscheinlichkeit ablesen, mit der diese Fahrzeit eingehalten wird. Die horizontale Linie trennt die Fahrten, die weniger Zeit benötigen als die vorgegebene Zeit und damit einen Produktivitätsverlust bewirken, von den Fahrten, die mehr Zeit benötigen und damit Verspätungen hervorrufen. Anhand dieser Darstellung kann der Entwerfer sowohl die Auswirkung untersuchen, die unterschiedliche Fahrzeitvorgaben haben, als auch die Fahrzeitvorgabe bestimmen, die erforderlich ist, um eine bestimmte Sicherheitswahrscheinlichkeit für die Fahrplaneinhaltung zu gewährleisten. Aus dieser Sicherheitswahrscheinlichkeit lässt sich dann der Produktivitätsverlust ableiten.

Die Festlegung der Sollfahrzeit kann einen Zielkonflikt zwischen Verkehrsunternehmen und Fahrer hervorrufen: Das Verkehrsunternehmen wird versuchen, die Sicherheitswahrscheinlichkeit für die Einhaltung des Fahrplans verhältnismäßig niedrig anzusetzen, um eine ausreichend hohe Produktivität zu erreichen. Der Fahrer wird dagegen Interesse daran haben, dass die Sicherheitswahrscheinlichkeit so hoch wie möglich ist, um leichtere Arbeitsbedingungen vorzufinden und seine Pausen nicht zu gefährden. Die Auseinandersetzung zwischen Verkehrsunternehmen und Fahrer wird bei Anwendung dieser Vorgehensweise nicht mehr um Fahrzeiten geführt, sondern um Sicherheitswahrscheinlichkeiten. Diese Veränderung der Argumentation lässt das eigentliche Problem deutlicher werden und ermöglicht eine rationale Entscheidung.

Die Summenhäufigkeit der realisierten Fahrzeiten für den betrachteten Tageszeitbereich wird sowohl für die Fahrzeiten zwischen den einzelnen Haltestellen als auch für die Fahrzeit zwischen Anfangs- und Endhaltestelle ermittelt.

Für die Fahrzeitvorgaben entlang der Linie können abschnittsweise unterschiedliche Sicherheitswahrscheinlichkeiten verwendet werden: Für Fahrten ins Zentrum mit wichtigen Anschlüssen wird die Sicherheitswahrscheinlichkeit höher angesetzt als für die anschließende Fahrt nach außen ohne weitere Anschlüsse. Bei dieser abschnittsweisen Ermittlung der Soll-Fahrzeiten entsteht allerdings dadurch ein Fehler, dass einige Fahrzeuge an der Brechstelle eine Verspätung aufweisen und diese Verspätung auf die weitere Berechnung übertragen. Der Fehler ist um so geringer, je höher die Sicherheitswahrscheinlichkeit bis zur Brechstelle gewählt wird. Durch eine Überlagerung der Häufigkeitsverteilung für die am Brechpunkt verspätet abfahrenden Fahrzeuge mit den gemessenen Häufigkeitsverteilungen auf den nachfolgenden Abschnitten kann dieser Fehler korrigiert werden.

Um nach Erreichen der Endhaltestelle pünktlich in Gegenrichtung abfahren zu können, wird an der Endhaltestelle eine Pufferzeit für einen ggf. notwendigen Verspätungsausgleich vorgesehen.

Die Pufferzeit lässt sich auch darstellen als Differenz von Sicherheitswahrscheinlichkeiten für die Fahrt zwischen Anfangs- und Endhaltestelle:

Bild 5.30: Pufferzeit an der Endhaltestelle

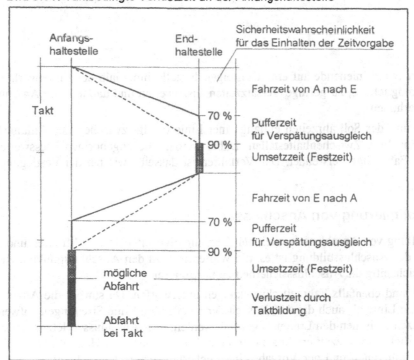

Wenn ein Taktfahrplan besteht, ergibt sich an der Anfangshaltestelle in der Regel eine taktbedingte Verlustzeit zwischen frühestmöglicher Wiederabfahrt und taktbedingter Wiederabfahrt:

Bild 5.31: Taktbedingte Verlustzeit an der Anfangshaltestelle

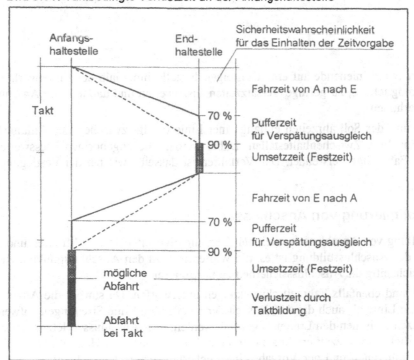

Diese Verlustzeit kann in unterschiedlicher Weise genutzt werden:

• Sie wird gleichmäßig auf beide Endhaltestellen verteilt und den entsprechenden Pufferzeiten zum Verspätungsausgleich zugeschlagen. Damit erhöht sich die Sicherheit für das pünktliche Wiederabfahren an einer Endhaltestelle:

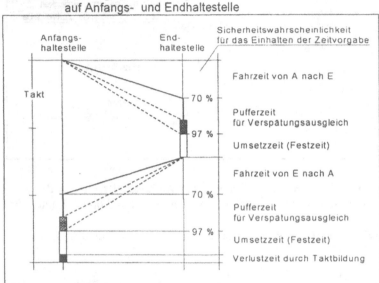

Bild 5.32: Aufteilung der taktbedingten Verlustzeit auf Anfangs- und Endhaltestelle

• Sie wird vom Linienende auf eine Umsteigehaltestelle innerhalb des Linienverlaufs verlegt. Dies ermöglicht es, zu geringe Versatzzeiten auszuweiten und dadurch die Anschlusssicherheit zu erhöhen.

Die Festlegung der Sollfahrzeiten entlang einer Linie erfolgt zwischen der Anfangshaltestelle und den einzelnen Zwischenhaltestellen. Dabei werden die zugehörigen Messwerte über die realisierten Fahrzeiten verwendet. Das Verfahren ist dasselbe wie bei der Festlegung der Umlaufzeit.

5.4.6 Optimierung von Anschlüssen

Die Herstellung von Anschlüssen spielt bei Fahrzeugfolgezeiten von 10 Minuten und mehr eine Rolle. Ziel der Anschlussbildung ist es, die Wartezeiten an den Anschlusspunkten zu minimieren und gleichzeitig die Anschlusssicherheit zu maximieren.

Anschlüsse sind ebenfalls Fahrzeitschwankungen unterworfen. Da sowohl die Ankunftszeit der zubringenden Linie als auch die Abfahrtszeit der abholenden Linie Streuungen aufweisen, muss die Versatzzeit zwischen den Linien so gewählt werden, dass Anschlussverletzungen selten sind. Die erforderliche Versatzzeit ergibt sich aus einer Überlagerung der Häufigkeitsverteilungen der realisierten Fahrzeiten und der Vorgabe einer Sicherheitswahrscheinlichkeit. Diese Versatzzeit ist gleich der Wartezeit der Fahrgäste an den Umsteigepunkten.

Diese Zusammenhänge sind nachfolgend dargestellt:

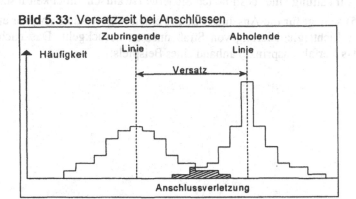

Bild 5.33: Versatzzeit bei Anschlüssen

In komplexen Netzen treten dreieckförmige Linienverknüpfungen auf, bei denen die Versatzzeiten nur an zwei Punkten frei wählbar sind:

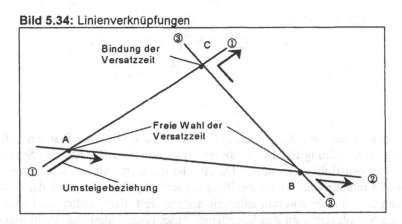

Bild 5.34: Linienverknüpfungen

In Abhängigkeit von den an den Punkten 1 und 2 gewählten Versatzzeiten liegt die Versatzzeit am dritten Punkt fest. In einem solchen Dreiecksverhältnis müssen die Versatzzeiten so gewählt werden, dass unter Berücksichtigung der Anzahl der Umsteiger ein Minimum an Wartezeiten für die Umsteiger insgesamt entsteht.

Bei der Festlegung der Versatzzeiten werden folgende Ziele verfolgt:

- Die Versatzzeiten sollten im Interesse kurzer Wartezeiten möglichst kurz und im Interesse einer hohen Zuverlässigkeit ausreichend lang sein.

- Die Versatzzeiten sollten im Interesse einer hohen Produktivität so gewählt werden, dass ein minimaler Fahrzeugeinsatz erforderlich ist.

Die Verfahren für die Anschlussbildung stecken noch in den Anfängen der Entwicklung. In der Forschungsliteratur finden sich deterministische und stochastische Ansätze. Bei den deterministischen Ansätzen wird versucht, gute bzw. schlechte Anschlüsse so über das Liniennetz zu verteilen, dass möglichst viele Umsteiger gute Anschlüsse vorfinden. Bei den Verfahren mit stochastischen Ansätzen wird zusätzlich versucht, die von Verspätungen und Verfrühungen der

Fahrzeuge herrührenden Einflüsse auf die Wartezeiten der Umsteiger zu berücksichtigen und die Anschlüsse unter Einhaltung einer bestimmten Sicherheitswahrscheinlichkeit festzulegen.

GÜNTHER (1985) schlägt für die Anschlussbildung einen Algorithmus vor, der auf das Transit-Verfahren bei der Lichtsignalisierung von Straßennetzen zurückgeht. Das nachfolgende Bild veranschaulicht das Verfahrensprinzip anhand eines Beispiels:

Bild 5.36: Ausgleichsverfahren für die Anschlussoptimierung

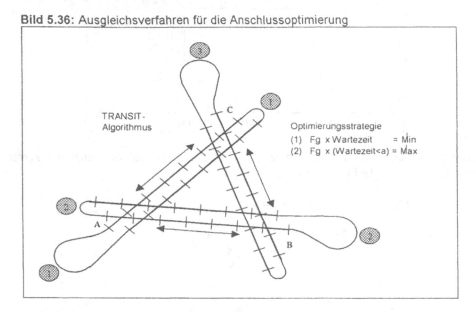

Die Fahrten in Richtung und Gegenrichtung einer Linie werden als Stangen aufgefasst, die durch Schlaufen (Darstellung für die Wendezeiten) verbunden sind. Auf den Stangen sind die Abfahrtszeiten an den Haltestellen durch Querstriche markiert. An den Kreuzungspunkten der Linien hat jede Linie Anschlüsse an die Richtung und die Gegenrichtung der anderen Linie. Verschiebt man eine Stange und hält dabei die anderen fest, dann stellen sich nach jeder Verschiebung neue Versatzzeiten an den betroffenen Anschlusspunkten ein. Multipliziert man die Versatzzeiten jeweils mit der Anzahl der dortigen Umsteiger, so ergibt sich die Gesamtwartezeit im Netz. In einem Iterationsprozess werden die Linien in der Reihenfolge ihrer Belastung abgearbeitet. Die "Stangen" werden dabei so lange hin- und hergeschoben, bis sich keine Verbesserungen bei den Gesamtwartezeiten im Netz mehr erzielen lassen. Wenn Stangen über die Schlaufenlänge hinaus verschoben werden, bedeutet dies eine Erhöhung der Anzahl der einzusetzenden Fahrzeuge.

Im Dialog mit dem Rechner kann der Entwerfer die Randbedingungen der Optimierung ändern. Er kann die Anzahl der benötigten Fahrzeuge offen lassen oder sie begrenzen und die Fahrzeiten zwischen den Haltestellen so modifizieren, dass bessere Anschlussbedingungen entstehen (eine längere Fahrzeit wird vom Fahrgast als weniger belastend angesehen als eine längere Wartezeit beim Umsteigen).

Die Berechnung kann sowohl unter der Annahme deterministischer Fahrzeiten (= Einhaltung der planmäßigen Fahrzeiten) als auch unter der Annahme stochastischer Fahrzeiten (= zufällige Schwankungen infolge von Störungen) durchgeführt werden.

Die Berechnung hat folgenden Ablauf:

Bild 5.36: Berechnungsablauf der Anschlussoptimierung

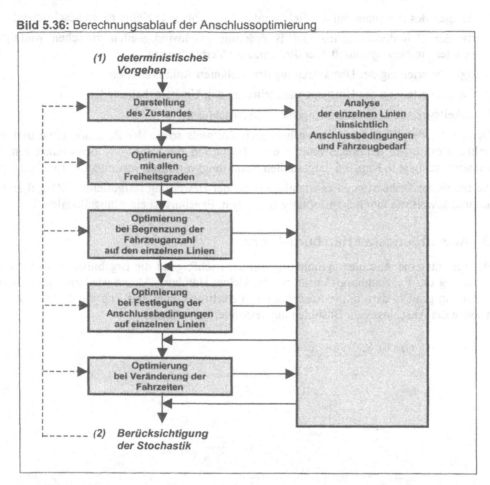

Beim Entwurf des Fahrplans ist darauf zu achten, dass die Versatzzeiten unter Einhaltung der vorn genannten Ziele ausreichend lang sind, damit ein Spielraum für die Anschlusssicherung besteht. Bei der Anschlusssicherung (Kap. 6.3) werden die abholenden Fahrzeuge solange aufgehalten, bis verspätete zubringende Fahrzeuge angekommen sind und der Umsteigevorgang abgeschlossen ist. Die aufgehaltenen Fahrzeuge erhalten dadurch selber Verspätung, die an nachfolgenden Umsteigehaltestellen wiederum zu einem Aufhaltevorgang gegenüber dem dort abholenden Fahrzeug führt. Diese gegenseitige Beeinflussungen ziehen ganze Netzteile in Mitleidenschaft. Der Prozess der fortlaufenden Verspätungsübertragung klingt um so eher ab, je größer die Spielräume in den Anschlüssen sind. Umgekehrt dürfen die Versatzzeiten nicht zu groß sein, weil es sonst zu langen Umsteigewartezeiten kommt.

5.4.7 Ermittlung und Bewertung der Wirkungen

Die Wirkungen des Fahrplans auf die Ziele werden durch folgende Kenngrößen beschrieben:

- Matrix der Beförderungszeiten und Beförderungsgeschwindigkeiten zwischen wichtigen Haltestellen im Netz, gemittelt über die benutzten Verbindungen,
- Häufigkeitsverteilung der Überschreitung der geplanten Ankunftszeiten,
- Häufigkeitsverteilung der Umsteigewartezeiten an den Umsteigehaltestellen,
- Häufigkeitsverteilung der nicht eingehaltenen Anschlüsse.

Die Bewertung der Wirkungen des vorhandenen Zustands sowie der Zustände ohne und mit Maßnahmen erfolgt in der Regel intuitiv unter Bezug auf die Kennwerte der Indikatoren. Es können aber auch die in Kap. 3.6 dargestellten Bewertungsverfahren verwendet werden.

Für die politische Diskussion ist es wichtig, die bei der Bewertung festgestellten Mängel zu benennen und soweit wie möglich quantitativ zu belegen. Ergebnis ist ein Mängelkatalog.

5.4.8 Anwendungsfall Hamburg-Altona

Als Beispiel für eine Anschlussoptimierung werden nachfolgend die Ergebnisse einer internen Untersuchung der Fa. Hamburg-Consult für das Gebiet Hamburg-Altona wiedergegeben. In der Untersuchung ging es darum, die Anschlüsse von Buslinien eines Bus-Zubringer-Netzes zur S-Bahn sowie die Anschlüsse der Buslinien untereinander zu optimieren:

Bild 5.37: Liniennetz des ÖPNV in Hamburg-Altona

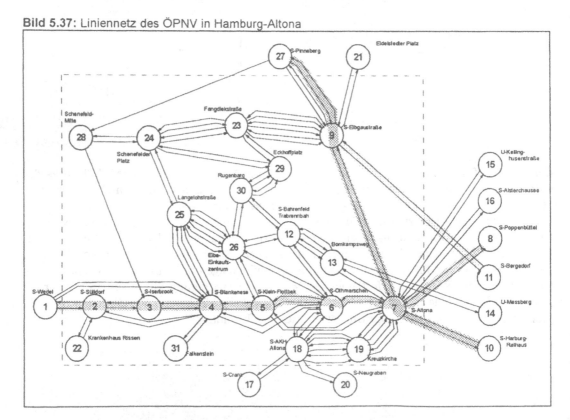

Die Ergebnisse sind in der nachfolgenden Tabelle zusammengefasst:

Tab. 5.6: Ergebnisse einer Anschlussoptimierung in Hamburg-Altona

Optimierungsstrategie: Maximiere die Anzahl der Fahrgäste mit Wartezeit < 5 min		Aus-gangs-situation	veränderbare Abfahrtszeiten der S-Bahn		gleichbleibende Abfahrtszeiten der S-Bahn	
			zusätzliche Busse möglich	gleichbleibende Busanzahl	zusätzliche Busse möglich	gleichbleibende Busanzahl
mittlere realisierbare Fahrzeiten	Gesamtwartezeit [min]	17.400	11.700	15.300	11.000	17.000
	Anteil Umsteiger <5 min	60%	90%	80%	81%	75%
	erf. Anzahl an Bussen	85	+2	–	–	–
Berücksichtigung zufälliger Schwankungen	Gesamtwartezeit [min]	19.600	14.500	16.400	15.300	17.100
	Anteil Umsteiger <5 min	54%	79%	75%	74%	69%
	erf. Anzahl an Bussen	85	+4	–	–	–
	Anschlusssicherheit	93%	96%	96%	95%	96%

Die Ergebnisse zeigen deutliche Verbesserungen gegenüber der Ausgangssituation. Sie sind am deutlichsten, wenn die Abfahrtszeiten der S-Bahn in die Optimierung mit einbezogen werden und zusätzliche Busse verfügbar sind. Die Optimierung unter Berücksichtigung zufälliger Schwankungen der realisierten Fahrzeiten ist erwartungsgemäß geringfügig schlechter als die Optimierung bei Mittelwerten.

5.4.9 Überwachung der Funktionsfähigkeit von Fahrplänen

Da die Fahrzeiten, insbesondere im straßengebundenen ÖPNV, Einflüssen unterworfen sind, die sich im Laufe der Zeit ändern können, sollte regelmäßig überprüft werden, ob die realisierten Fahrzeiten mit den Vorgaben im Fahrplan noch im Einklang stehen. Dies gilt in besonderem Maße, wenn die Fahrzeiten, wie hier vorgeschlagen, aufgrund wahrscheinlichkeitstheoretischer Überlegungen festgelegt werden und wenn knappe Übergangszeiten bei Anschlüssen bestehen. Hierzu ist es allerdings erforderlich, die realisierten Fahrzeiten kontinuierlich zu erfassen. Bei größeren Veränderungen der realisierten Fahrzeiten muss geprüft werden, ob der Fahrplan diesen Fahrzeiten noch gerecht wird. Andernfalls müssen Veränderungen des Fahrplans vorgenommen werden.

5.4.10 Einsatz von Fahrzeugen und Fahrern

Ziel der Einsatzplanung ist es, die im Fahrplan festgelegten Fahrten mit möglichst geringem Kostenaufwand zu erbringen. Dabei ist eine Vielzahl von Randbedingungen zu beachten: Erfüllung des Fahrplans, Einsatz unterschiedlicher Fahrzeugtypen, Einhaltung von Wartungsintervallen der Fahrzeuge, Einhaltung von Arbeitszeitbestimmungen für die Beschäftigung der Fahrer, Berücksichtigung sozialer Anforderungen an die Fahrerdienste sowie wirtschaftliche Erfordernisse.

Um die Komplexität, die mit der Fahrzeug- und Fahrereinsatzplanung verbunden ist, zu verringern, wird die Planungsaufgabe in einzelne Teilaufgaben zerlegt:

- Fahrzeugumlaufbildung,
- Dienstplanbildung (Bildung von Einzeldiensten),
- Dienstreihenfolgebildung.

Fahrzeugumlaufplan

Ziel der Fahrzeugumlaufbildung ist es, die Gesamtzahl der Fahrten eines Betriebstages den Fahrzeugen so zuzuordnen, dass eine minimale Anzahl an Fahrzeugen benötigt wird. Ein Maß für die Zielerreichung ist der Umlaufwirkungsgrad (= Verhältnis der Einsatzzeit für Nutzfahrten zur Gesamteinsatzzeit).

Ausgangspunkt der Fahrzeugumlaufbildung sind die Fahrten des Fahrplans. Sie sind gekennzeichnet durch Linie, Fahrtrichtung, Abfahrtszeit an der ersten Haltestelle der Linie und Fahrzeit bis zur Endhaltestelle. Zum Fahrplan gehören neben den veröffentlichten Fahrten auch Verstärkerfahrten in den Hauptverkehrszeiten, nicht veröffentlichte Fahrten im Schülerverkehr sowie teilweise Personalfahrten. Hinzu kommen Einsetz- und Aussetzfahrten sowie sonstige betrieblich notwendige Fahrten.

Wenn die Verkehrsnachfrage tageszeitlichen Schwankungen unterworfen ist und es sich um eine hochbelastete Linie handelt, wird die Fahrtenfolgezeit in der Regel tageszeitlich differenziert (Kap. 5.4.5). Eine häufige Differenzierung hat folgendes Aussehen:

- Hauptverkehrszeit: 5 Minuten,

- Normalverkehrszeit: 10 Minuten,

- Schwachverkehrszeit: 20 Minuten.

Bild 5.38: Verkehrsnachfrage und Anzahl der Fahrten/Std

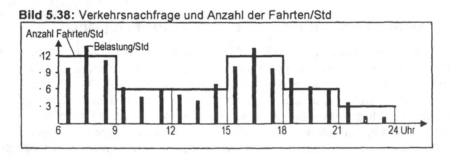

Fahrzeugumläufe ergeben sich durch Verknüpfung von Fahrten zu Fahrtenketten, die jeweils von einem Fahrzeug abgeleistet werden. Die Verknüpfung von Fahrten erfolgt über sogenannte Verknüpfungselemente.

Im einfachsten Fall werden Hinfahrten und Rückfahrten auf derselben Linie miteinander verknüpft. Das Verknüpfungselement besteht dann aus der Wendezeit an der Endhaltestelle. Die Wendezeit setzt sich zusammen aus:

- Pufferzeit für den Ausgleich etwaiger Verspätungen,

- Zeiten für
    - Aussteigen der Fahrgäste,
    - Änderung der Zielanzeige,
    - Umsetzen des Fahrzeuges von der Ankunftshaltestelle zur Abfahrtshaltestelle,
    - Einsteigen der neuen Fahrgäste,

- etwaiger Standzeit bis zum fahrplanmäßigen Zeitpunkt der Wiederabfahrt.

Die beiden ersten Zeiten bilden die notwendige Wendezeit; alle drei Zeiten zusammen bilden die vorhandene Wendezeit.

Den Verknüpfungselementen werden Kosten zugeordnet, z.B. Zeitkosten der Wendezeit. Die Bildung von Fahrtenketten erfolgt dann in der Weise, dass diese Kosten ein Minimum werden. Die Fahrtenkette bildet schließlich den Fahrzeugumlauf.

Der Fahrzeugumlaufplan setzt sich zusammen aus der Folge der Fahrzeiten von der Anfangshaltstelle zur Endhaltestelle und der Wendezeiten an den beiden Haltestellen. Hinzu kommt die Einsetzfahrt vom Betriebshof zur ersten zu bedienenden Haltestelle sowie die Aussetzfahrt von der letzten zu bedienenden Haltestelle zum Betriebshof:

Bild 5.39: Fahrzeugumlaufplan

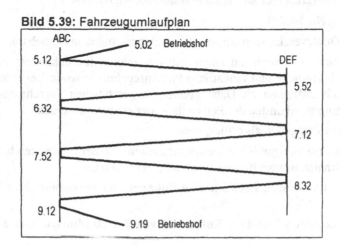

Wenn die Standzeit an der Endhaltestelle aufgrund von Zwängen des Fahrplans sehr lang wird, kann es günstiger sein, das Fahrzeug die Linie wechseln zu lassen und an die Fahrt auf der einen Linie eine Fahrt auf einer anderen Linie anzuschließen. Dabei kann die Endhaltestelle der einen Fahrt mit der Anfangshaltestelle der nächsten Fahrt identisch sein (z.B. an zentralen Busbahnhöfen oder Anschlusspunkten an S-Bahnen). Die beiden Haltestellen können aber auch räumlich voneinander getrennt sein, so dass zusätzlich eine Verbindungsfahrt erforderlich wird. Das Verknüpfungselement besteht dann zusätzlich aus dieser Verbindungsfahrt.

Dienstplan

Ziel der Dienstplanbildung ist es, die im Fahrzeugumlaufplan vorgegebenen Fahrten mit einem Minimum an Fahrern durchzuführen. Ein Maß für die Zielerreichung ist der Dienstplanwirkungsgrad (= Verhältnis zwischen der Gesamtdauer der Fahrzeugumläufe und der Gesamtdauer der Dienste).

Bestandteile eines Dienstes sind

- Aufrüstzeit,
- Lenkzeit,
- Ruhezeit (Pausenzeit),
- Abrüstzeit,
- Wegezeit.

Bei der Aufstellung der Dienstpläne müssen vielfältige gesetzliche und tarifliche Bestimmungen sowie Betriebsvereinbarungen und gewachsene Regelungen beachtet werden. In der Bundesrepublik Deutschland sind die Arbeitszeitbestimmungen für die Verkehrsunternehmen in folgenden Verordnungen festgelegt:

- Arbeitszeitverordnung (AZO),
- Straßenverkehrszulassungsordnung (StVZO),
- Bundesmanteltarifvertrag für kommunale Unternehmen (BMT-G),
- EG-Verordnung Nr. 543/69,
- Sonder- bzw. Zusatzvereinbarungen des Unternehmens mit dem Betriebsrat.

Aus diesen Arbeitszeitbestimmungen leiten sich u.a. maximale Lenkzeiten, maximale Dienstdauer, tägliche, wöchentliche und monatliche Pausenregelungen sowie Regelungen über Vorbereitungs- und Abschlussarbeiten ab. Dabei können die gesetzlichen Vorschriften durch betriebsinterne Vereinbarungen zugunsten des Personals weiter eingeengt werden.

Die Ruhezeitvorschriften gelten als erfüllt, wenn

- die Summe der planmäßigen Wendezeiten mindestens 1/6 der Lenkzeiten beträgt (Wendezeiten unter 10 Minuten werden hieraus nicht angerechnet) oder
- nach maximal 4,5 Stunden Lenkzeit eine Ruhezeit von mindestens 30 Minuten eingelegt wird,
- innerhalb der gesamten Dienstzeit Ruhezeiten von 2 x 20 Minuten oder 3 x 15 vorhanden sind.

Bei der Bildung von Diensten sind verschiedene Dienstarten zu unterscheiden. Es wird angestrebt, durchgehende Dienste zu bilden, die der täglichen Soll-Arbeitszeit möglichst nahe kommen. In Einzelfällen können auch abweichende Dienstdauern für Teilzeitkräfte und gesondert zu beschäftigendes Personal (z.B. Werkstattpersonal, Betriebsräte) erforderlich werden. Aufgrund der tageszeitlichen und wochentäglichen Schwankungen der Verkehrsnachfrage sind durchgehende Dienste jedoch nicht in allen Fällen möglich. In den Zeiten der Spitzenbelastung ergeben sich Dienste, die teilweise sehr kurz sind. Eine Reihe von Diensten setzt sich deshalb aus zwei oder mehreren Teildiensten mit einer längeren Unterbrechung zusammen. Sie dürfen in der Summe eine bestimmte Schichtdauer nicht überschreiten und müssen eine Unterbrechung aufweisen, die eine bestimmte Mindestlänge nicht unterschreitet (damit der Fahrer sie sinnvoll nutzen kann).

Da die tägliche Soll-Arbeitszeit des Fahrers in der Regel kürzer ist als die tägliche Einsatzzeit eines Fahrzeuges, müssen sich mehrere Fahrer im Laufe eines Betriebstages auf einem Fahrzeug ablösen. Dies erfordert ein Schneiden der Fahrzeugumläufe. Es erfolgt zweckmäßigerweise an den Linienendpunkten oder an möglichen Ablösepunkten auf der Strecke. Auf diese Weise entstehen Umlaufstücke, die gleichbedeutend mit Dienststücken sind. Sofern die Dienststücke nicht schon einen vollständigen Dienst darstellen, muss unter Beachtung der o.g. Zielsetzungen und Randbedingungen eine Verknüpfung der Dienststücke zu Diensten vorgenommen werden, die durch einen Fahrer an einem Arbeitstag abgeleistet werden können.

Nachfolgend ist ein Dienstplan dargestellt:

Tab. 5.7: Dienstplan

Plannummer: 6543					
Einsetzer					
Lin	Fz	um	von	nach	Pause
271	1	04.29	*	FAR	
		04.43	FAR	SFB	11
		05.13	SFB	TMB	24
		06.05	TMB	SFB	10
		06.52	SFB	TMB	07
		07.15	TMB	SFB	02
	2	07.35	SFB	TMB	20
		08.32	TMB	SFB	02
		09.04	SFB	TMB	20
		10.28	SFB	TMB	20
		11.12	TMB	SFB	02
		11.44	SFB	TMB	20
		12.12	TMB	SRU	
Ablöser		12.37 in	SFB		

Einsatzdauer:	4.14 Uhr bis 12.56 Uhr
Gesamtzeit:	8,44 Std
Mehrleistung:	0,38 Std.
Minderleistung:	–
geteilter Dienst:	–
Nachtstunden:	2,00 Std.
Sonntagsstunden:	–

Dienstreihenfolgeplan

Bei der Dienstreihenfolgebildung werden die täglichen Dienste der Fahrer zu Turnussen zusammengefasst. Ein Turnus enthält die täglichen Dienste eines Fahrers über eine bestimmte Folge von Tagen. Bei der Turnusbildung müssen die erforderlichen Ruhepausen zwischen den Diensten an aufeinanderfolgenden Tagen eingehalten werden, die ebenfalls in o.g. Arbeitszeitbestimmungen festgelegt sind. Die Summe der über einen vorgegebenen Zeitraum (z.B. 1 Monat) zu leistenden Dienste soll möglichst nahe an die wöchentliche Soll-Arbeitszeit herankommen.

Die Turnusse müssen so gebildet werden, dass auch nachts, am Wochenende und an Feiertagen Beförderungsleistung angeboten wird. Aus diesem Grund sind unterschiedliche Turnusarten erforderlich. So werden in Anpassung an die wochentäglichen Schwankungen der Verkehrsnachfrage Turnusse aus 6 Tagen Dienst und 3 freien Tagen, die sich kontinuierlich über alle Wochentage erstrecken, mit Turnussen aus 5 Tagen Dienst und 2 freien Tagen, bei denen der Dienst i.d.R. montags bis freitags geleistet wird, kombiniert. Um den Fahrern eine möglichst lange dienstfreie Zeit zu gewähren, wird angestrebt, den Turnus mit einem Spätdienst zu beginnen und mit einem Frühdienst zu beenden. Mit der Abfolge der Turnusse muss soweit wie möglich die monatliche Soll-Arbeitszeit erreicht werden, um einerseits Überstunden zu vermeiden und andererseits keine Leerzeiten entstehen zu lassen.

Nachfolgend ist ein Dienstreihenfolgeplan dargestellt:

Tab. 5.8: Dienstreihenfolgeplan

Tag Nr.	von [Uhr]	bis [Uhr]	Dauer [Std]	Nacht-ruhe [Std]
01	15.08	23.47	8.39	12.43
02	12.30	20.40	8.10	14.56
03	11.36	20.03	8.27	10.00
04	6.03	19.24	8.21	10.23
05	5.47	14.07	8.20	15.06
06	5.13	11.53	6.40	–
07 08 09	dienstfrei			
10	16.40	01.08	8.28	11.08
11	12.16	20.34	8.18	15.35
12	12.09	19.23	7.19	10.30
13	5.58	18.17	8.16	11.04
14	5.21	13.57	8.36	13.58
15	3.55	11.49	7.54	–
16 17 18	dienstfrei			
19	15.46	0.28	8.42	12.03
20	12.31	21.08	8.37	14.57
21	12.05	20.30	8.25	14.25

Die Einsparungsmöglichkeiten an Fahrzeugen und Fahrern erhöhen sich, wenn die einzelnen Stufen der Einsatzplanung nicht nur isoliert bearbeitet, sondern miteinander rückgekoppelt werden. Bei einer Rückkoppelung zwischen Dienstplanbildung und Fahrzeugumlaufbildung ist es möglich, die Fahrzeugumläufe zu ändern, um bessere Ergebnisse bei der Dienstplanbildung zu erzielen und bei der Rückkoppelung zwischen der Fahrzeugumlaufbildung und der Fahrplanbildung ist es möglich, die Abfahrtzeiten zu ändern, um Fahrten noch miteinander verknüpfen zu können, für die dies sonst nicht möglich ist. Die simultane Bearbeitung von Fahrzeugumlaufbildung und Dienstplanbildung ist zwar möglich, aber mathematisch sehr aufwendig und für den Planer nicht transparent. Angesichts der hierarchischen Zielstruktur (s. unten) führt die getrennte Bearbeitung der beiden Planungsschritte und ihre anschließende Rückkoppelung zu brauchbaren Ergebnissen.

Die Verfahren zur Bildung von Fahrzeugumläufen, Diensten sowie Dienstreihenfolgen, die auf Prinzipien des Operation Research beruhen, haben ihren Niederschlag in einer Reihe kommerzieller Programmsysteme gefunden.

5.5 Parkraumbewirtschaftung

5.5.1 Grundsätze

Jede Ortsveränderung im MIV führt zu einem Parkvorgang am Zielort. Dabei kommt es insbesondere in der Innenstadt wegen eines zu geringen Angebots an Stellplätzen zu Engpässen.

Unter „Innenstadt" werden hier der Stadtkern (Central Business District) und die angrenzenden Mischgebiete verstanden. Nutzungen in der Innenstadt sind Wohnungen, Geschäfte sowie Einrichtungen für Dienstleistungen, Bildung und Freizeit. Im Stadtkern dominieren Geschäfte und Dienstleistungseinrichtungen und in den angrenzenden Mischgebieten Wohnungen.

Parkbedarf besteht bei folgenden Gruppen:

- Bewohner,
- ortsansässige Geschäftsleute,
- Besucher (zum Einkaufen, zu privaten und dienstlich/geschäftlichen Erledigungen sowie zum Besuch von Veranstaltungen, Gaststätten und Privatpersonen),
- Beschäftigte,
- Dienstleister (z.B. Handwerker),
- Lieferanten.

Im Stadtkern sind neben Stellplätzen am Straßenrand häufig auch Parkgaragen vorhanden. In den an den Stadtkern angrenzenden Mischgebieten sind Parkgaragen (dort „Quartiersgaragen" genannt) dagegen eher die Ausnahme. Dem Bau von Parkgaragen stehen oft ein Mangel an geeigneten Grundstücken, die Ablehnung durch Anwohner und Schwierigkeiten der Finanzierung entgegen.

Das Angebot an Stellplätzen in Parkgaragen ist grundsätzlich vermehrbar, das Angebot am Straßenrand meist nicht, weil in der Regel schon alle hierfür vorhandenen Flächen ausgeschöpft sind. Der am Straßenrand angebotene Parkraum reicht deshalb in der Regel nicht aus, so dass er, wie bei Engpasssituationen üblich, bewirtschaftet werden muss. Bei Vorhandensein von Parkgaragen lässt sich die Situation am Straßenrand entspannen, wenn länger dauernde Parkvorgänge auf die Parkgaragen verwiesen werden.

Eine Zuweisung von Parkraum sollte von folgenden Prinzipien ausgehen:

Bei Vorhandensein von Parkgaragen

- Straßenrand
  - Bewohner und ortsansässige Geschäftsleute < 3 Std,
  - Besucher < 1 Std,
  - Dienstleister,
    - ◦ ohne Mitführung größerer Gegenstände < 1 Std,
    - ◦ bei Mitführung größerer Gegenstände unbegrenzt,
  - Lieferanten unbegrenzt,

- Parkgarage
  - Bewohner und ortsansässige Geschäftsleute > 3 Std,
  - Besucher > 1 Std,
  - Dienstleister ohne Mitführung größerer Gegenstände > 1 Std,
  - Beschäftigte.

Bei Fehlen von Parkgaragen

- Straßenrand
  - alle Gruppen.

Hotelgäste sind für die Dauer ihres Aufenthalts den Bewohnern gleichzustellen.

Beschäftigte, die in dem betreffenden Gebiet ihren Arbeitsplatz haben, sollten den ÖPNV benutzen, der in der Innenstadt meist ein gutes Angebot aufweist. Dementsprechend sollten sie durch Parkgebühren von der Benutzung des eigenen Pkw abgehalten werden. Die Vermietung von Stellplätzen in Parkgaragen an Langzeitparker zu ermäßigten Preisen sollte unterbleiben. Berufspendler aus dem Umland, für die das ÖPNV-Angebot an ihrem Wohnort schlecht ist und nicht entscheidend verbessert werden kann, sollten von der Möglichkeit des Park-and-Ride Gebrauch machen.

Eine derartige Ordnung des Parkens erfordert

- Erhebung einer mit der Parkdauer ansteigenden Gebühr für das Parken am Straßenrand,
- Gebührenfreiheit für Bewohner und ortsansässige Geschäftsleute mit dort gemeldetem Kfz für kurze bis mittellange Parkdauern (bis etwa 3 Std) an bestimmten Teilen des Straßenrandes; die gebührenfreie Parkerlaubnis wird mittels Parklizenz dokumentiert,
- Parkgaragen mit ausreichender Kapazität, einer guten, an die Lage der Ziele angepassten Standortverteilung, guter Erreichbarkeit, ggf. gestützt durch ein Parkleitsystem, sowie leichter Befahrbarkeit der Parkgarage (vgl. STEIERWALD, 1993),
- Gebühren in den Parkgaragen, die Bewohner und ortsansässige Geschäftsleute begünstigen und generell geringer sind als für das Parken am Straßenrand (um einen Anreiz für die Benutzung der Parkgaragen zu schaffen).

Bei einem unzureichenden Angebot an öffentlich zugänglichen Stellplätzen in Parkgaragen muss das Straßenrandparken für Bewohner und ortsansässige Geschäftsleute – mit Ausnahme der Gebühren für die Lizenz – kostenfrei sein.

In den Parkgaragen wird die Gebührenhöhe von den Betreibern festgelegt. Die zuständige Verwaltung sollte auf die Betreiber mit dem Ziel einwirken, eine zeitlich ansteigende Gebühr ohne Rabattierung für Dauerparker zu erreichen. Sofern es wegen mangelnder Stellplätze am Straßenrand und wegen fehlender privater Stellplätze in Tiefgaragen notwendig wird, Bewohner auf die öffentlichen Parkgaragen zu verweisen, sollten Gebühren angestrebt werden, die den Kosten für einen Stellplatz in einer privaten Tiefgarage entsprechen. Notfalls muss die Stadt das Parken für die Bewohner subventionieren, denn die Verfügbarkeit preisgünstigen Parkraums ist eine der Voraussetzungen, um das Wohnen in der Innenstadt attraktiv zu machen.

BAIER (2000) hat eine umfassende Wirkungsanalyse von unterschiedlichen Konzepten der Parkraumbewirtschaftung an Fallbeispielen durchgeführt und dabei insbesondere die Auswirkungen auf das Verkehrsaufkommen, die Verkehrsmittelwahl sowie die räumliche Verlagerung von Fahrtzielen untersucht.

5.5.2 Ziele und Arbeitsschritte des Entwurfs

Ziel der Parkraumbewirtschaftung ist es, Stellplätze für die verschiedenen Nutzer in der vorn genannten Rangfolge bereitzustellen.

Der Entwurf des Parkraumangebots setzt sich aus folgenden Teilaufgaben zusammen:

- Festlegung der Anzahl der erforderlichen Stellplätze,
- Festlegung von Maßnahmen zur Bewirtschaftung der Stellplätze.

Bei Stellplätzen am Straßenrand besteht in der Regel kein Spielraum für eine Ausweitung ihrer Anzahl, so dass sich die Bemessungsaufgabe hier auf die Festlegung von Bewirtschaftungsmaßnahmen beschränkt. Die Bemessung muss von der zukünftigen potentiellen Parknachfrage ausgehen, d.h. der Parknachfrage, die sich aufgrund der zukünftigen Flächennutzung, des zukünftigen ÖPNV-Angebots und der zukünftigen Situation im fließenden MIV sowie der vorgesehenen Maßnahmen der Parkraumbewirtschaftung ergibt.

Wegen der Komplexität dieser Zusammenhänge ist es schwierig, die zukünftige potentielle Parknachfrage unmittelbar zu bestimmen. Die Richtlinien für Anlagen des ruhenden Verkehrs geben zwar Richtzahlen an, berücksichtigen aber die genannten Einflussgrößen nicht. Deshalb ist die Bemessung ein Rückkoppelungsprozess: Die Maßnahmen der Parkraumbewirtschaftung werden zunächst anhand der vorhandenen Parknachfrage unter grober Abschätzung der zu erwartenden Veränderungen festgelegt. Wenn sich als Ergebnis späterer Erhebungen herausstellt, dass sich die Verkehrsnachfrage verändert hat – z.B. durch eine Verschiebung zwischen den verschiedenen Nutzergruppen muss die Ausprägung der Bewirtschaftung korrigiert werden.

Eine solche Vorgehensweise wird nachstehend am Beispiel der Bemessung von Parkgaragen erläutert. Parkgaragen müssen einerseits wirtschaftlich sein und andererseits auch bei Schwankungen der Parknachfrage ausreichenden Parkraum bieten. Deshalb sollte ein Zustand angestrebt werden, bei dem die Parkgaragen zu den regelmäßigen Spitzenzeiten nicht vollständig ausgelastet sind, sondern nur bis z.B. 90%. Dort, wo dieser Wert regelmäßig überschritten wird, sollten die Parkgebühren entsprechend erhöht werden. Wenn dadurch Personen vom Besuch der Innenstadt abgehalten werden, und damit die Gefahr einer Beeinträchtigung der örtlichen Wirtschaftskraft entsteht, muss das Angebot an Stellplätzen erhöht werden.

Der Entwurfsprozess besteht aus den Schritten

1. Ermittlung von vorhandenem Angebot und vorhandener Verkehrsnachfrage,
2. Festlegung und Verortung von Komponenten der Parkregelung,
3. Ermittlung der Wirkungen (s. unten),
   - Abschätzung der veränderten Nachfrage, ggf. in Form von Sensitivitätsanalysen, weil eine hinreichend genaue Nachfrageprognose äußerst schwierig ist,
   - Nachweis der Länge der Fußwege für die Bewohner und Besucher sowie des Auslastungsgrades der für Besucher frei zugänglichen Stellplätze,
   - Abschätzung der Wirkungen der ausgewiesenen Ladezonen auf den Lieferverkehr,
4. Modifikation der Zuordnung (Punkt 2), wenn sich für die o.g. Kenngrößen unbefriedigende Werte ergeben.

5.5.3 Ermittlung von vorhandenem Angebot und vorhandener Nachfrage

Bezugsgröße von Angebot und Nachfrage ist die Blockseite, d.h. die Straßenseite zwischen zwei Querstraßen. Zeitliche Bezugsgröße ist die Tageszeit.

Das Angebot umfasst die Anzahl der Stellplätze mit der jeweiligen Parkregelung. Die Daten werden erfasst und kartiert.

Bei der Parknachfrage muss zwischen der quantitativen und der qualitativen Ausprägung unterschieden werden:

- Die quantitative Ausprägung der Parknachfrage umfasst die Größen
  - Anzahl der Parkvorgänge,
  - Dauer der Parkvorgänge.

Diese Größen werden durch Zählpersonal erfasst, das in kurzen Zeitintervallen (z.B. alle 15 Minuten) durch die Straßen geht und für alle Blockseiten tageszeitbezogen die Kfz-Kennzeichen notiert.

Aus der Anzahl der Stellplätze und der Anzahl der Parkvorgänge lässt sich die Auslastung der Stellplätze ableiten. Bei stark ausgelastetem Parkraum muss angenommen werden, dass der Bedarf größer ist als die Nachfrage und ein Teil des Bedarfs wegen eines unzureichenden Angebots nicht in Nachfrage umgesetzt wird.

- Die qualitative Ausprägung der Parknachfrage lässt sich beschreiben durch
  - Parkzweck,
  - aufgesuchte Ziele,
  - Herkunft der Besucher und Beschäftigten,
  - Einbindung der Fahrt in eine Wegekette.

Die Ermittlung dieser Daten erfordert Befragungen am Beginn oder am Ende des Parkvorgangs.

In den an den Stadtkern grenzenden Mischgebieten zeigt sich in der Regel folgendes Bild:

Bild 5.40: Auslastung der Stellplätze und Dauer der Parkvorgänge über den Tag

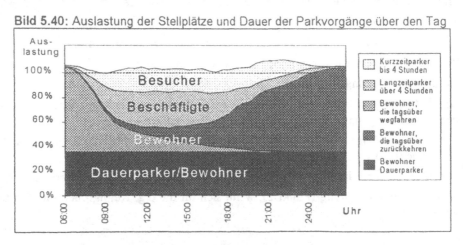

Eine solche Analyse kann für ein Gebiet insgesamt oder für Teilgebiete durchgeführt werden.

Ein beachtlicher Teil der Parknachfrage besteht aus Dauerparkern, die ihren Stellplatz über 24 Stunden besetzt halten. Hierbei dürfte es sich überwiegend um Bewohner handeln. Der übrige Teil der Bewohner verlässt das Gebiet zwischen 7 und 8 Uhr und kehrt zwischen 17 Uhr und 20 Uhr zurück. Die dadurch tagsüber frei werdenden Stellplätze werden hauptsächlich durch langzeitparkende Beschäftigte besetzt (mittlerer Teil). Für Besucher, die bis zu 4 Stunden verweilen, bleibt dagegen kein ausreichender Parkraum (oberer Teil). Dies gilt insbesondere für den abendlichen Freizeitverkehr mit dem Besuch von Gaststätten und kulturellen Veranstaltungen.

Die Ermittlung der Parkzwecke und der aufgesuchten Ziele zeigt folgendes Bild:

Bild 5.41: Parkzwecke der Nicht-Bewohner

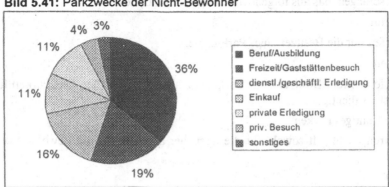

Auch die Erhebung der Parkzwecke zeigt, dass ein Schwerpunkt der Parkraumnutzung bei den Beschäftigten liegt. Der Anteil der Besucher mit den Fahrtzwecken Einkaufen und Erledigungen, die für die Wirtschaftskraft des Gebietes von besonderer Bedeutung sind, treten nur in vergleichsweise geringem Umfang auf.

Bild 5.42: Aufgesuchte Ziele

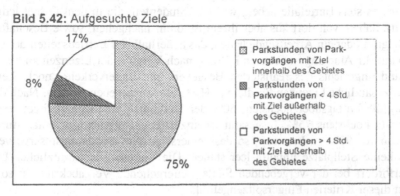

Die Frage nach den aufgesuchten Zielen zeigt, wie weit der untersuchte Stadtteil als Parkstandort für außerhalb liegende Ziele dient. Dies ist besonders in Gebieten der Fall, die unmittelbar an die Innenstadt grenzen.

Sofern der Lieferverkehr keine vor Parkvorgängen geschützten Ladezonen findet, ist er bei vollständig ausgelastetem Parkraum zum Halten in zweiter Reihe gezwungen. Dies verursacht Behinderungen für den fließenden Verkehr. Besonders betroffen ist dabei auch oft der ÖPNV. Solche Behinderungen, die sowohl eine quantitative Komponente (Behinderungszeit) als auch eine qualitative Komponente (Behinderungsart) aufweisen, können durch Beobachtungen festgestellt werden.

5.5.4 Komponenten einer Parkregelung

Der Engpass im Parkraumangebot für die Fahrtzwecke Einkaufen und Erledigung lässt sich beseitigen, wenn die Langzeitparker gemäß den o.g. Grundsätzen durch hohe Parkgebühren zurückgedrängt werden.

Um dem Parkbedarf sowohl der Anwohner als auch der Besucher gerecht zu werden, wird ein Konzept vorgeschlagen, das aus folgenden Komponenten besteht:

- Lizenzparken

  Parken dürfen nur die Besitzer einer Parklizenz.

- Mischparken

  Parken dürfen sowohl Besitzer einer Parklizenz als auch Besucher. Das Parken für die Besucher ist kostenpflichtig.

- Gebührenpflichtiges Parken

  Die Gebührenpflicht gilt sowohl für die Besucher als auch für die Bewohner ohne und mit Parklizenz.

- Ladezonen

  Innerhalb der übrigen Gebiete werden Ladezonen eingerichtet, die durch ein Verkehrsschild mit eingeschränktem Halteverbot gekennzeichnet sind.

Eine Parklizenz erhalten zunächst diejenigen Bewohner, die innerhalb des Gebietes ihren ersten Wohnsitz haben und ein auf diesen Wohnsitz zugelassenes Kfz besitzen, sowie dort ansässige Geschäfte für ihre Geschäftsfahrzeuge (nicht jedoch für ihre Beschäftigten!). Bei einer solchen Regelung wird es stets Härtefälle geben, wie z.B. Studenten, die in dem Gebiet lediglich ihren Zweitwohnsitz haben, von dort aus aber ihrem Studium nachgehen, sowie Beschäftigte, die einen Arbeitsbeginn oder ein Arbeitsende haben, das außerhalb der Betriebszeiten des ÖPNV liegt, und deshalb auf ihr Auto angewiesen sind. Wenn nach Vergabe der Lizenzen an die erstgenannte Gruppe und angesichts des realisierten Besucher- und Lieferverkehrs noch Stellplätze frei sind, können zusätzliche Lizenzen für die o.g. Härtefälle ausgegeben werden. Nach der neuesten Gesetzgebung dürfen tagsüber höchstens 50% der Stellplätze für Lizenzbesitzer reserviert werden und nachts höchstens 75%. Insgesamt ist anzustreben, tagsüber zu einer Auslastung der Stellplätze von rd. 90% zu kommen, so dass einerseits eine Bewegungsreserve verbleibt und andererseits keine Stellplätze unnötig leer stehen. Die Vergabe von zusätzlichen Lizenzen für Härtefälle erfordert bei der vergebenden Stelle weitergehende Vergabekriterien sowie bei der Handhabung dieser Kriterien Fingerspitzengefühl.

Durch die Mischnutzung wird erreicht, dass neben den lizenzierten Bewohnern und Geschäftsleuten auch Besucher und Lieferanten Stellplätze finden, denn ein Teil der Besucher verlässt tagsüber das Gebiet mit dem Pkw, um ihrer Berufstätigkeit nachzugehen. Bewohner mit Parklizenz dürfen in diesen Gebieten nicht nur nachts parken, sondern auch tagsüber ohne Zusatzkosten stehen bleiben. Um den abends heimkehrenden Bewohnern den benötigten Parkraum zur Verfügung zu stellen und eine zu starke Konkurrenz mit dem abendlichen Freizeitverkehr zu vermeiden, wird ein Teil des Mischbereichs gegen 17 Uhr wieder in reine Bewohnerstellplätze umgewandelt. Durch die Lizenz- bzw. Gebührenpflicht wird verhindert, dass gebietsfremde Langzeitparker die morgens frei werdenden Stellplätze blockieren. Um Langzeitparken nicht vollständig unmöglich zu machen und das Parken von privaten Besuchern auch über Nacht zu ermöglichen, sollten die mit der Parkdauer ansteigenden Parkgebühren bei einem bestimmten Betrag gedeckelt werden.

Entlang von Geschäftsstraßen mit hohem Besucherverkehr gilt – mit Ausnahme der abgegrenzten Lieferzonen – durchgehend eine generelle Gebührenpflicht ohne Bevorrechtigung einzelner Gruppen. Auf diese Weise wird verhindert, dass diese Stellplätze von Bewohnern tagsüber besetzt werden. Auf diesen für alle nutzbaren Stellplätzen können auch die abendlichen Gaststättenbesucher – allerdings gebührenpflichtig – Platz finden.

In der Nähe von Einrichtungen mit starkem Lieferverkehr werden Lieferzonen eingerichtet, in denen Parkverbot herrscht.

Die Beschäftigten werden durch die Lizenz- bzw. Gebührenpflicht verdrängt. Wenn eine solche Parkregelung flächendeckend erfolgt, können die Beschäftigten nicht mehr auf Nachbargebiete ausweichen, sondern sind gezwungen, den ÖPNV, ggf. in der Form des Park-and-Ride zu benutzen. Bei der obigen Prognose der zukünftigen Nutzung der Stellplätze (vgl. Bild 5.5.4) wird unterstellt, dass nicht alle Beschäftigten verdrängt werden und ein geringer Teil unter Zahlung der Gebühren parkt, weil sie z.B. ihr Fahrzeug zu geschäftlichen oder dienstlichen Zwecken an ihrem Arbeitsplatz benötigen oder ausnahmsweise an einzelnen Tagen aus privaten Gründen ihr Auto benutzen.

Die Gebührenhöhe sowohl in den Gebieten mit Mischparken als auch in den Gebieten mit gebührenpflichtigem Parken sollte in Abhängigkeit von der Entfernung von der Stadtmitte und vom Problemdruck des ruhenden Verkehrs gestaffelt werden.

Der Bewirtschaftungszeitraum sollte werktäglich (Montag bis Samstag) von 8:00 bis 22:00 Uhr reichen. Ein früherer Beginn ist nicht notwendig, da vorher keine Konkurrenzsituation besteht. Das Ende wird zu einem Zeitpunkt gewählt, an dem die Konkurrenz zwischen den Bewohnern und den Besuchern wieder relativ gering ist. Zudem ist eine Überwachung zu einem späteren Zeitpunkt schwierig.

Die Einhaltung dieser Parkregeln muss mit hinreichender Intensität überwacht werden. Dies geschieht heute in vielen Fällen durch städtische Politessen.

Aufgrund der Gebühren wird die Anzahl der Parkvorgänge zurückgehen. Dies gilt in besonderem Maße für die Beschäftigten, die für ihr Langzeitparken hohe Gebühren zu entrichten haben. Aber auch die Bewohner werden stärker als vorher etwa vorhandene private Stellplätze nutzen, weil sie für eine Lizenz Verwaltungsgebühren zahlen müssen. Andererseits werden zusätzliche Besucher in das Gebiet hinein fahren, wenn tagsüber Stellplätze frei sind. Diese Wirkungen sind nur schwer zu prognostizieren. Ein Ansatzpunkt hierfür ist das in Kap.4.5 dargestellte Verfahren von LÖNHARDT (1999).

Angesichts dieser absehbaren Veränderungen ergibt sich das folgende schematische Bild des zukünftigen Parkgeschehens.

Bild 5.43: Durch die Parkregelung verändertes Bild des Parkgeschehens

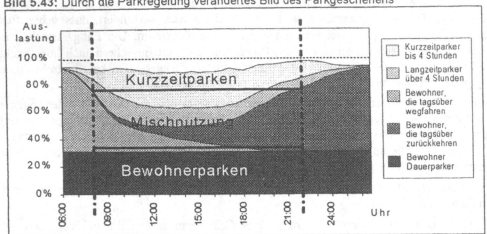

Eine derartige Parkregelung ist in ähnlicher Form bereits in mehreren Städten eingeführt. In Wien hat eine vergleichbare Regelung zu folgenden Veränderungen in den betroffenen Bezirken geführt (vgl. PARKRAUMBEWIRTSCHAFTUNG IN WIEN, 1997):

- Rückgang des illegalen Parkens von 14% auf 3%,
- Rückgang der Belastung im fließenden Verkehr in den untergeordneten Straßen um rd. 25%,
- Rückgang der durchschnittlichen Parksuchdauer von 9 Minuten auf 3 Minuten,
- Rückgang der Auslastung der Stellplätze
  - vormittags von 109% auf 71%,
  - abends von 108% auf 89%,
  - nachts von 102% auf 91% (durch stärkere Nutzung privater Abstellmöglichkeiten),
- Veränderung des Verkehrsverhaltens der Besucher
  - Zielsubstitution 7%,
  - Parken im Nachbarbezirk 5%,
  - Nutzung des ÖPNV 25%,
  - Zu-Fuß-Gehen und Fahrradfahren 6%.

Die Verortung der Komponenten der Parkregelung muss sich nach der jeweiligen Flächennutzung richten. Maßgebend sind dabei

- Wohnungen,
- Arbeitsstätten,
- Einrichtungen für Einkauf und Erledigungen,
- Gaststätten,
- Kulturelle Einrichtungen.

Die räumliche Zuordnung der einzelnen Komponenten der Parkregelung zu den Blockseiten (Verortung der Komponenten) sollte derart vorgenommen werden, dass

- sie in etwa der räumlichen Verteilung der verschiedenen Nutzungen entspricht,

- die Länge der Fußwege, welche die Bewohner und Besucher zwischen dem Abstellplatz ihrer Fahrzeuge und ihrer Wohnung bzw. ihrem Ziel zurücklegen müssen, möglichst kurz wird,

- die Auslastung der tagsüber für Besucher frei zugänglichen Stellplätze einen bestimmten Wert nicht überschreitet,

- die Behinderung des fließenden Verkehrs durch Ladevorgänge nicht zu groß wird.

Die Verortung der verschiedenen Komponenten der Parkregelung sollte in enger Abstimmung mit der politischen Vertretung des betreffenden Gebietes oder den Bewohnern selbst erfolgen. Hierbei gilt es auch ortsspezifische Besonderheiten zu beachten, die einem externen Planer nicht bekannt sein können.

5.5.5 Ermittlung und Bewertung der Wirkungen

Die Veränderung der Nachfrage hängt u.a. von folgenden Einflussgrößen ab:

- Stadtgröße,

- Qualität des ÖPNV,

- Lage des betroffenen Gebietes innerhalb der Stadt,

- Nutzungsdichte und Nutzungsmischung innerhalb des Gebiets,

- Art der Parkraumbewirtschaftung.

Für den Zusammenhang zwischen diesen Größen und der Parkraumnachfrage sind quantitative Zusammenhänge noch nicht ausreichend bekannt.

Wegen dieser Schwierigkeiten bei der Prognose muss die Wirkung von Maßnahmen der Parkraumbewirtschaftung empirisch, d.h. durch Nachheruntersuchungen festgestellt werden. Aus der Vielzahl solcher Untersuchungen lassen sich dann ggf. Gesetzmäßigkeiten ableiten.

Bei der Nachheruntersuchung interessieren insbesondere die Fragen:

- Wie groß ist die Auslastung des Parkraums zu den verschiedenen Tageszeiten bzw. durch die verschiedenen Nutzergruppen?

- Wieweit ist es gelungen, die bisher tagsüber vorhandenen Langzeitparker auf andere Verkehrsmittel zu verlagern?

- Wie groß ist der Umfang des Anwohnerparkens, wenn über die Vergabe von Parklizenzen genauer definiert wird, wer ein parkberechtigter Anwohner ist?

- In welchem Umfang ist zusätzliches Kurzzeitparken durch Besucher entstanden?

- Wieweit ist es zu Austauschvorgängen mit Nachbarbezirken gekommen?

Die Nachheruntersuchung sollte methodisch in derselben Weise durchgeführt werden wie die Voruntersuchung. Zusätzlich ist es denkbar, dass die Parküberwacher während ihrer Kontrollgänge die freien Stellplätze an den einzelnen Baublockseiten tageszeitabhängig erfassen.

Solche Nachheruntersuchungen sollten unmittelbar nach Einführung der Parkraumbewirtschaftung erfolgen und anschließend in verhältnismäßig kurzen Zeitabständen. Dies erscheint notwendig, um negative Reaktionen der Parkraumnutzer frühzeitig zu erkennen und ggf. deren

Ursachen schnell zu beseitigen. Die Auslastung des Parkraums sollte nicht zu hoch sein, um die Zugänglichkeit des Gebietes aufrecht zu erhalten, aber auch nicht zu niedrig, um den Eindruck zu vermeiden, es gehe weniger um die Ordnung des Parkens als vielmehr um eine bewusste Zurückdrängung des Autoverkehrs.

Wichtige Kriterien für die Beurteilung der Qualität der Parkraumbewirtschaftung sind

- gleichmäßige Auslastung einzelner Blockseiten oder Blockseitengruppen,
- zielgerichtete Mischung in der Parkraumnutzung zwischen den verschiedenen Nutzergruppen,
- Länge des Fußwegs der Anwohner zwischen Parkstand und Wohnung,
- Länge des Fußwegs der Besucher zwischen Parkstand und aufgesuchtem Ziel,
- Verfügbarkeit der für den Güterverkehr wichtigen Stellplätze.

Für die Ermittlung der zugehörigen Kenngrößen hat HÖHNBERG (2002) ein Verfahren entwickelt. Ausgangsdaten sind die quantitative und qualitative Ausprägung der Nachfrage (Anzahl der Parkvorgänge, Parkzweck, Parkdauer) und das Angebot an Stellplätzen für die verschiedenen Parkdauern. Das Verfahren simuliert die Stellplatzwahl und die Stellplatzfreigabe des einzelnen Fahrzeugs. Methodisch lehnt sich das Verfahren an die Modellierung des individuellen Verhaltens an, wie sie auch bei der Ermittlung der Verkehrsnachfrage im fließenden Verkehr verwendet wird. Die Stellplatzbesetzung und die Stellplatzfreigabe durch das einzelne Fahrzeug werden mit Hilfe einer Monte-Carlo-Simulation in Abhängigkeit vom Parkzweck, der Ankunftszeit, der gewünschten Parkdauer, dem aufgesuchten Ziel, den vorhandenen Parkregelungen und dem zum Zeitpunkt des Eintreffens noch freien Parkraum nachvollzogen. Ergebnis sind die Veränderung der Parkraumauslastung und die durchschnittliche Fußweglänge zwischen Parkstand und Ziel der Bewohner, der ortsansässigen Geschäftsleute und der Besucher.

Nach Abschluss des Simulationsprozesses werden die ermittelten Kennwerte beurteilt. Sofern unbefriedigende Werte auftreten, muss die Parkregelung verändert oder, sofern möglich, das Angebot in den Parkgaragen erhöht werden.

Um den Aufwand für die Datenbeschaffung, der mit Anwendung solcher Verfahren verbunden ist, und die Unsicherheiten der Ergebnisse zu vermeiden, sollte auf eine solche Prognose zunächst verzichtet und die Wirkungsermittlung auf der Grundlage der vor Einführung der Parkregelung vorhandenen Nachfrage durchgeführt werden. Die Veränderung der Nachfrage, die sich durch die Bewirtschaftung ergibt, sollte durch Erhebungen zu einem späteren Zeitpunkt, wenn die Dynamik der Veränderungen abgeklungen ist, überprüft werden. Bei größeren Abweichungen zwischen der ursprünglich vorhandenen Parknachfrage und der veränderten Parknachfrage aufgrund der veränderten Parkregelung muss der Entwurfsprozess wiederholt werden.

Die Bewertung der Wirkungen des vorhandenen Zustands sowie der Zustände ohne und mit Maßnahmen erfolgt in der Regel intuitiv unter Bezug auf die Kennwerte der Indikatoren. Es können aber auch die in Kap. 3.6 dargestellten Bewertungsverfahren verwendet werden.

Für die politische Diskussion ist es wichtig, die bei der Bewertung festgestellten Mängel zu benennen und soweit wie möglich quantitativ zu belegen. Ergebnis ist ein Mängelkatalog.

5.5.6 Anwendungsfall München-Schwabing

Im Rahmen des Projektes MOBINET wurde die erläuterte Parkraumbewirtschaftung u.a. im Stadtbezirk Schwabing in München eingeführt.

Nachstehend ist das Untersuchungsgebiet mit den maßgebenden Nutzungen wiedergegeben:

Bild 5.44: Maßgebende Nutzungen

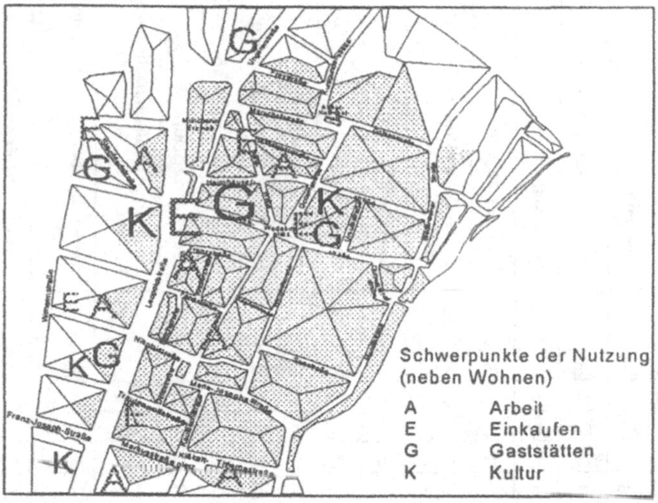

Schwerpunkte der Nutzung
(neben Wohnen)

A   Arbeit
E   Einkaufen
G   Gaststätten
K   Kultur

Die Ermittlung des vorhandenen Angebots und der vorhandenen Nachfrage erfolgte nach dem vorn dargestellten Verfahren.

Aufgrund des heutigen Zustandes und der grob abgeschätzten Veränderung der Nachfrage wurden die Blockseiten in folgender Weise mit den o.g. Komponenten der Parkregelung versehen:

Bild 5.45: Verteilung der Komponenten der Parkregelung

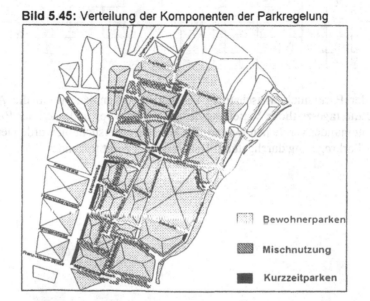

Bewohnerparken

Mischnutzung

Kurzzeitparken

Diese Verteilung der Komponenten der Parkregelung ist Ergebnis des vorn erläuterten Verfahrens der Verortung. Die zugehörigen Kennwerte sind in der nachfolgenden Tabelle dargestellt:

Tab. 5.9: Kennwerte der Verortung der Komponenten der Parkregelung

Baublock	Nutzungsstruktur						Halter			vorhandene Stellplätze am Straßenrand	neue Parkregelung	Anteil Anwohner,...			Mittlerer Weg [m]	Wirkungen	
	Bewohner	Einwohner je m Baublock	Arbeitsstätten	Beschäftigte je m Baublock	Geschäftsflächen je m Baublock	Gaststätten	Kfz-Halter privat	Kfz-Halter gewerblich	Anw. Kfz ohne priv. Stellplätze			die in ihrem Straßenabschnitt parken können	die auf Nachbarblockseiten verdrängt werden	die auf weiter als 200m entfernt liegende Parkstände verdrängt werden		Anzahl Parkstände 17:00 Uhr für Anwohner	Anzahl Parkstände 10:00 Uhr für Fremdparker
Leopoldstraße 1	33	31	24	23	330	5	12	15	4	15	G	0%	100%	0%	76	0	2
Leopoldstraße 2	2	3	13	18	13099	2	0	7	0	15	G	-	-	-	-	0	3
Feilitzschstraße 1	82	59	37	26	414	4	28	16	34	20	A	50%	12%	38%	137	3	0
Marktstraße 1	57	60	9	9	137	0	10	0	17	20	M	48%	52%	0%	111	2	1
Marktstraße 2	83	99	16	19	250	1	35	6	24	0	-	34%	13%	53%	142		
Haimhauser Straße 1	81	77	12	11	254	0	20	3	35	16	M	46%	54%	0%	144	2	1
Haimhauser Straße 2	100	109	9	10	484	1	40	14	43	35	M	42%	9%	49%	156	1	2
Marktstraße 3	34	47	7	10	208	0	16	1	0	12	M	-	-	-	-	2	1
Marktstraße 4	24	34	2	3	29	1	12	1	0	20	M	-	-	-	-	2	
Hesseloher Straße 1	158	116	9	7	147	0	36	8	41	0	A	17%	83%	0%	100		
Hesseloher Straße 2	113	79	10	7	22	2	44	22	7	27	A	100%	0%	0%	118	4	0
Hesseloher Straße 3	23	45	0	0	0	0	11	2	1	13	M	100%	0%	0%	0	1	1
Hesseloher Straße 4	0	0	0	0	0	0	0	0	0	0	-	-	-	-	-	-	-
Marktstraße 5	22	49	12	27	178	0	3	2	7	15	M	43%	57%	0%	0	1	1
Marktstraße 6	50	98	3	6	202	1	20	0	3	0	M	0%	100%	0%	153		
Marschallstraße 1	175	100	13	7	251	0	62	10	14	29	M	50%	50%	0%	140	2	2
Marschallstraße 2	123	85	15	10	269	1	45	10	11	26	M	73%	27%	0%	173	2	2

Die Wirkung der Parkraumbewirtschaftung ist deutlich erkennbar, wenn die Auslastung der Stellplätze und die tageszeitliche Verteilung der Parkdauern vor und nach der Realisierung der Maßnahmen miteinander verglichen werden. Die Nachheruntersuchung wurde vier Monate nach Einführung der Parkregelung durchgeführt. Der Vergleich zeigt folgendes Bild:

Bild 5.46: Auslastung der Stellplätze und tageszeitliche Verteilung der Parkdauern vor Realisierung der Maßnahmen

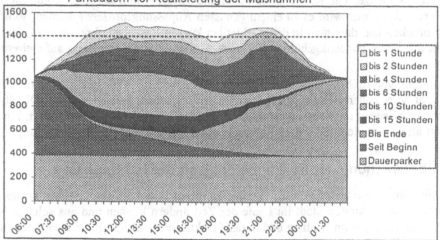

Bild 5.47: Auslastung der Stellplätze und tageszeitliche Verteilung der Parkdauern nach Realisierung der Maßnahmen

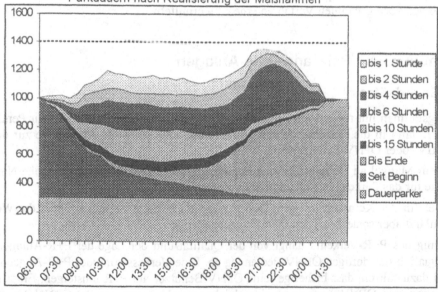

Das vorrangige Ziel der Zurückdrängung der Langzeitparker (Parkdauer zwischen 4 und 15 Stunden) wurde in befriedigendem Umfang erreicht. Bei der Parküberwachung wurde noch eine verhältnismäßig große Anzahl an Falschparkern festgestellt, so dass der Anteil der Langzeitparker bei einer konsequenten Weiterführung der Parkraumüberwachung und dem damit verbundenen Anpassungsprozess der Parkraumnutzer noch weiter zurückgehen dürfte. Auch der Rückgang der Dauerparker (Parken während des gesamten Tages) ist beachtlich. Ursache hierfür dürfte die restriktive Vergabe der Parklizenzen (nur an Anwohner mit gemeldetem Wohnsitz und dort gemeldeten Pkw) sowie der Fortfall des Dauerparkens von Gebietfremden sein.

Der Anteil der Kurzzeitparker ist in etwa gleich geblieben bei einem deutlichen Anteil noch verfügbarer Stellplätze. Die geringfügige Abnahme ist sicherlich auf die Gebührenpflicht zurückzuführen. Auch hier wird es zu einem gewissen Anpassungsprozess kommen, wenn es sich herumgesprochen hat, dass man in dem Gebiet bei kurzen Besuchen ohne weiteres Parken kann und wenn die Scheu vor Parkgebühren bei einer Ausdehnung der Regelung auf weitere Gebiete weicht.

Die Auslastung von rd. 85% tagsüber entspricht der Zielsetzung. Einerseits sollen freie Stellplätze verfügbar sein, andererseits aber keine größeren Leerstände erzeugt werden. Die abendliche Spitze, die vorwiegend aus Gaststättenbesuchen resultiert, hat sich kaum verändert. Die Auslastung steigt allerdings nicht mehr über 100% wie vor der Einführung der Parkregelung.

5.5.7 Überwachung der Funktionsfähigkeit der Parkregelung

Da sich die Nutzungsstruktur und das Stellplatzangebot innerhalb des Gebietes sowie die Verkehrssituation der gesamten Stadt im Laufe der Zeit ändern können und aus solchen Veränderungen Verschiebungen im Umfang und in der Struktur der Parknachfrage resultieren, sollte die Funktionsfähigkeit der Parkregelung regelmäßig überprüft werden. Dies betrifft sowohl die Ausprägung der einzelnen Komponenten der Parkregelung als auch ihre Zuordnung zu den Blockseiten. Für eine solche Überprüfung ist es erforderlich, das Stellplatzangebot und die Parknachfrage nach den vorn genannten Verfahren erneut zu ermitteln.

5.6 Entwurf von Park-and-Ride-Anlagen

5.6.1 Grundsätze

In Ballungsräumen mit regionalem Schienenverkehr stellt Park-and-Ride (P+R) für Pendler, die aus dem Umland in die Kernstadt fahren, immer dann eine sinnvolle Alternative zur durchgehenden MIV- oder ÖPNV-Benutzung dar, wenn

- Stau, ein Mangel an Stellplätzen, eine Begrenzung der Parkdauer und/oder hohe Nutzungsentgelte für das Parken die Nutzung des Pkw erschweren,
- die Ziele in der Kernstadt mit dem ÖPNV zwar gut erreicht werden können, die Wohnung im Umland aber schlecht an den ÖPNV angebunden ist.

Der Umfang des P+R-Verkehrs hängt von der Qualität und der Lage der P+R-Anlagen sowie von der Qualität der dortigen ÖPNV-Bedienung ab. Eine Verbesserung des P+R-Angebots kann aber auch dazu führen, dass bisherige reine ÖPNV-Benutzer auf P+R umsteigen. Einer solchen Abwanderung vom ÖPNV muss durch eine gleichzeitige Verbesserung des ÖPNV-Angebots im Zubringerverkehr entgegengewirkt werden.

Im Interesse einer Entlastung des MIV sollte angestrebt werden, bei P+R einen möglichst geringen Teil des Weges mit dem Pkw und einen möglichst großen Teil des Weges mit dem ÖPNV zurückzulegen. Dazu ist es wünschenswert, für den Übergang vom Pkw zum ÖPNV die der Wohnung am nächsten gelegene Haltestelle des ÖPNV zu benutzen und nicht mit dem Pkw bis an den Rand der Innenstadt zu fahren, wo ein besseres ÖPNV-Angebot als im Umland zur Verfügung steht. Die Pkw-Nutzung bis zum Stadtrand würde auch dazu führen, dass dem regionalen ÖPNV Fahrgäste entzogen und die Straßen im Umland unnötig mit MIV belastet werden.

Aus diesen Gründen sollten die P+R-Anlagen möglichst wohnungsnah angelegt werden. Jede Haltestelle des regionalen ÖPNV ist damit potentieller Standort einer P+R-Anlage. Ob an der Haltestelle eine P+R-Anlage angelegt werden kann, hängt allerdings von den räumlichen Gegebenheiten ab. Da P+R-Anlagen dem Umstieg vom Pkw zum ÖPNV bei der Fahrt vom Umland in die Kernstadt dient, sollte auf die gleichzeitige Errichtung anderer Nutzungen im fußläufigen Einzugsbereich verzichtet werden. Ansonsten besteht die Gefahr einer Zweckentfremdung für diese anderen Nutzungen. An P+R-Anlagen in der Nähe von Ortskernen kann häufig beobachtet werden, dass sie sehr stark von den im Ortskern Beschäftigten genutzt und damit auch zweckentfremdet werden. P+R-Anlagen am Rande der Kernstadt sollten nicht den Pendlern aus dem Umland, sondern den Fernpendlern dienen, die sich der Kernstadt über Fernstraßen nähern. Für diese Pendler ist es vorteilhaft, wenn die P+R-Anlagen im Schnittpunkt der Fernstraße mit dem städtischem ÖPNV liegen. Auch hier sollte mit Ausnahme von Kiosken u.ä. auf die Einrichtung von Nutzungen mit größerer Parknachfrage verzichtet werden, selbst wenn es für die städtische Wirtschaft reizvoll ist, an der P+R-Anlage Kaufkraft der Fernpendler abzuschöpfen.

Die mit einer Weiterentwicklung von P+R verbundenen Ziele sind:

- Verlagerung von Pendler-Fahrten mit bisher ausschließlicher Pkw-Benutzung auf P+R,
- Minimierung des Anteils der Pkw-Fahrt an der Gesamtlänge der Fahrt.

Für eine hohe Akzeptanz des P+R-Angebots insgesamt und der einzelnen P+R-Anlage müssen folgende Bedingungen erfüllt sein:

- Hohe Wahrscheinlichkeit, auf den P+R-Anlagen einen freien Stellplatz zu finden,
- bequeme und schnelle Erreichbarkeit der P+R-Anlagen,
- gute Befahrbarkeit der P+R-Anlagen,
- hohe Sicherheit und guter Service auf den P+R-Anlagen,
- häufige Bedienung der zugeordneten Haltestelle durch den ÖPNV,
- hohe Beförderungsgeschwindigkeit des ÖPNV,
- hoher Beförderungskomfort,
- P+R-freundliche Tarifstruktur des ÖPNV.

Die Benutzung wohnungsnaher P+R-Anlagen lässt sich außerdem fördern, wenn auf den P+R-Anlagen Nutzungsentgelte erhoben werden, und die Höhe der Nutzungsentgelte mit zunehmender Nähe zur Kernstadt zunimmt. Dabei sollten jedoch Abonnements angeboten werden, bei denen der Preis für die Nutzung der P+R-Anlage mit dem Preis für die Nutzung des ÖPNV zu einem Gesamtpreis verknüpft ist. In einem solchen Fall kann für ÖPNV-Nutzer im Vergleich zu Nicht-Nutzern des ÖPNV ein Rabatt gewährt werden. Ebenfalls ist es denkbar, analog zum Lizenzparken im Straßenraum ein kostenloses Parken für „Anwohner" zu gewähren, d.h. für diejenigen Nutzer, für welche die betreffende P+R-Anlage die wohnungsnächste Anlage ist. Mit elektronischen Karten ist eine solche Differenzierung ohne weiteres möglich.

Die Bedingungen für eine Akzeptanz des P+R-Angebots hängt ab von

- der verkehrstechnischen servicemässigen Ausgestaltung der einzelnen P+R-Anlage,
- der Qualität des ÖPNV-Angebots an der einzelnen P+R-Anlage,
- dem Standortgefüge zwischen den P+R-Anlagen und den Wohnstandorten.

Der Einfluss der Ausgestaltung der P+R-Anlage und der Qualität des ÖPNV-Angebots auf die Akzeptanz lässt sich durch Fahrgastbefragungen und Messungen der Benutzung der Anlage ermitteln. Dies sind Aufgaben der empirischen Sozialforschung, auf die hier nicht weiter eingegangen werden kann. Die Optimierung des Standortgefüges ist dagegen ein Problem der Verkehrsplanung, für dessen Lösung nachfolgend ein möglicher Weg aufgezeigt wird.

5.6.2 Ziele und Arbeitsschritte des Entwurfs

Die beiden o.g. Ziele des P+R-Entwurfs, die sich aus übergeordneten verkehrlichen Zielen ableiten, stehen in Konflikt zueinander: Die angestrebte, möglichst weitgehende Verlagerung von durchgehenden Pkw-Fahrten auf P+R lässt sich am ehesten erreichen, wenn die Pendler aus dem Umland zwecks Minimierung der Gesamtreisezeit mit dem Auto bis zum Rand der Kernstadt fahren können. In diesem Fall entstehen allerdings lange Fahrten im MIV. Umgekehrt können Maßnahmen zur Minimierung der Fahrtlängen mit dem Auto dazu führen, dass nur wenige Autofahrer auf P+R umsteigen. Um diesem Zielkonflikt quantitativ Rechnung zu tragen, müsste aus den beiden Zielen eine gemeinsame Zielfunktion gebildet und der Extremwert dieser Funktion gesucht werden. Diese algorithmische Behandlung des Problems erfordert jedoch Bewertungen, die mathematisch schwer abzubilden sind und bei der späteren Anwendung des Verfahrens nicht mehr nachvollzogen werden können. Der Entwurfsprozess bleibt transparenter, wenn die Zielerreichungsgrade beider Ziele einzeln ermittelt und durch Maßnahmen so eingestellt werden, dass das gewünschte Verhältnis erreicht wird.

Als primäres Ziel des Entwurfs wird die Minimierung der Wege im MIV angesehen, die zunächst unabhängig vom Modal-Split verfolgt wird. Anschließend muss geprüft werden, wieweit sich der Modal-Split erhöhen lässt, wenn von dem Standortoptimum für die P+R-Kapazitäten abgewichen wird. Ansatzpunkt hierfür sind diejenigen Einflussgrößen des Modal-Split-Modells, die von den Standorten der P+R-Anlagen abhängen, wie z.B. die Fahrzeit im MIV, die Bedienungshäufigkeit im ÖPNV (Lage der P+R-Anlagen in Bereichen unterschiedlicher Bedienungshäufigkeiten) und die Beförderungsdauer im ÖPNV.

Der Entwurfsprozess läuft in folgenden Schritten ab:

1. Optimierung der Standortverteilung der insgesamt erforderlichen P+R-Stellplätze,

2. Festlegung der Qualitätsmerkmale der P+R-Anlagen und Ausschöpfung der Möglichkeiten zur Verbesserung ihrer ÖPNV-Bedienung,

3. Ermittlung der Maßnahmenwirkungen im Hinblick auf den Modal-Split und die Fahrtlängen mit dem Pkw. Ergebnis sind Kennwerte zur Quantifizierung der Zielerreichung.

4. Bewertung der Zielerreichung. Sofern der Zielerreichungsgrad eines der beiden oder beider Ziele nicht befriedigt, müssen die Ausprägungen der o.g. Maßnahmen verändert und die Wirkungen neu bestimmt werden.

Eingangsdaten sind die vorhandene P+R-Nachfrage in den einzelnen Orten im Einflussbereich der betrachteten ÖPNV-Achse sowie das vorhandene P+R-Angebot entlang dieser Achse.

Die nachfolgende Darstellung des Entwurfsprozesses basiert auf HÜMPFNER (2002).

5.6.3 Standortoptimierung

Die Bestimmung optimaler Standorte der erforderlichen P+R-Kapazitäten umfasst folgende Arbeitsschritte:

- Ausgehend von der potentiellen P+R-Nachfrage in den Verkehrszellen (Orten) des Einzugsgebietes der ÖPNV-Achse werden die erforderlichen Kapazitäten der P+R-Anlagen an den einzelnen Haltestellen zunächst für den Fall ermittelt, dass alle P+R-Nutzer die ihrer Wohnung am nächsten gelegene Haltestelle aufsuchen. Einbezogen werden alle Haltestellen, gleichgültig ob dort heute schon P+R-Anlagen vorhanden sind oder nicht.

Bild 5.48: Zuordnung zur nächstgelegenen P+R-Anlage

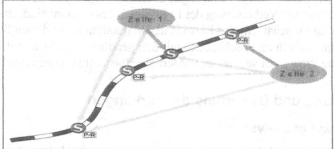

- Für diese Nachfrageverteilung wird anschließend überprüft, ob die jeweils erforderliche Kapazität vorhanden ist oder unter Berücksichtigung der Flächenverfügbarkeit, der politischen Durchsetzbarkeit und der Wirtschaftlichkeit geschaffen werden kann. Falls dies der Fall ist, wird der nächste Schritt des Verfahrens übersprungen.

- Die an den wohnungsnächsten P+R-Plätzen nicht zu befriedigende Nachfrage wird auf benachbarte P+R-Anlagen, die noch freie Kapazitäten aufweisen oder deren Kapazität erweiterbar ist, so verteilt, dass die Nachfrage insgesamt befriedigt und die Summe der Wege minimiert wird. Diese Verteilung geschieht mit Hilfe von Operations-Research-Verfahren.

Bild 5.49: Zuordnung unter der Bedingung minimaler Wege

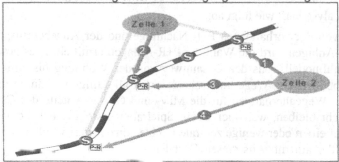

Ergebnis ist ein Systemoptimum, d.h. diejenige Verteilung der P+R-Nachfrage, die unter Ausschöpfung der möglichen Kapazitäten an den einzelnen P+R-Anlagen zu einem Minimum an Pkw-Fahrleistung führt.

- Festlegung bzw. Veränderung der Angebotsmerkmale der P+R-Anlagen.

- Festlegung bzw. Veränderung der Angebotsmerkmale der P+R-Anlagen

   Das tatsächliche Verhalten der P+R-Nutzer wird vom Systemoptimum abweichen, weil sich die Nutzer in ihrem Verhalten nicht am Systemoptimum, sondern an ihrem individuellen Optimum orientieren. Diese tatsächliche Verhalten wird im Rahmen der Wirkungsanalyse ermittelt. Damit das Verhalten der Nutzer dem Systemoptimum möglichst nahe kommt, müssen diejenigen Merkmale des P+R-Angebots verbessert werden, die ein systemoptimales Verhalten der Nutzer fördern, ohne die P+R-Nutzung insgesamt zu gefährden.

Sofern für einen Wohnort unterschiedliche ÖPNV-Achsen in Frage kommen, muss die P+R-Nachfrage dieses Ortes auf die ÖPNV-Achsen aufgeteilt werden. Dies geschieht mit Hilfe eines Wegewahlmodells, durch das die möglichen Wege über die verschiedenen ÖPNV-Achsen miteinander verglichen werden. Da die Eingangsgrößen des Wegewahlmodells erst nach der Festlegung der Maßnahmen zur Verbesserung des P+R-Angebotes bekannt sind, ist es erforderlich, die Aufteilung zunächst zu schätzen, den Entwurf der Maßnahmen mit diesen Schätzwerten durchzurechnen und die Aufteilung anschließend mit den genauen Werten erneut zu berechnen. Dieser rückgekoppelte Prozess ist solange zu wiederholen, bis Konvergenz erreicht ist.

5.6.4 Ermittlung und Bewertung der Wirkungen

Ablauf der Wirkungsanalyse

Aufgabe der Wirkungsermittlung ist es, zu klären, wie die Verkehrsteilnehmer auf das P+R-Angebot reagieren und zwar im Hinblick auf die Wahl des Verkehrsmittels und die Wahl des Standortes der P+R-Anlage.

Im Rahmen der Wirkungsermittlung werden nur die Wirkungen auf die o.g. Ziele der P+R-Planung betrachtet. Weitergehende Wirkungen z.B. auf das Verkehrsaufkommen – ein gutes P+R-Angebot führt zu zusätzlichen Fahrten aus dem Umland in die Kernstadt – oder auf die Verkehrsbeziehungen – durch ein gutes P+R-Angebot erfolgt eine Veränderung der Zielwahl – bleiben außer Betracht. Sie sind von geringem Umfang und werden hauptsächlich durch Einflüsse hervorgerufen, die mit P+R nichts zu tun haben.

Eingangsgrößen der Wirkungsanalyse sind die Verkehrsnachfrage, die Größe, Lage und Ausstattung der P+R-Anlagen sowie die Merkmale der ÖPNV-Bedienung an den P+R-Anlagen.

Die Wirkungsanalyse läuft wie folgt ab:

- Ausgehend von der vorhandenen P+R-Nachfrage und der Angebotsausprägung an den einzelnen P+R-Anlagen wird die Wahl der P+R-Anlagen ermittelt. Dies geschieht mit Hilfe eines Wegewahlmodells, das den Gesamtweg von der Wohnung bis zum Ziel innerhalb der Kernstadt abbildet. Die Wege unterscheiden sich allerdings nur durch die jeweils gewählte P+R-Anlage. Wegealternativen für die MIV- und ÖPNV-Anteile des Gesamtweges können außer Betracht bleiben, weil hier wenig Spielraum besteht. Auch können die Ziele in der Kernstadt auf einen oder wenige zentrale Punkte konzentriert werden, ohne dass dadurch ein größerer Fehler auftritt. Aus diesen Gründen reduziert sich das Wegewahlproblem auf ein Verteilungsproblem zwischen Wohnung und P+R-Anlage.

- Für jede Beziehung von einer Wohnzelle über eine P+R-Anlage bis zur Zielzelle (ggf. zusammengefasst als „Kernstadt") wird mit Hilfe eines Modal-Split-Modells der erwartete P+R-Anteil bestimmt. Maßgebend für die Verkehrsmittelwahl sind die Angebotsmerkmale der verschiedenen Verkehrsmittel. Eine Änderung der Verkehrsmittelwahl äußert sich in einem veränderten P+R-Verkehrsaufkommen in den Wohnzellen.

- Ein verändertes Verkehrsaufkommen im P+R-Verkehr ist Anlass für eine Wiederholung der Standortoptimierung und eine Veränderung der Angebotsmerkmale der P+R-Anlagen (Rückkoppelung zur Maßnahmenentwicklung).

- Abschließend werden der Umfang des P+R-Verkehrs und der Anteil der mit dem Pkw zurückgelegten Weglänge an der Gesamtlänge der Fahrt bestimmt.

Nach Abschluss der Wirkungsanalyse muss geprüft werden, ob die Ziele in befriedigender Weise erreicht sind. Andernfalls müssen die Maßnahmen modifiziert werden.

Instrumente der Wirkungsanalyse

HÜMPFNER (2002) benutzt für die Verkehrsmittelwahl ein Modal-Split-Modell, das von der Firma INTRAPLAN 1992 um P+R-Komponenten ergänzt wurde und für die Zuordnung der Nachfrage der Wohnzelle i auf die P+R-Anlage j ein spezielles Logit-Modell:

$$F_{ij} = Q_i \cdot \frac{v_j \cdot e^{N_{ij}}}{\sum\limits_k v_k \cdot e^{N_{ik}}} = Q_i \cdot \frac{v_j \cdot e^{A_j - g_d \cdot d_{ij}}}{\sum\limits_k v_k \cdot e^{A_k - g_d \cdot d_{ik}}}$$

F_{ij} Fahrten von i über P+R-Anlage j
Q_i P+R-Verkehrsaufkommen in i
N_{ij} Nutzen der Fahrten von i über P+R-Anlage j zum Ziel
A_j Attraktivität der P+R-Anlage j
g_d Gewichtung der Entfernung
d_{ij} Entfernung von i zur P+R-Anlage j
v_j Ausgleichsfaktor zur Berücksichtigung der Kapazität K_j

Die Attraktivität A_j der P+R-Anlage hängt von folgenden Einflussgrößen ab:

- Wahrscheinlichkeit, einen Stellplatz zu finden,
- Befahrbarkeit der Anlage,
- Sicherheit und Service auf der Anlage,
- Kosten für die Benutzung der Anlage,
- Weg vom Stellplatz zur ÖPNV-Haltestelle,
- Art des ÖPNV-Angebots,
- Bedienungshäufigkeit und Beförderungszeit in Richtung auf das Ziel,
- Auslastung des ÖPNV-Mittels,
- ÖPNV-Tarife ab Einstiegshaltestelle.

Da es kaum möglich ist, die verschiedenen Einflussgrößen auf eine gemeinsame Dimension zu bringen, empfiehlt es sich, ihre Ausprägung zu klassifizieren (z.B. von 1 bis 5). Der Faktor g_d repräsentiert die gegenseitige Gewichtung von Attraktivität und Entfernung durch den Verkehrsteilnehmer. Er wird anhand von Messdaten kalibriert.

Der Ausgleichsfaktor v_j wird eingeführt, weil anders als bei den Verteilungsmodellen im fließenden Verkehr die Summe der auf eine P+R-Anlage entfallenden Fahrten nicht einen bestimmten Wert erreichen muss (Z_j), sondern lediglich die vorhandene Kapazität K_j nicht überschreiten darf (= einseitige Randbedingung). v_j errechnet sich aus der Bedingung, dass die Anzahl der Parkvorgänge an der P+R-Anlage Z_j nicht größer sein darf als die Kapazität K_j dieser Anlage:

$$v_j^{\bullet} = v_j \cdot \frac{K_j}{Z_j} \quad falls \ Z_j > K_j, \ sonst \ v_j^{\bullet} = v_j$$

v_j Ausgleichsfaktor aus der vorhergehenden Iteration (Startwert: v_j=1)
$v_j^{\bullet}$ Ausgleichsfaktor zur Begrenzung der Nutzung der P+R-Anlage j
Z_j Zielverkehr zur P+R-Anlage j
K_j Kapazität der P+R-Anlage j

Dabei darf die Summe der Fahrten zu allen P+R-Plätzen (ΣZ_j) höchstens so groß sein wie die Summe der Kapazitäten aller P+R-Anlagen (ΣK_j).

Bewertung der Wirkungen

Für die politische Diskussion ist es wichtig, die bei der Bewertung festgestellten Mängel zu benennen und soweit wie möglich quantitativ zu belegen. Dies gilt sowohl für die Analyse des Zustandes ohne Maßnahmen als auch für den Nachweis des Planungserfolgs.

5.6.5 Beispiel: Sektor München – Erding

Das Verfahren zur Standortoptimierung von P+R-Anlagen wurde von HÜMPFNER (2002) am Beispiels des Sektors München – Erding durchgerechnet. Dabei sind noch keine die Attraktivität verbessernden Maßnahmen oder Modal-Split-Rückkoppelungen berücksichtigt worden.

Bild 5.50: Beispielrechnungen für den Sektor München – Erding

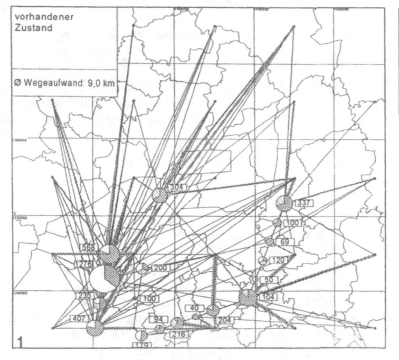

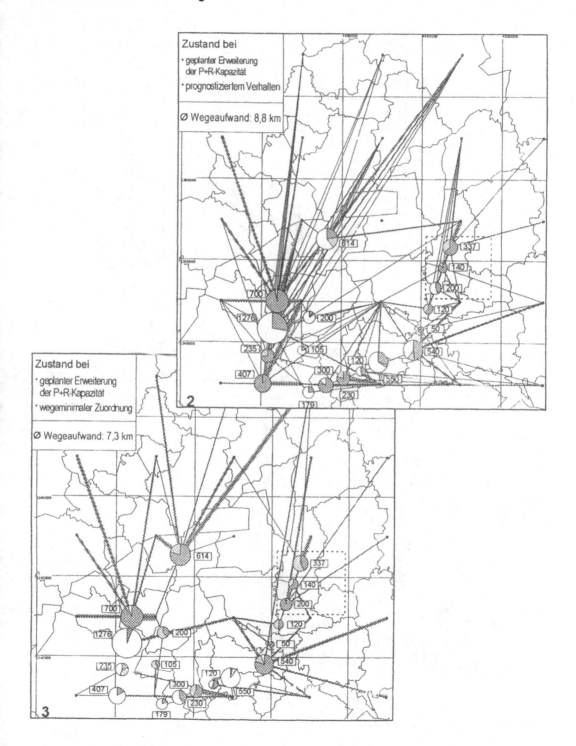

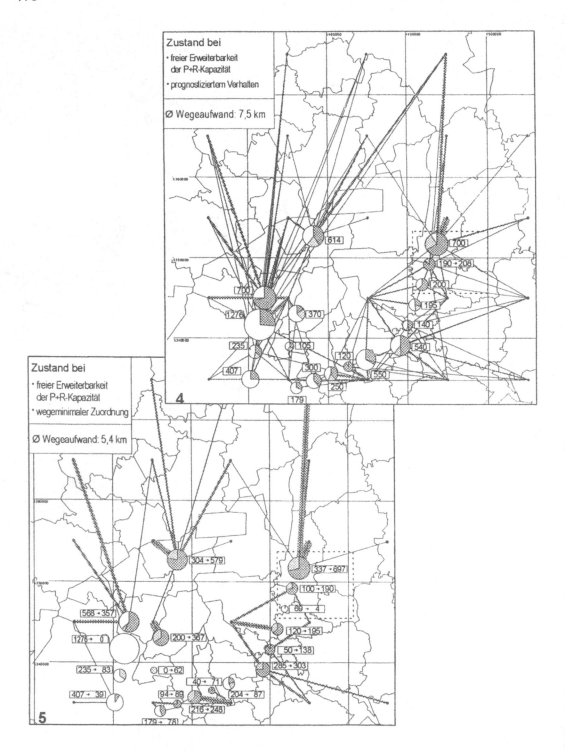

Mit der Bezeichnung „geplante Erweiterung der P+R-Kapazität" sind diejenigen Erweiterungen gemeint, die der Münchener Verkehrs- und Tarifverbundes (MVV) für mittelfristig realisierbar hält.

Die Ergebnisse der Berechnung zeigen für den mit dem Pkw zurückgelegten Anteil am Gesamtweg folgende Wegelängen:

Tab. 5.10: Mittlere Länge der Pkw-Fahrten

Zustand	Fall	mittlere Länge der Pkw-Fahrt
Vorhandener Zustand	1	9,0 km
Zustand bei angenommener Realisierung der MVV-Planung – bei prognostiziertem tatsächlichen Verhalten – bei angenommener wegeminimaler Zuordnung	2 3	8,8 km 7,3 km
Zustand bei angenommener freier Erweiterbarkeit der P+R-Kapazitäten – bei prognostiziertem tatsächlichen Verhalten – bei angenommener wegeminimaler Zuordnung	4 5	7,5 km 5,4 km

Theoretisch lässt sich damit die Länge des mit dem Pkw zurückgelegten Weges auf 60% verringern, allerdings nur, wenn die Kapazität der P+R-Anlagen frei erweiterbar ist und sich die Nutzer so verhalten, dass ein Wegeminimum erreicht wird.

Die Beispielsrechnung zeigt Auffälligkeiten bei den betroffenen drei P+R-Anlagen, die in den Fällen 2 bis 5 mit einem strichlierten Kasten umgeben sind.

● Bei einer wegeminimalen Zuordnung (Fall 5) wird die südliche Anlage nur geringfügig aufgesucht, so dass dort keine Erweiterung notwendig ist, sondern die Kapazität sogar eingeschränkt werden könnte. Deutliche Erweiterungen sind allerdings bei der nördlichen und der mittleren Anlagen erforderlich. Die Planung des MVV (Fall 3) steht dazu im Widerspruch: Sie folgt den aus wegeminimalen Gründen wünschenswerten Erweiterung der beiden nördlichen Anlagen nur sehr eingeschränkt und erweitert dafür die südlich gelegene Anlage noch über den bei einer wegeminimalen Zuordnung schon heute überdimensionierten Umfang hinaus. Dies führt im Fall einer angenommenen wegeminimalen Zuordnung zu einem Verdrängungsprozess von den dann überlasteten nördlichen Anlagen zur nicht ausgelasteten unteren Anlage. Dieser augenscheinliche Widerspruch liegt darin begründet, dass in der Praxis die beiden nördlichen Anlagen nur begrenzt erweiterbar sind (sie liegen z.B. innerhalb des Stadtgebietes der Kreisstadt), während die Erweiterung der unten liegenden Anlage keine Probleme macht.

● Die erforderliche P+R-Kapazität kann zwischen den Fällen eines dem prognostizierten Verhalten (Fall 4) und einer wegeminimalen Zuordnung (Fall 5) unterschiedlich sein. Im Regelfall ist die erforderliche Kapazität bei einem prognostizierten Verhalten geringer (weiße Teilflächen in der kreisförmigen Darstellung der Kapazität im Fall 4). Eine Ausnahme bildet die mittlere P+R-Anlage im strichlierten Kasten. Sie benötigt bei prognostiziertem Verhalten eine höhere Kapazität als bei wegeminimaler Zuordnung.

Aus den Ergebnissen der Beispielsrechnung können folgende Schlüsse gezogen werden:

- Je stärker die P+R-Kapazität in Richtung auf eine wohnungsnahe Abdeckung der Nachfrage erweiterbar ist, umso stärker sinkt die mittlere mit dem Pkw zurückgelegte Wegelänge.

- Das prognostizierte tatsächliche Verhalten weicht von einem angenommenen wegeminimalen Verhalten deutlich nach oben ab.

Für die Planung von P+R-Anlagen sind daraus folgende Forderungen ableitbar:

- Die Kapazität der P+R-Anlagen sollte in Orientierung an der Herkunft der Nutzer möglichst wohnungsnah erweitert werden.

- Durch die Steigerung der Attraktivität der wohnungsnah gelegenen Anlagen und die gleichzeitige Erhebung von Parkentgelten an den weiter entfernt liegenden Anlagen sollte versucht werden, das tatsächliche Verhalten bei der Wahl der benutzten P+R-Anlage an das erwünschte wegeminimale Verhalten besser anzupassen. Hinweise ergeben sich hierfür aus dem Vergleich der Auslastung der P+R-Anlagen zwischen den Fällen 2 und 3 bzw. 4 und 5. Wenn in den Fällen 2 bzw. 4 die Auslastungen deutlich geringer sind als in den Fällen 3 bzw. 5, sollte an diesen Anlagen die Attraktivität verbessert werden. Umgekehrt ist an höhere Parkentgelte zu denken.

Aus einer ausreichenden Kapazität der P+R-Anlagen resultiert eine hohe Sicherheitswahrscheinlichkeit, in einer wohnungsnahen Anlage einen freien Stellplatz zu finden. Dies ist eines der wichtigsten Kriterien für die Akzeptanz von P+R. Die Standortoptimierung in der hier vorgeschlagenen Weise trägt damit zu einer Förderung des P+R bei. Wenn bei den Nutzungsentgelten in der vorn empfohlenen Weise vorgegangen wird (Gesamtpreis für Parken und ÖPNV mit Rabattierung gegenüber Nicht-Nutzern des ÖPNV, Ausgabe einer kostenlosen Lizenz für die wohnungsnächste P+R-Anlage), dürfte auch die Erhebung von Parkentgelten kein Hindernis für die P+R-Nutzung sein.

6 Steuerung des Verkehrsablaufs

6.1 Definitionen und Grundlagen

Verkehrsablauf

Verkehrsablauf entsteht, wenn ein Verkehrsangebot durch Verkehrsnachfrage in Anspruch genommen wird. Der Verkehrsablauf setzt sich in allgemeiner Form (für den Öffentlichen Verkehr) zusammen aus den Ebenen

- Fahrtablauf,
- Beförderungsablauf,
- Reiseablauf.

Der Fahrtablauf wird definiert als Bewegung von Fahrzeugen auf dem Fahrweg. Die Gesamtheit der Fahrwege bildet ein Netz. Dieses Wegnetz stellt die Infrastruktur des Verkehrssystems dar. Die Beschreibung des Fahrtablaufs erfolgt durch die Beschreibung der einzelnen Fahrten, die über eine Abfolge von Strecken und Knoten verlaufen und an einen Zeitpunkt gebunden sind. Die Realisierung der Fahrten erfordert die Bereitstellung entsprechender Fahrtentrassen. Diese Fahrtentrassen werden in einem Trassenbelegungsplan niedergelegt.

Der Beförderungsablauf wird definiert als räumlich-zeitliche Bewegung der Fahrzeuge im Netz. Hierbei können in einem Netz mehrere Verkehrsunternehmen gleichzeitig tätig sein („Öffnung des Netzes"). Grundlage des Beförderungsablaufs ist der Beförderungsplan. Er enthält die zur Beförderung der Reisenden erforderlichen Fahrten in Form von Kursen. Kurse sind an einen Zeitpunkt gebundene Fahrten zwischen der Anfangshaltestelle und der Endhaltestelle einer Linie. Dieser Teil des Beförderungsplans wird den Reisenden zugänglich gemacht und im üblichen Sprachgebrauch als Fahrplan oder Kursbuch bezeichnet. Daneben sind im Beförderungsplan auch alle Fahrten enthalten, die dem Einsetzen, Umsetzen und Aussetzen der Fahrzeuge dienen. Neben dem Beförderungsplan gibt es einen Einsatzplan. In ihm sind der Einsatz der Fahrzeuge und der Fahrer festgelegt. Der Beförderungsplan erfordert für seine Realisierung die Bereitstellung von Fahrtentrassen, die das Verkehrsunternehmen beim Verkehrsinfrastrukturunternehmen anmietet.

Im Güterverkehr wird statt vom Beförderungsablauf vom Transportablauf gesprochen. Die Deutsche Bahn AG, die gleichermaßen Personenverkehr und Güterverkehr betreibt, spricht einheitlich von Transportablauf.

Reisen werden definiert als Bewegung von Personen zwischen einzelnen Quellpunkten (z.B. Wohnung) und Zielpunkten (z.B. Arbeitsstätte). Grundlage des Reiseablaufs sind nachgefragte Verkehrsbeziehungen und angebotene Verkehrsverbindungen. Die Verbindungen setzen sich zusammen aus den Kursen aller zwischen den Quell- und Zielpunkten verkehrenden Verkehrssysteme einschließlich der ergänzenden Fußwege.

Diese Differenzierung des Verkehrsablaufs gilt in der dargestellten Form nur für den öffentlichen Verkehr. Im Individualverkehr ist der Fahrer des Fahrzeugs gleichzeitig Reisender. Die Bewegung des Fahrzeugs einschließlich der darin befindlichen Reisenden gehört damit zur Verkehrsnachfrage, während das Verkehrsangebot lediglich aus dem Verkehrsnetz besteht. Aus diesem Grunde entfällt die Ebene des Beförderungsablaufs.

Störungen

Bei Störungen im Verkehrsablauf muss in den Verkehrsablauf eingegriffen werden.

Im öffentlichen Verkehr äußern sich Störungen dadurch, dass der Beförderungsablauf vom Beförderungsplan abweicht. Ursache hierfür sind Störungen im Fahrtablauf, die ihrerseits durch Einschränkungen der Fahrwegkapazität, Fahrzeugdefekte oder Unfälle hervorgerufen werden. Für die Beseitigung der Folgen solcher Störungen ist eine Steuerung sowohl des Fahrtablaufs als auch des Beförderungsablaufs erforderlich. Wegen der Abhängigkeit des Beförderungsablaufs vom Fahrtablauf müssen zur Beseitigung der Störungen der Administrator des Netzes und der Disponent des gestörten Verkehrssystems zusammenwirken. Veränderungen der Verkehrsnachfrage, wie z.B. ein größerer Andrang an Reisenden, führen zu Diskrepanzen zwischen Reiseablauf und Angebot. In einem solchen Fall muss entweder ebenfalls in den Beförderungsablauf eingegriffen werden (z.B. Angebot zusätzlicher Kurse) oder es muss versucht werden, über eine Information der Reisenden den Reiseablauf zu verändern. Eine solche Veränderung äußert sich in einem veränderten Reisezeitpunkt oder einer veränderten Reiseroute.

Im Individualverkehr können Störungen sowohl durch eine zusätzliche Nachfrage an Reisen als auch durch eine verminderte Netzkapazität, Fahrzeugdefekte und Unfälle verursacht werden. Für die Beseitigung der Diskrepanzen zwischen Nachfrage und Angebot können sowohl Maßnahmen der Steuerung des Fahrtablaufs, z.B. Umleitung von Verkehrsströmen über andere Fahrtrouten, als auch Maßnahmen der Steuerung des Reiseablaufs, z.B. Beeinflussung der Wahl des Reisezeitpunktes und/oder der Reiseroute ergriffen werden.

Aufgaben und Ziele der Steuerung

Aufgaben der Steuerung des Verkehrsablaufs sind

- Steuerung des Fahrtablaufs (technische Aufgabe),
- Steuerung des Beförderungsablaufs im ÖPNV (organisatorische Aufgabe),
- Steuerung des Reiseablaufs (organisatorische Aufgabe).

Bei der Steuerung des Fahrtablaufs geht es um eine Beeinflussung der Fahrzeugbewegung auf dem Fahrweg. Zielkriterien sind Sicherheit und Leistungsfähigkeit.

Die Steuerung des Beförderungsablaufs im ÖPNV betrifft die zeitliche Bewegung der Fahrzeuge im Netz. Die räumliche Bewegung ist durch den Linienverlauf vorgegeben. Lediglich bei einem Beförderungsablauf, der sich on-line der aktuellen Nachfrage anpasst (Bedarfsbusse), muss auch eine räumliche Beeinflussung erfolgen. Dies spielt aber weniger im städtischen Raum als vielmehr im ländlichen Raum eine Rolle und wird hier deshalb nicht näher behandelt. Zielkriterien sind Zuverlässigkeit und Wirtschaftlichkeit.

Die Steuerung des Reiseablaufs kann mittels Informationen über das Angebot und den Systemzustand erfolgen – in diesem Fall muss der Reisende aus der Information selber Schlüsse ziehen und sein Verhalten ggf. ändern –, oder es werden dem Reisenden Empfehlungen für ein verändertes Verhalten gegeben. Diese Veränderungen können sowohl den räumlichen als auch den zeitlichen Ablauf der Reise betreffen. Wegen der Deckungsgleichheit zwischen Fahrzeug und Fahrer ist die Steuerung des Reiseablaufs identisch mit der Steuerung des Fahrtablaufs.

Eine Beeinflussung des Reiseablaufs ist möglich

- vor Reiseantritt,
- während der Reise.

Vor Reiseantritt werden dem Reisenden in der Regel lediglich Informationen gegeben. Während der Reise werden die Informationen häufig durch Empfehlungen über ein verändertes Verhalten ergänzt. Der Erfolg der Beeinflussung des Reiseablaufs ist abhängig von der Akzeptanz der Empfehlungen durch die Reisenden. Zielkriterien für die Steuerung des Reiseablaufs sind Schnelligkeit, Zuverlässigkeit und Komfort der Reise.

Zu den genannten Steuerungsaufgaben kommt hinzu die

- Erhebung von Nutzungsentgelten.

Diese Aufgabe ist eine Servicefunktion, die im Rahmen der Steuerung des Reiseablaufs zu leisten ist. Im Straßenverkehr werden Nutzungsentgelte in Form von Steuern und Gebühren und zukünftig auch Straßenbenutzungsgebühren erhoben und im ÖPNV in Form von Fahrgeldern.

Ziele der Verkehrssteuerung sind

- Erhöhung der Sicherheit,
- Erhöhung der Leistungsfähigkeit,
- Verringerung des Energieverbrauchs,
- Verringerung der Umweltbelastung.

Die Ziele Sicherheit und Leistungsfähigkeit sind zunächst widersprüchlich. Die durch Steuerungsmaßnahmen mögliche genaue Einhaltung der erforderlichen Abstände, die Homogenisierung der Geschwindigkeit, die Verhinderung von gefährlichen Fahrmanövern sowie die Vermeidung von Staus kommen aber beiden Zielen gleichermaßen zugute. Die Verringerung des Energieverbrauchs und die Verringerung der Umweltbelastung stehen in engem Zusammenhang, denn die Belastung der Umwelt mit Abgasen und Kohlendioxid ist abhängig vom Verbrauch fossiler Brennstoffe. Die Lärmbelastung kann schließlich durch eine Regulierung des Fahrtablaufs begrenzt werden.

Durch eine Steuerung des Verkehrsablaufs wird es außerdem möglich, die vorhandene Infrastruktur besser zu nutzen und ihren Ausbau zu begrenzen. Umgekehrt stellt eine wirksame Steuerung des Verkehrsablaufs Ansprüche an die organisatorischen und technischen Komponenten des Verkehrsangebots. Die Auslegung des Verkehrsangebots einerseits und die Steuerung des Verkehrsablaufs andererseits stehen damit in enger Wechselwirkung zueinander. Dies führt zu der Forderung, dass der Entwurf des Verkehrsangebots und die Steuerung des Verkehrsablaufs zukünftig stärker integriert werden müssen. Der Entwurf des Angebots (Netz, Fahrplan) darf nicht statisch erfolgen, sondern muss auf einer Simulation des Fahrtablaufs aufbauen. Dazu müssen im Fahrtablauf häufig auftretende Störungen erzeugt und die Folgen unter Einsatz eines Steuerungsverfahrens beseitigt werden. Hierbei zeigt sich, ob die Angebotskomponente eine ausreichende Flexibilität aufweist, um im Störungsfall eine erfolgreiche Steuerung zuzulassen.

Die Zuständigkeit für die Steuerung des Fahrtablaufs liegt im Straßenverkehr bei der Straßenverkehrsbehörde und im Schienenverkehr beim Infrastrukturunternehmen. Eine intermodale Steuerung der Fahrtabläufe der einzelnen Netze wird notwendig, wenn bei Störungen des einen

Systems ein anderes System zusätzliche Verkehrsleistung übernehmen soll. Zur Wahrnehmung der damit verbundenen Steuerungsaufgabe ist eine übergeordnete Stelle zu schaffen.

Die Information der Reisenden über das planmäßige bzw. gestörte Verkehrsangebot sowie die Erhebung der Nutzungsentgelte ist im Straßenverkehr Aufgabe des Netzadministrators und im ÖPNV Aufgabe des jeweiligen Verkehrsunternehmens. Wenn das Angebot im ÖV von mehreren Verkehrsunternehmen erbracht wird, ist es sinnvoll, eine Verbundinstanz zu bilden und von dort aus die Reisenden zusammenhängend zu informieren und das Fahrgeld zusammenhängend zu erheben. Dieser Verbundinstanz obliegt auch die Steuerung des Beförderungsablaufs, wenn Maßnahmen erforderlich werden, die mehr als ein Verkehrsunternehmen betreffen. Die Maßnahmen sind zwischen den betroffenen Verkehrsunternehmen vorab abzustimmen, so dass sie im akuten Fall nur noch abgerufen zu werden brauchen. Für eine intermodale Information und Steuerung ist in der Zuständigkeit der öffentlichen Hand eine übergeordnete Instanz zu schaffen.

Wegen der raschen Weiterentwicklung der Kommunikationstechnik ist eine detaillierte Abhandlung des heutigen Standes der Steuerung wenig hilfreich. Nachfolgend werden deshalb lediglich die Steuerungsaufgaben genannt und die bisherige Realisierung skizziert. Ziel ist dabei in erster Linie eine Strukturierung der Steuerung. Besonderer Wert wird auf das Aufzeigen von Analogien zwischen der Steuerung des MIV und der Steuerung des ÖPNV gelegt. Auf Literaturangaben wird wegen des geringen Konkretisierungsgrades verzichtet.

Ablauf der Steuerung

Die Information über das Angebot und die Erhebung von Nutzungsentgelten sind Steuerungsvorgänge. Demgegenüber erfordert die Gewährleistung von Sicherheit und Zuverlässigkeit des Verkehrsablaufs Regelungsprozesse.

Steuerung und Regelung unterscheiden sich folgendermaßen:

- Steuerung: Beeinflussung eines Objektes ohne Berücksichtigung des Objekt-Zustandes.
- Regelung: Beeinflussung eines Objektes unter Berücksichtigung des Objektzustandes (= Prozess der Rückkoppelung).

Grundlage eines Regelungsprozesses ist der Regelkreis:

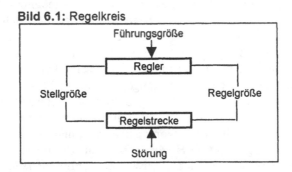

Bild 6.1: Regelkreis

Kern des Regelkreises ist der Regler. Er prüft bei einem zu regelnden Objekt (Regelstrecke) den Ist-Zustand (Regelgröße) und den Soll-Zustand (Führungsgröße). Bei Abweichungen zwischen Soll-Zustand und Ist-Zustand, wie sie aufgrund von Störungen entstehen, wird der Ist-Zustand mittels der Stellgröße auf den Soll-Zustand zurückgeführt.

Beispiel Temperaturregelung:

- Regler: Thermostat
- Regelstrecke: Temperatur
- Regelgröße (Ist-Zustand):   19°
- Führungsgröße (Soll-Zustand):   21°
- Störung: offenes Fenster
- Stellgröße: Stellung der Heizungsventile

Informationssysteme sind i.a. unvollständige Regelkreise. Die Aufgabe des Reglers übernimmt der Verkehrsteilnehmer. Er wird über den Zustand des zu regelnden Objektes informiert (Regelgröße) und bewirkt durch eine Verhaltensänderung (Stellgröße), dass der Ist-Zustand des zu regelnden Objektes bei Störungen wieder auf den Soll-Zustand zurückgeführt wird.

Der Begriff Steuerung wird im allgemeinen Sprachgebrauch als Oberbegriff für Regelung und Steuerung verwendet (unscharfe Definition). Geeigneter als Oberbegriff wäre „Verkehrsbeeinflussung", die sich dann gemäß der obigen Definition in Steuerung und Regelung unterteilt. Hier wird, wie im allgemeinen Sprachgebrauch üblich, die Bezeichnung Steuerung als Oberbegriff verwendet.

Technisches System

Das technische System der Steuerung besteht aus den Komponenten:

- Mess- oder Zähleinrichtung,

- Rechner,

- Steuerungsstrategie,

- Anzeigeeinrichtung,

- Einrichtungen der Informationsübertragung.

In der Vergangenheit erfolgte die Steuerung des Verkehrsablaufs mit Hilfe konventioneller Kommunikationssysteme wie Telefon und Leitungen. Die moderne Kommunikationstechnik ermöglicht eine Ausweitung und Intensivierung der Steuerung und kann deren Nutzen-Kosten-Verhältnis verbessern.

6.2 Steuerung des Fahrtablaufs

Die Steuerung des Fahrtablaufs dient in erster Linie der Sicherheit, kann aber auch zur Erhöhung der Leistungsfähigkeit des Fahrwegs beitragen.

Beim Fahrweg wird unterschieden nach Straßenverkehr und Schienenverkehr. Der straßengebundene ÖPNV unterliegt hinsichtlich der Sicherung des Fahrtablaufs denselben Bedingungen wie der allgemeine Straßenverkehr. Schienennetze werden ausschließlich durch öffentliche Verkehrsmittel befahren.

6.2.1 Straßenverkehr

Im Straßenverkehr umfasst die Steuerung des Fahrtablaufs folgende Teilaufgaben:

- Warnung vor unfallträchtigen Situationen
- Abstandshaltung,
- Sicherung an Knotenpunkten,
- Beeinflussung der Geschwindigkeit,
- Richtungswechselbetrieb auf Strecken,
- Begrenzung der Fahrzeugdichte durch Zuflussdosierung.

Warnung vor unfallträchtigen Situationen

Die Warnung vor unfallträchtigen Situationen betrifft Stau, Nebel, Glatteis und Seitenwind, insbesondere wenn diese Phänomene nicht ohne weiteres erkannt werden können (z.B. plötzliche Nebelbänke, Stau hinter Kurven oder Kuppen). Für derartige Fälle werden automatische Gefahrenwarnsysteme entwickelt. Sie bestehen aus Messkomponenten und Anzeigekomponenten. Die Messung ist teilweise schwierig wie z.B. bei Glatteisgefahr, die nicht direkt gemessen werden kann, sondern aus Sekundärwerten wie Temperatur und Luftfeuchtigkeit zusammengesetzt werden kann. Die Anzeigen können fahrwegseitig oder bei Vorhandensein von Navigationssystemen auch fahrzeugseitig erfolgen.

Abstandshaltung

Die Abstandshaltung erfolgt manuell durch die Fahrer. Der Abstand muss ein gefahrloses Abbremsen des nachfolgenden Fahrzeugs ermöglichen. Er ist damit abhängig von der Fahrgeschwindigkeit und der Sichtweite. Neuerdings wird mit automatischen Abstandsmessgeräten z.B. auf der Grundlage von Radarmessungen experimentiert. Zu geringe Abstände können den Fahrern angezeigt werden, oder die Fahrzeuge können sogar automatisch gebremst werden.

Sicherung von Knotenpunkten

Knotenpunkte werden durch Vorfahrtsregeln oder, bei höherer Verkehrsbelastung durch Lichtsignalanlagen gesichert. Die Grünzeit wird auf die zueinander in Konflikt stehenden Ströme so verteilt, dass eine maximale Leistungsfähigkeit entsteht. Die ursprüngliche Festzeitsteuerung, bei der allen Strömen gleichbleibende Grünzeiten zugemessen wurden, wird zunehmend durch Anlagen ersetzt, die eine belastungsabhängige Zumessung der Grünzeiten erlauben. Dies kann statisch mit Hilfe einer Tageszeitsteuerung geschehen oder dynamisch mit einer direkten Reaktion auf die jeweiligen Belastungsverhältnisse. Dabei ist es auch möglich, bestimmte Ströme, z.B. Ströme in Abhängigkeit von der Durchfahrt von ÖPNV-Fahrzeugen zu bevorzugen und die dadurch entstehende Benachteiligung anderer Ströme anschließend wieder auszugleichen. Lichtsignalanlagen benachbarter Knotenpunkte werden zeitlich miteinander koordiniert, um unnötige Haltevorgänge zu vermeiden und die Leistungsfähigkeit eines Straßenzuges zu maximieren.

Beeinflussung der Geschwindigkeit

Hohe oder stark differierende Geschwindigkeiten führen häufig zu Unfällen und Staus. Gleichzeitig steigen die Lärmemissionen. Auf kritischen Abschnitten des Straßennetzes werden die zulässigen Geschwindigkeiten deshalb begrenzt. Dies führt zu einer Homogenisierung des Fahrtablaufs. Derartige Geschwindigkeitsbegrenzungen können entweder statisch mittels feststehender Verkehrszeichen erfolgen oder dynamisch durch Wechselverkehrszeichen, die in Abhängigkeit von der Verkehrsdichte oder den Straßenverhältnissen gesteuert werden.

Bei Überschreitung einer kritischen Fahrzeugdichte führt jede Ungleichmäßigkeit der Fahrt eines Fahrzeugs zu Bremsvorgängen der folgenden Fahrzeuge, die immer stärker werden und sich zum „Stau aus dem Nichts" auswachsen können. Durch eine Dosierung des Zuflusses auf den davon betroffenen Streckenabschnitt kann eine Belastung vermieden werden, die über diese kritischen Dichten hinausgeht. Die Dosierung erfolgt an den Zufahrten. Dazu muss die Belastung auf der Hauptstraße gemessen und kurzzeitig prognostiziert werden. Bei einer zu erwartenden Überlastung wird der Zufluss in Fahrtrichtung vor der Überlastungsstelle vermindert. Dies geschieht mit Hilfe von Lichtsignalanlagen an den Zufahrtsrampen. Die Leistungsgrenze eines solchen zuflussgeregelten Systems wird dann nicht mehr durch die Dichte auf der Hauptstraße begrenzt, sondern durch den Stau auf den Zufahrten.

Richtungswechselbetrieb auf Strecken

Auf bestimmten Teilen des Netzes verändert sich im Verlauf des Tages das Belastungsverhältnis zwischen den beiden Richtungen, so dass die Kapazität der Straße häufig in der einen Richtung nicht ausreicht und in der anderen Richtung nicht ausgenutzt wird. Dieses Ungleichgewicht in der Auslastung kann beseitigt werden, wenn ein Teil der Fahrstreifen wechselweise der jeweils stärker belasteten Richtung zugeordnet wird (z.B. der mittlere Fahrstreifen einer dreistreifigen Straße). Durch die Veränderung der Anzahl der Fahrstreifen wird die Leistungsfähigkeit einzelner Fahrtrouten verändert und damit mittelbar die Routenwahl beeinflusst.

Die wechselweise Zuordnung der variablen Fahrstreifen zu den beiden Richtungen erfolgt mit Hilfe von Lichtzeichen. Sie wird entweder in Abhängigkeit von der Tageszeit (bei regelmäßig in gleicher Weise wiederkehrenden Belastungsverhältnissen) oder in Abhängigkeit vom momentanen Belastungsverhältnis vorgenommen. Bei tageszeitabhängiger Steuerung müssen die Belastungsverhältnisse zu den verschiedenen Tageszeiten aus vorhergehenden Off-line-Messungen bekannt sein. Bei belastungsabhängiger Regelung muss die Belastung kontinuierlich gemessen werden. Um ein ständiges Hin- und Herschalten zu vermeiden, erfolgt die Richtungsumschaltung der variablen Fahrstreifen erst, wenn das Belastungsverhältnis bestimmte vorher definierte Schwellenwerte über- oder unterschritten hat. Problematisch ist die Umschaltphase, weil die variablen Fahrstreifen aus Sicherheitsgründen eine Zeitlang für beide Richtungen gesperrt werden müssen.

Zuflussdosierung von Netzteilen

Über eine Dosierung des Zuflusses in kritische Netzabschnitte wird der Verkehrsfluss verbessert. Der Zufluss wird mit Hilfe von Lichtsignalanlagen (sogenannter LSA-Pförtneranlagen) begrenzt, indem die Grünzeit so gewählt wird, dass innerhalb des Netzabschnitts eine bestimmte Verkehrsdichte nicht überschritten oder eine bestimmte Geschwindigkeit nicht unterschritten wird. Diese Regelung kann auch für einen gesamten Stadtteil (z.B. Innenstadt) durchgeführt werden. Die Grünzeitlänge für den Zufluss wird entweder fest eingestellt – gegebenenfalls differenziert nach Tageszeit – oder in Abhängigkeit von der innen herrschenden Verkehrsdichte oder Geschwindigkeit geregelt. Bei tageszeitabhängiger Steuerung müssen die Belastungen des Netzabschnittes aus vorhergehenden Messungen bekannt sein. Bei belastungsabhängiger Regelung muss die Belastung kontinuierlich gemessen werden.

In Netzabschnitten mit straßengebundenem ÖPNV und starkem allgemeinen Straßenverkehr lassen sich durch die Zuflussdosierung des allgemeinen Straßenverkehrs die Behinderungen des ÖPNV verringern.

6.2.2 Straßengebundener ÖPNV

Auf Straßen, die vom ÖPNV befahren werden, erfolgt eine Steuerung der Fahrzeugbewegung auf dem Fahrweg bisher nur durch eine Bevorrechtigung des ÖPNV an lichtsignalisierten Knotenpunkten. Eine solche Bevorrechtigung ist nur wirksam, wenn das ÖPNV-Fahrzeug bei Vorhandensein eigener Fahrstreifen (Gleiskörper, Busfahrstreifen) ungehindert bis an die Sperrlinie des Knotenpunktes heranfahren kann. Diese Voraussetzungen sind insbesondere in den dicht bebauten Wohn- oder Mischgebieten im Übergangsbereich zwischen Außenstadt und Innenstadt nur schwer zu erfüllen. Die Anlage eines eigenen Fahrstreifens ist wegen der dort i.a. noch geringen Linienbündelung im ÖPNV und der Enge des Straßenraums in der Regel nicht vertretbar. Für den Zeitraum der Durchfahrt des ÖPNV-Fahrzeugs kann jedoch ein virtueller Fahrstreifen eingerichtet werden. Dies geschieht in der Weise, dass kurz vor dem Eintreffen eines ÖPNV-Fahrzeuges durch eine entsprechende Schaltung der Lichtsignalanlagen der Zufluss des allgemeinen Straßenverkehrs auf dem vom ÖPNV befahrenen Streckenabschnitt begrenzt und dem ÖPNV-Fahrzeug an der Lichtsignalanlage ein Vorrang eingeräumt wird. Ein solches System erfordert eine kontinuierliche Messung des Verkehrsablaufs im ÖPNV und im MIV.

6.2.3 Schienenverkehr

Im Schienenverkehr umfasst die Steuerung des Fahrtablaufs folgende Teilaufgaben:
*   Abstandshaltung,
*   Sicherung vor Flankenfahrten,
*   Zuflussdosierung an Knotenpunkten,
*   Abfertigung der Fahrzeuge bei Fahrgastwechselvorgängen.

Abstandshaltung

Da die Abstandshaltung aufgrund der langen Bremswege und der dadurch erforderlichen großen Sichtweiten manuell nicht möglich ist, wird im Schienenverkehr im Blockabstand gefahren. Der Fahrweg ist in Abschnitte eingeteilt, deren Länge dem Bremsweg der Züge entspricht. Ein Folgeabschnitt darf erst befahren werden, wenn er vom voraus fahrenden Zug geräumt ist. Diese Regel wird durch Signale gesichert. Ein fahrlässiges Überfahren von Haltesignalen wird durch die induktive Zugsicherung (INDUSI) verhindert, welche die Züge rechtzeitig vor dem Signal zwangsweise bremst. Da die Blocklänge die Leistungsfähigkeit der Strecke bestimmt und von der zulässigen Geschwindigkeit abhängt, entsteht eine unmittelbare Abhängigkeit zwischen Geschwindigkeit und Leistungsfähigkeit der Strecke.

Bei Strecken mit Hochgeschwindigkeitsverkehr wird auf elektrische Sicht gefahren. Das System misst die Geschwindigkeiten der hintereinander fahrenden Züge über ein im Gleis verlegtes Leitkabel und regelt die Geschwindigkeit des Folgezuges so, dass ein ausreichender Abstand eingehalten wird. Bei einem Bremsvorgang des ersten Fahrzeugs wird das zweite Fahrzeug ebenfalls abgebremst. Dieses System ermöglicht ein Fahren mit kürzest möglichem Abstand. Ein solches System ist zwingend notwendig, wenn automatisch gefahren werden soll. Mittelfristig dürfte das heute noch überwiegend vorhandene Blocksystem durch das System des Fahrens auf elektrische Sicht ersetzt werden. Zukünftig wird die heute noch benutzte Kommunikation über ein Leitkabel durch eine Kommunikation über Funk ersetzt werden. Den Übergang zwischen dem herkömmlichen Streckenblock und dem Fahren auf elektrische Sicht bildet der Hochleistungsblock, der kürzere Blockabstände aufweist. Je nach Geschwindigkeit des Zuges muss eine bestimmte Anzahl von Blöcken freigehalten werden.

Sicherung vor Flankenfahrten

Der Flankenschutz erfolgt in der Weise, dass für die einzelnen Zugfahrten auf Streckenabschnitten mit Verzweigungen (z.B. Bahnhofseinfahrten und Bahnhofsausfahrten) „Fahrstraßen" festgelegt und die möglichen Konfliktpunkte durch Signale gesichert werden. Ursprünglich wurden die Fahrstraßen in Stellwerken manuell gebildet und wieder aufgelöst. Inzwischen geschieht dies automatisch: Der Zug meldet sich mit seiner Kursnummer im Stellwerk an und löst damit automatisch die Bildung der Fahrstraße aus. Eine solche automatische Fahrstraßenbildung ist Voraussetzung für einen automatischen Zugbetrieb.

Zuflussdosierung an Knotenpunkten

Auch im Schienenverkehr ist eine Zuflussdosierung vor stark belasteten Knotenpunkten und Streckenabschnitten möglich. Im Zulauf zu solchen Punkten werden die Züge in ihrer Geschwindigkeit so beeinflusst, dass an den Engstellen keine Haltevorgänge entstehen, denn solche Haltevorgänge erfordern beim Wiederanfahren zusätzliche Energie, senken die Leistungsfähigkeit und erwecken bei den Reisenden den Eindruck eines gestörten Betriebs. Damit Geschwindigkeitsreduzierungen im Zulauf zu Engstellen nicht zu Verspätungen führen, müssen die Fahrpläne Zeitreserven aufweisen. Diese Zeitreserven dürfen aber nicht dazu führen, dass die Züge verfrüht am nächsten Bahnhof ankommen. Vielmehr sollten die Zeitreserven, wenn sie nicht für eine Zuflussdosierung benötigt werden und die Wahrscheinlichkeit für eine Störung bei Annäherung an einen Bahnhof hinreichend gering geworden ist, schon während der Fahrt durch eine abgesenkte Geschwindigkeit abgebaut werden. Dies spart ebenfalls Energie und verhindert verlängerte Standzeiten am Zielbahnhof, die von den Fahrgästen als negativ empfunden werden.

Abfertigung der Fahrzeuge bei Fahrgastwechselvorgängen

Eine Besonderheit des Schienenverkehrs ist die Abfertigung der Züge an der Haltestelle. Der Aus- und Einsteigevorgang wird derzeit vom Fahrer oder von einer Leitstelle aus überwacht (durch Aussteigen, Spiegel oder Videokamera). Ein personalfreier Betrieb ist nur möglich, wenn auch die Überwachung des Abfertigungsvorgangs automatisiert wird. Technische Möglichkeiten bestehen durch die Mustererkennung, bei welcher der Ist-Zustand (laufender Aus- und Einsteigevorgang) mit einem Sollzustand (abgeschlossener Aus- und Einsteigevorgang, d.h. keine Bewegungen mehr an der Bahnsteigkante) elektronisch verglichen und bei Identität der Bilder die Abfahrt freigegeben wird.

6.3 Steuerung des Beförderungsablaufs im ÖPNV

Hinsichtlich des Systems zur Steuerung des Beförderungsablaufs wird nachfolgend dem allgemeinen Sprachgebrauch folgend von „Betriebsleitsystemen" gesprochen, obwohl nach den hier verwendeten Definitionen der Begriff „Beförderungsleitsystem" exakter wäre.

Funktionsweise

Störungen des räumlichen Ablaufs kommen wegen der Bindung des herkömmlichen Linienverkehrs an einen festen Linienverlauf nicht vor und brauchen deshalb nicht überwacht zu werden.

Störungen des zeitlichen Ablaufs entstehen hauptsächlich aufgrund folgender Ursachen:

- Zeitüberschreitung bei Fahrgastwechselvorgängen,
- Behinderungen durch den Individualverkehr im straßengebundenen Verkehr,
- technische Mängel,
- Unfälle,
- übermäßiges Fahrgastaufkommen.

Häufig auftretende Störungen sind:

- Verlängerung von Haltestellenaufenthaltszeiten,
- Verzögerungen oder Halte auf der Strecke außerhalb der Haltestellen,
- Überlastung von Fahrzeugen.

Diese Störungen haben folgende nachteilige Folgen für Fahrgäste und Fahrer:

- Verspätungen bei der Abfahrt bzw. Ankunft an den Haltestellen,
- Nichteinhaltung von Anschlüssen,
- Nichtmitnahme von Fahrgästen,
- Einschränkungen von Fahrerpausen,
- Überschreitung des Dienstendes von Fahrern.

Geringfügige Störungen des Beförderungsablaufs können vom Fahrer selbst beseitigt werden. Dies wird um so erfolgreicher sein, je früher der Fahrer die Störungen erkennt und je größer seine Handlungsfreiheit ist. Bei größeren Störungen reicht das Regelungspotential des Fahrers nicht mehr aus, so dass er Unterstützung durch eine Betriebsleitzentrale benötigt. Die Entscheidungen werden dann nicht mehr vom Fahrer im Fahrzeug, sondern von Disponenten in der Betriebsleitzentrale getroffen. Hierzu bedarf es einer funkbasierten Kommunikation zwischen Fahrer und Disponenten sowie rechnergestützter Entscheidungshilfe für den Disponenten.

Maßnahmen zur Störungsbeseitigung sind:

- Beschleunigung und Stabilisierung des Fahrtablaufs durch ÖPNV-Vorrang an lichtsignalisierten Knotenpunkten,
- Aufhalten von Anschlussfahrzeugen,
- Kürzen der Wendezeit,
- vorzeitiges Wenden des Fahrzeugs auf dem Linienweg,
- ohne Halt fahren,

- Fahrzeugfolge vergleichmässigen,

- Einsatz von Verstärkungs- oder Ersatzfahrzeugen,

- Umlenkung von Reisendenströmen.

Eine besonders wichtige Maßnahme ist die Sicherung von Anschlüssen. Wenn das Fahrzeug einer abholenden Linie bei Verspätung des Fahrzeugs einer zubringenden Linie aufgehalten wird, erhält das aufgehaltene Fahrzeug selber Verspätung und es kann zu Negativwirkungen am nächsten Anschlusspunkt dieser Linie kommen, die ggf. größer sind als das Verlorengehen des ersten Anschlusses. Ein solcher Wirkungsvergleich lässt sich nur in der Betriebsleitzentrale anstellen; eine Kommunikation zwischen den beiden betroffenen Fahrzeugen reicht hierfür nicht aus. Die Gefahr von Folgeverspätungen ist um so geringer, je länger die Anschlusszeiten sind und je mehr Anschlussspielraum der Gesamtfahrplan aufweist. Die Notwendigkeit eines solchen Spielraums für eine wirksame Anschlusssicherung muss schon beim Entwurf des Fahrplans (Kap. 5.4.7) beachtet werden. Dazu sollten fahrplangemäße Fahrtabläufe simuliert, häufig auftretende Störungen erzeugt, und diese Störungen mit Hilfe von Steuerungsmaßnahmen beseitigt werden. Eine solche Simulation zeigt dann, ob der Fahrplan ausreichend flexibel ist, um Maßnahmen der Anschlusssicherung ohne eine Störungsaufschaukelung durchführen zu können.

Die Komponenten für die Informationsübertragung sind bereits weit entwickelt. Es fehlt jedoch noch an Dispositionshilfen.

Technische Komponenten

Betriebsleitsysteme bestehen aus folgenden technischen Komponenten:

- Hardware

  - Fahrzeugseitige Detektoren zur Erfassung des zurückgelegten Weges und der Fahrzeugbesetzung,

  - fahrzeugseitiges Terminal zur Eingabe von Daten und zur Ausgabe von Informationen,

  - Leitzentrale mit Rechner und Terminal zur Verarbeitung und Ausgabe von Informationen,

  - Funkstrecke zur Verbindung zwischen Fahrzeug und Leitzentrale,

- Software

  - Dateien des Soll-Zustandes in der Leitzentrale und/oder im Fahrzeug,

  - Mathematisches Modell zur Abbildung der Steuerungsaufgabe,

  - Steuerungsstrategien.

6.4 Information vor Reiseantritt

Die Information über das Angebot kann off-line und on-line gegeben werden. Die Off-line-Information beschränkt sich auf statische Merkmale des Verkehrsangebots, die Ergebnis der Angebotsplanung sind und vor Beginn des Verkehrsablaufs festliegen (z.B. Straßennetz und ÖPNV-Fahrplan). Die On-line-Information erweitert diese statischen Merkmale durch dynamische Merkmale des Verkehrsangebots, die sich im Zusammenhang mit dem Verkehrsablauf ergeben (z.B. Störungen des Verkehrsablaufs).

Die allgemeine Information über das System (=Systembeschreibung) wird hier nicht weiter behandelt. Sie kann über elektronische Medien wie Internet und Handy abgerufen werden.

6.4.1 Straßenverkehr

Im MIV erfolgt die Off-line-Information über Fahrtmöglichkeiten traditionell mit Hilfe von Karten über das Wegenetz und zusätzliche Informationen zum Netz (Klassifizierung von Straßen, Angabe von Streckenlängen, voraussichtlicher Reisezeitbedarf). Die Handhabbarkeit dieser Informationsmittel wird ständig verbessert.

Diese Off-line-Informationen lassen sich heute ebenfalls on-line über Internet abrufen. Sie werden durch On-line-Informationen über den Zustand des Wegenetzes (Nebel, Glatteis) und die Verkehrslage (Zähflüssigkeit, Staus, Sperrung von Streckenabschnitten) ergänzt. Zustandsinformationen werden periodisch auch über den Rundfunk und tragbare Informationsgeräte wie Handy und zukünftig über den „Personal Travel Assistant PTA" verbreitet. Diese Zustandsinformationen sind identisch mit den Störungsinformationen während der Reise und werden dort (Kap. 6.5) näher erläutert.

Um Zustandsinformationen geben zu können, müssen der Zustand des Wegenetzes und die Verkehrslage kontinuierlich erfasst werden. Gegenwärtig erfolgt dies noch weitgehend durch Beobachtung und Meldevorgänge, die teilweise mit Ungenauigkeiten behaftet sind und zeitlichen Verzögerungen unterliegen. Angestrebt wird eine automatische Messung. Witterungseinflüsse lassen sich durch Sensoren (Feuchtigkeit, Temperatur, Sicht) erfassen. Die Ermittlung der Verkehrslage kann mit Hilfe von wegeseitigen Induktionsschleifen, Meldungen der Autofahrer mittels Handy, automatisch ausgewerteten Videobildern und automatischen Meldesystemen der Fahrzeuge erfolgen.

6.4.2 ÖPNV

Im ÖPNV ist die noch vorherrschende Informationsquelle der gedruckte Fahrplan. Er ist häufig schwer lesbar und unübersichtlich und gibt in der Regel Kurse und nicht Verbindungen zwischen den Haltestellen wieder. Der gedruckte Fahrplan kann durch eine Abstufung der Information (Gesamtfahrplan für das Hauptsystem, kleinräumige Fahrpläne für die Zubringer- und Verteilersysteme) sowie eine haltestellenbezogene Information verbessert werden. Letzteres wird sich aus Aufwandsgründen allerdings in der Regel auf wichtige Verbindungen beschränken müssen.

Elektronische Auskunftssysteme informieren über die angebotenen Verbindungen sowie über Fahrpreise. Diese Informationen sind über Telefon (unter Zwischenschaltung einer Auskunftsperson), über Auskunftsautomaten an Schwerpunkthaltestellen und Verkehrsschwerpunkten sowie über CDRom, Internet und Handy abrufbar.

Die Auskunftssysteme enthalten teilweise auch Informationen über Störungen des Beförderungsablaufs. Dafür muss das Auskunftssystem eine Verbindung zu einer Zentrale haben, in der alle Informationen über den Beförderungsablauf zusammen kommen und von der aus der Beförderungsablauf gesteuert wird. Die Informationen über den Beförderungsablauf werden aus einem Vergleich zwischen Soll-Zustand und Ist-Zustand gewonnen. Die Daten über den Ist-Zustand werden durch die Fahrzeuge erfasst und über Funk an die Zentrale geleitet.

6.4.3 Intermodale Information

Neuerdings wird versucht, die Informationen des MIV mit Informationen des ÖPNV zu verknüpfen. Damit soll der Wechsel zwischen diesen Systemen generell oder im Störungsfall speziell erleichtert werden. Hierbei handelt es sich allerdings weniger um Information als um Werbung. Die Möglichkeit, hierdurch eine deutliche Veränderung der Verkehrsmittelwahl zu erreichen, wird allerdings skeptisch beurteilt.

6.5 Information und Empfehlung während der Reise

Der MIV und der ÖPNV unterscheiden sich dadurch, dass es beim MIV keine vorgegebenen Fahrzeiten gibt und demgemäss nur der räumliche Ablauf (Fahrtroute) beeinflusst werden kann, allerdings mit dem Ziel einer Minimierung der Fahrzeit. Beim ÖPNV liegt der Fahrweg fest und lediglich der zeitliche Ablauf ist Gegenstand der Steuerung.

6.5.1 Straßenverkehr

Im Straßenverkehr werden Störungen vor allem durch Verkehrsstaus ausgelöst. Ursache dieser Staus sind entweder Überlastungen der Straße oder technische Pannen und Unfälle. Störungen des planmäßigen Verkehrsablaufs führen dazu, dass übliche und vom Verkehrsteilnehmer kalkulierte Fahrzeiten nicht mehr eingehalten werden können. Zur Vermeidung solcher Störungen und zur Beseitigung der Störungsfolgen müssen die Fahrzeugströme im Netz gesteuert werden. Hierfür gibt es folgende Möglichkeiten:

- Beeinflussung der Routenwahl,
- Steuerung des ruhenden Verkehrs.

Beeinflussung der Routenwahl

Durch eine Beeinflussung der Fahrtroute wird der Verkehr so auf die möglichen Fahrtrouten aufgeteilt, dass das Wegenetz gleichmäßig ausgelastet wird und Überlastungen vermieden werden. Hierbei entsteht ein Zielkonflikt zwischen den Interessen des Systembetreibers, der Überlastungen vermeiden will (Systemoptimum) und denjenigen des Autofahrers, der an kurzen Fahrzeiten interessiert ist (individuelles Optimum). Auch muss vermieden werden, dass durch eine Beeinflussung der Fahrtroute sensible Streckenabschnitte, die z.B. durch Wohngebiete führen, übermäßig belastet werden.

Eine erste Beeinflussung der Routenwahl erfolgt vor Reiseantritt durch Informationen über den Straßenzustand und die Verkehrslage im Zusammenhang mit der Information über das Angebot (Kap. 6.4).

Eine zweite Stufe der Beeinflussung der Routenwahl erfolgt während der Reise. Maßnahmen hierfür sind

- Informationen und Empfehlungen,
- Wechselwegweisung.

Informationen über Störungen werden heute über Rundfunk verbreitet (Autofahrer-Rundfunk-Informationssystem, ARI). In ihnen werden dieselben Informationen über den Straßenzustand und die Verkehrslage gegeben, wie sie auch Gegenstand der Zustandsinformation vor Reisean-tritt sind. Problem ist dabei die rechtzeitige Erkennung der Störungen. Sie basiert auf Feststel-lungen der Polizei und auf Meldungen durch Autofahrer. Da diese Informationen meist nicht sehr aktuell sind, wird an einem System gearbeitet, das Störungen aufgrund automatischer Mes-sungen feststellt (Autofahrer-Rundfunk-Informationssystem aufgrund automatischer Messungen, ARIAM). Außerdem werden Meldesysteme erprobt, bei denen Autofahrer kritische Situationen mittels Handy melden. Dieses System kann bei Vorhandensein von Navigationssystemen (s. unten) automatisiert werden. Sofern Daten des fließenden Verkehrs (z.B. Geschwindigkeit) au-tomatisch erfasst werden, dienen sie als Indikator der Verkehrslage.

Die Systeme ARI und ARIAM werden in laufende Programme eingeblendet. Ein gesonderter Kanal nur für Verkehrsmeldungen ist der Traffic Message Channel (TMC). Die Informationen des TMC werden laufend gesendet und im Fahrzeuggerät gespeichert. Sie können vom Autofah-rer bei Bedarf und konzentriert auf bestimmte Verkehrsgebiete abgerufen werden. Der Abruf von Informationen über die Verkehrslage ist auch mittels Handy möglich.

Wechselwegweiser werden vor wichtigen Routenverzweigungen angebracht. Sie können entspre-chend dem Straßenzustand und der Verkehrslage auf verschiedene Fahrtrouten umgeschaltet werden. Die Umschaltung erfolgt von einer Leitzentrale aus. Dort werden dieselben Zustandsda-ten verwendet wie bei der Übermittlung von Informationen und Empfehlungen.

Bei diesen beiden Arten der Beeinflussung der Routenwahl handelt es sich um kollektive Syste-me, bei denen alle Autofahrer dieselben Informationen erhalten.

Eine individuelle Beeinflussung ist möglich bei Verwendung fahrzeugseitiger Navigationssyste-me. Der Fahrer gibt sein Fahrziel (Ort, Straße) über ein Terminal in das System ein. Über Satel-litennavigation wird ständig der Standort des Fahrzeugs bestimmt. An Verzweigungspunkten wird optisch über einen fahrzeugseitigen Bildschirm und akustisch über Lautsprecher die zu fahrende Richtung angegeben. Grundlage für diese Lenkung im Netz ist eine elektronische Stra-ßenkarte. Diese kartenbezogene Information wird in Zukunft ergänzt werden durch Informatio-nen über die Verkehrslage, so dass die aktuell schnellste Route angegeben werden kann.

Aus der Sicht des einzelnen Autofahrers ist diese Beeinflussung der Fahrtroutenwahl durch Navigationssysteme individuell und aus der Sicht des Wegenetzbetreibers für alle Fahrten mit demselben Ziel kollektiv. Häufig ist es notwendig, für einen Verkehrsstrom mit demselben Ziel die Routen zu splitten (z.B. genügt es bei Überlastungen bestimmter Straßenabschnitte, einen geringen Prozentsatz der Fahrzeuge über eine Alternativroute zu lenken). Problematisch ist neben der Ermittlung dieses Prozentsatzes die Entscheidung, welche Fahrziele davon betroffen sein sollen und welche Autofahrer, die zu diesen Zielen fahren, umgeleitet werden sollen. Eine bedeutende Rolle spielt dabei der Befolgungsgrad der Empfehlung. Er muss empirisch durch spezielle Erhebungen gewonnen werden. Aus dem Umfang der notwendigen Entlastung eines Streckenabschnitts, der Verteilung der Fahrtziele und der Anzahl der vorhandenen Navigations-systeme sowie der mit Unsicherheiten behafteten Vorhersage des Befolgungsgrades von Fahrt-routenempfehlungen ergibt sich die Anzahl der Autofahrer, die von dem Navigationssystem angesprochen werden müssen.

Die Steuerung der Fahrzeugströme im Netz setzt voraus, dass das Netz eine ausreichende Flexi-bilität besitzt und alternative Routen überhaupt zur Verfügung stehen. Dies ist beim Entwurf des Netzes (Kap. 5.2.5) sicherzustellen. Netze dürfen daher nicht nach der Belastung im ungesteuerten Zustand entworfen werden sondern nach einer Belastung, wie sie sich durch die Steuerung des Fahrtablaufs bei häufig auftretenden Störungen ergibt.

Steuerung des ruhenden Verkehrs

Die Steuerung des ruhenden Verkehrs verfolgt das Ziel, den Parkverkehr auf kürzestem Wege zu freien Stellplätzen zu führen. Auf diese Weise sollen das Straßennetz von Suchverkehr entlastet und die Parkierungseinrichtungen gleichmäßiger ausgelastet werden.

Ein Parkleitsystem für Parkgaragen arbeitet ähnlich wie ein System der Wechselwegweisung: Die Besetzung der Parkgarage wird durch eine Einfahrt-Ausfahrt-Bilanz ermittelt und an einen Parkleitrechner übermittelt. Der Rechner steuert die Park-Wegweiser. Um suchende Fahrzeuge, die sich auf dem Weg zwischen letztem Wegweiser und Stellplatz in der Parkgarage befinden, noch aufnehmen zu können, muss die Parkgarage schon vor vollständiger Auslastung als besetzt angesehen und die Park-Wegweisung entsprechend umgeschaltet werden.

Eine Steuerung der Parkvorgänge auf straßenbegleitenden Stellplätzen fehlt noch. Sie scheitert bisher an der noch nicht möglichen On-line-Erfassung der Auslastung der Stellplätze. Einfahrt-Ausfahrt-Bilanzen, wie bei den Parkhäusern, scheiden wegen des Durchgangsverkehrs und der auf Privatgrund verschwindenden oder von dort auftauchenden Fahrzeuge aus. Eine Hochrechnung aufgrund von gemessenen Altdaten der Belegung reicht in ihrer Genauigkeit nicht aus. Erst wenn fahrzeugseitige Geräte zur automatischen Zahlung der Parkgebühren im Rahmen eines Check-in/check-out-Systems zur Verfügung stehen und eine ausreichende Verbreitung aufweisen, ist eine On-line-Erfassung der Auslastung möglich. Das Problem der Steuerung des ruhenden Verkehrs reduziert sich, wenn durch eine Parkraumbewirtschaftung dafür gesorgt wird, dass jederzeit freie Stellplätze in fußläufiger Entfernung zu den Zielen vorhanden sind.

Technische Komponenten

Verkehrsleitsysteme bestehen aus folgenden technischen Komponenten:

- Hardware
  - Fahrwegseitige Detektoren (Zähleinrichtungen) und Sensoren (Fühleinrichtungen) zur Erfassung des Ist-Zustandes,
  - fahrwegseitige Anzeigeeinrichtungen zur Beeinflussung des Ist-Zustandes,
  - fahrzeugseitiges Terminal zur Eingabe und Anzeige von Daten,
  - Leitzentrale mit Rechner zur Verarbeitung der Daten,
  - Leitungen oder Funkstrecken zur Verbindung der Leitzentrale mit den Detektoren und Sensoren sowie mit den fahrwegseitigen Anzeigeeinrichtungen und den Fahrzeugterminals,
- Software
  - Dateien des Soll-Zustandes,
  - mathematisches Modell zur Abbildung der Regelungsaufgabe,
  - Steuerungsstrategien.

6.5.2 ÖPNV

An den ÖPNV-Haltestellen werden Off-line-Informationen über das Verkehrsangebot heute in der Regel durch Aushänge gegeben. Sie enthalten Liniennummern, Linienwege, Abfahrtszeiten und Fahrtdauern bis zu den folgenden Haltestellen sowie teilweise auch Umgebungspläne der Haltestellen. Diese Aushänge sind oft schlecht lesbar (kleine Schrift, fehlende Beleuchtung). An größeren Haltestellen, insbesondere an Haltestellen des Schienenverkehrs, befinden sich teilweise Wechselsprecheinrichtungen für die Kommunikation mit der Betriebsleitzentrale.

Bei Vorhandensein eines Betriebsleitsystems (Kap. 6.3) können zusätzlich zu den planmäßigen Abfahrtszeiten on-line die voraussichtlich tatsächlichen Abfahrtszeiten der Linien angegeben werden. Außerdem sind auf einem Display On-line-Informationen über Art, Ursache und wahrscheinlichen Verlauf von Störungen möglich. Solche Systeme sind aber erst vereinzelt vorhanden. Regelmäßige Lautsprecherdurchsagen sind nur bei unterirdisch gelegenen Haltestellen möglich; bei oberirdisch gelegenen Haltestellen stören sie die Umgebung.

Ein Abruf von On-line-Informationen durch die Fahrgäste über Handy wird in Zukunft ebenfalls möglich sein. Sie sollten die haltestellenseitigen Anzeigen aber nur ergänzen und nicht ersetzen.

Für ein leichteres Auffinden der Haltestellen werden teilweise in der Umgebung Hinweise in Form fester Wegweiser gegeben. Zukünftig kann hierzu das Handy benutzt werden, sobald das Handy eine automatische Standortbestimmung besitzt.

Im und am Fahrzeug sind off-line-Informationen über Liniennummer und Fahrtziel (nach PBfG vorgeschrieben), Linienverlauf mit allen Haltestellen und den wichtigsten Anschlussmöglichkeiten (weitgehend vorhanden) üblich. On-line-Informationen beschränken sich heute überwiegend auf Ansagen / Anzeigen der jeweils nächsten Haltestellen. Die Ansagen stören jedoch die Fahrgäste und werden zunehmend durch Anzeigen ersetzt. Eine Durchsage von Störungen erfolgt direkt durch die Betriebsleitzentrale.

Zukünftig werden Anzeigen über den planmäßigen Betriebsablauf und über Störungen auf im Fahrzeug angebrachten Bildschirmen erfolgen. Diese Anzeigen sind aus Finanzierungsgründen in der Regel mit Werbung verknüpft. Ein Abruf von On-line-Informationen durch die Fahrgäste über Handy wird in Zukunft ebenfalls möglich sein, sollte die fahrzeugseitigen Anzeigen aber nur ergänzen und nicht ersetzen.

6.6   Erhebung von Nutzungsentgelten

6.6.1   Gebührenerhebung im MIV

Im Straßenverkehr wird der Preis für die Nutzung des Verkehrswegs und der damit verbundenen Dienstleistungen heute durch die Kfz-Steuer und die Mineralölsteuer abgegolten. Neuerdings werden bei speziellen Straßenabschnitten (Tunnel, Brücken) Straßenbenutzungsgebühren erhoben. Lkw zahlen Straßenbenutzungsgebühren heute mittels Vignetten. Auf bestimmten Abschnitten des innerstädtischen Straßennetzes und in Parkhäusern sind Parkgebühren zu entrichten. Zukünftig werden zusätzlich zu den Steuern streckenbezogene Straßenbenutzungsgebühren zu zahlen sein und zwar sowohl für Lkw als auch für Pkw.

Parkgebühren auf bewirtschafteten Stellplätzen am Straßenrand werden mit Hilfe von Parkuhren oder Parkscheinautomaten erhoben. In den Parkhäusern werden Parkkarten benutzt, auf denen elektronisch die Ein- und Ausfahrzeit festgehalten werden. Die Parkgebühren für die Aufenthaltsdauer im Parkhaus sind beim Personal oder über Automaten zu entrichten.

Die Erhebung strecken- und zeitbezogener Straßenbenutzungsgebühren mit Hilfe streckenseitiger Geräte hat sich als zu teuer und zu störanfällig erwiesen. Die zukünftige Entwicklung wird deshalb zu fahrzeugseitigen Einrichtungen gehen, bei denen die Gebühren von einer im Fahrzeug installierten Wertkarte abgebucht werden. Der Abbuchungsvorgang wird über eine Standortbestimmung mittels Satellitennavigation oder über die Wegverfolgung im Navigationssystem gesteuert. Zukünftig kann diese technische Funktion auch von Handys übernommen werden.

6.6.2 Fahrpreiserhebung im ÖPNV

Die Benutzung des ÖPNV erfordert den Erwerb eines Fahrtausweises. Die ursprüngliche Form der Fahrpreiserhebung war die Barzahlung der einzelnen Fahrt beim Schaffner im Fahrzeug (Straßenbahn, Bus) oder an einer Zugangssperre (Schnellbahn). Im Zuge der Personalkostenreduzierung wurde die Schaffnertätigkeit dem Fahrer übertragen. Daraus resultieren eine verstärkte Belastung des Fahrers (Kassieren, Fahrausweisausgabe, Geldaufbewahrung und Abrechnung) und Verzögerungen im Fahrtablauf (längere Haltestellenaufenthaltszeiten). Um diese Nachteile zu vermeiden, werden Fahrtausweise für mehrere Fahrten sowie Zeit- und Dauerfahrtausweise angeboten. Die noch verbleibenden Zahlungsvorgänge werden durch den Einsatz elektronischer Fahrausweisdrucker beschleunigt und soweit wie möglich vom Fahrer auf Automaten verlagert. Der Einsatz von Automaten weist allerdings sowohl Nachteile für den Fahrgast (schwierige Tarifinformation, Bereithaltung von Münzen) als auch Nachteile für den Betreiber (hohe Investitions-, Wartungs- und Betriebskosten für die Automaten) auf.

Heute wird versucht, das Münz- und Banknotenproblem der Automaten durch die Benutzung elektronischer Zahlungsmittel in Form von Wert- oder Kreditkarten zu lösen. Die elektronische Karte lässt sich entweder als Zahlungsmittel (der Automat gibt nach wie vor Fahrausweise aus) oder gleich als Fahrausweis (die Karte wird elektronisch für eine bestimmte Fahrt gültig gemacht) verwenden.

Gegenwärtig wird mit sogenannten „check-in/check-out-Systemen" experimentiert: Der Fahrgast besitzt eine vorbezahlte Wertkarte (Geldkarte). Diese Karte wird beim Zugang zum Verkehrsmittel mit einer Kennzeichnung der Einstiegshaltestelle versehen. Gleichzeitig wird der Fahrpreis für die teuerste Fahrt abgebucht. Bei Verlassen des Systems wird mit Hilfe der gespeicherten Einstiegshaltestelle der genaue Fahrpreis ermittelt und die Differenz zurückgebucht. Das elektronische Lesen der Karte beim Zugang und Abgang ist heute schon berührungslos möglich. Anstelle einer Wertkarte kann auch eine Kreditkarte mit nachheriger Verrechnung über die Bank genutzt werden. Dieses Verfahren ist für den Betreiber aber erheblich aufwendiger. Umstritten ist, ob bei Anwendung dieses Verfahrens Zeit- und Dauerfahrausweise beibehalten werden sollen. Bei einer Beibehaltung kommt das technisch aufwendige System nur für jenen geringen Teil der Fahrgäste zum Einsatz, die Einzelfahrausweise benutzen. Bei einer Abschaffung müssen auch jene Fahrgäste das System nutzen, die bisher mit ihren Zeit- und Dauerkarten ohne jede Verrichtung ein- und aussteigen konnten. Mengenrabatte für Dauer- oder Oftnutzung des ÖPNV können bei der Abrechnung (Bestpreisabrechnung) berücksichtigt werden.

Zukünftig soll ein „Be-in/be-out-System" zum Einsatz kommen, bei dem von einer Fahrzeugeinrichtung aus elektronisch nach SIM-Karten von Handys gesucht wird. Dies geschieht jeweils zwischen zwei Haltestellen. Im Fahrzeugrechner wird die Anwesenheit des Handybesitzers festgehalten und anhand dieser Daten der Fahrpreis ermittelt und belastet. Bei diesem System kann ohne Schaden auf Zeit- und Dauerkarten verzichtet werden, weil für die Fahrgäste keinerlei Verrichtung erforderlich ist. Bezüglich etwaiger Rabatte gilt dasselbe wie beim Ceck-in / check-out-System.

Beide Erhebungsarten haben den Vorteil, dass automatisch die Einstiegs- und die Ausstiegshaltestelle der Fahrgäste erfasst werden. Dadurch stehen für die Planung und die Einnahmenaufteilung Verkehrsbeziehungen zur Verfügung, die ansonsten aufwendig erfasst werden müssen. Ein Teil der Informationen geht jedoch verloren, wenn Zeit- und Dauerausweise, wie beim check-in/check-out-System diskutiert, beibehalten werden.

6.7 Entwicklungstendenzen

An der Vervollkommnung und Weiterentwicklung der Technik für die Steuerung des Verkehrsablaufs wird z.Z. intensiv gearbeitet. Durch Fortschritt in der Kommunikationstechnik (UMTS-Standard für den Mobilfunk, Blue-tooth-Technik zur drahtlosen Übertragung großer Datenmengen) erweitern sich die Möglichkeiten der Steuerung.

Folgende Entwicklungen sind absehbar:

- Zunehmende Dezentralisierung der Intelligenz.

  Statt ausschließlicher Konzentration der Datenverarbeitung in der Leitzentrale werden die Daten zunehmend im Fahrzeug und an der Strecke verarbeitet werden. Dadurch reduziert sich die Menge der zu übertragenden Daten, und die Systeme werden flexibler und weniger störanfällig.

- Integration der verschiedenen Leitsysteme.

  Die Verkehrsleitsysteme für die Steuerung des Fahrtablaufs werden in die Steuerung des räumlichen und zeitlichen Ablaufs im Netz eingebunden (vertikale Integration). Die Verkehrsleitsysteme für die Verkehrssteuerung im MIV und im ÖPNV werden miteinander verknüpft (horizontale Integration). Ziel der Integration ist die gemeinsame Nutzung von streckenseitigen Sensoren bzw. Detektoren, der Informationsaustausch durch gemeinsame Nutzung von Daten sowie die Abstimmung der Steuerungsstrategien.

- Einsatz mobiler Steuerungsgeräte.

  Stationäre und jeweils auf einzelne Steuerungszwecke begrenzte Geräte werden durch universell einsetzbare Handys abgelöst werden, die sämtliche im Verkehr anfallenden Funktionen der Steuerung in einem Gerät zusammenfassen. Diese Funktionsvielfalt in einem einzigen Gerät fördert die Verbreitung der Geräte und senkt den Preis. Wichtig ist jedoch eine einfache Handhabung.

Durch diese Entwicklungen kann das Nutzen-/Kosten-Verhältnis der Steuerung des Verkehrsablaufs weiter erhöht werden. Verkehrsstörungen werden sich reduzieren und die Servicefunktionen werden einfacher und effektiver ablaufen. Nicht zuletzt kann die Steuerung dazu beitragen, den Ausbau der Verkehrsinfrastruktur zu begrenzen. Voraussetzung für die Realisierung dieser Vorteile ist jedoch, dass die Entwicklung nicht nur von den technischen Möglichkeiten vorangetrieben wird, sondern sich an den Funktionen der Steuerung des Verkehrsablaufs orientiert. Außerdem dürfen die Kosten für die Geräte nicht zu hoch sein.

Der zukünftige Erfolg der Steuerungssysteme hängt u.a. von ihrer Akzeptanz ab. Das Akzeptanzproblem ist bei den einzelnen Systemen grundsätzlich unterschiedlich: Bei den Systemen zur Steuerung des Fahrtablaufs und des Beförderungsablaufs im ÖPNV ist der Fahrer angesprochen und bei den Informations- und Buchungssystemen sowie den Systemen zur Erhebung von Nutzungsentgelten der Reisende (im MIV ist der Fahrer mit dem Reisenden identisch). Im Einzelnen sind folgende Akzeptanzprobleme zu lösen:

- Bei der Steuerung des Fahrtablaufs stellt sich weder im Straßenverkehr noch im Schienenverkehr ein Akzeptanzproblem, denn es handelt sich um die Beachtung von Verkehrsregeln. Teilweise wird deren Einhaltung technisch erzwungen (z.B. automatische Abstandshaltung im Straßenverkehr, Fahren auf elektrische Sicht im Schienenverkehr). Die Anzeige der Steuerungsbefehle kann streckenseitig erfolgen (Verkehrsschilder oder Signale) oder fahrzeugseitig durch entsprechende Anzeigen im Fahrzeug.

- Die Steuerung des Beförderungsablaufs im ÖPNV erfolgt mit Hilfe von Steuerungsbefehlen, zu deren Einhaltung der Fahrer durch Dienstanweisung gezwungen wird.

- Bei den Informationssystemen ist es dem Reisenden freigestellt, die Systeme zu nutzen bzw. die Empfehlungen zu befolgen. Die Nutzung der Systeme ist eine Frage der Handhabbarkeit, der damit verbundenen Kosten und der Einschätzung oder Erfahrung des Nutzens.

- Die Systeme zur Erhebung von Nutzungsentgelten werden den Reisenden vorgeschrieben. Während der Phase ihrer Einführung wird es unterschiedliche Generationen von Systemen geben. In diesem Fall stellt sich wiederum das Akzeptanzproblem der unterschiedlichen Systeme.

Alle Systeme erfordern technische Komponenten (Mess- und Anzeigegeräte, Kommunikationseinrichtungen, Software). Die Kosten für diese Komponenten hängen von der Möglichkeit ab, die Komponenten für mehrere Systeme gleichzeitig zu nutzen. Auch wenn in der ersten Phase der Entwicklung „stand-alone"-Systeme zum Einsatz kommen werden, können sie in der zweiten Phase zumindest teilweise integriert werden. Diese Integration ist wegen der Möglichkeit der Kostensenkung vor allem im MIV anzustreben. Dabei wird es zu einer Differenzierung zwischen Geräten kommen, die im Fahrzeug fest installiert sind, und mobilen Geräten (z.B. Multifunktionshandy). Die feste Installation ist dann die Komfortversion, während die mobilen Geräte eine billigere Lösung darstellen.

Der Nutzen der Systeme kann bisher nur spekulativ beurteilt werden, zumal die genaue Ausprägung und Wirkung vieler Systeme noch nicht festliegt. Für eine objektive Beurteilung sind Messungen in fertig entwickeltem Zustand erforderlich. Beim Nutzen ist zu unterscheiden zwischen dem Gesamtnutzen und dem Nutzen in bestimmten Situationen. Außerdem sind Synergieeffekte zu beachten.

Literaturverzeichnis

Kap: 1: Allgemeine Definitionen

Kap. 2: Verkehrsplanerische Konzepte

BRÖG, W. (1992): Wertewandel in der Verkehrspolitik, Vortrag anlässlich der Tagung „Verkehrskonzepte auf dem Prüfstand" in Salzburg.

CERWENKA, P., et. al. (1987): Mit offensiven Maßnahmen größere Verkehrspotentiale gewinnen, in: Der Nahverkehr, 1/87.

KIPKE, H. (1993): Systematisierung von Zielen und Maßnahmen der städtischen Verkehrsplanung, Schriftenreihe des Lehrstuhls für Verkehrs- und Stadtplanung der TU München.

KIRCHHOFF, P. (1991): Lösung der großstädtischen Verkehrsprobleme durch eine Aufgabenteilung zwischen den Verkehrsmitteln, VDI-Berichte Nr. 915, 1991.

RETZKO, H.-G. (1987): Neue Ansätze zur Verbesserung des Stadtverkehrs – Was hat Bestand? in: Straßenverkehrstechnik, 2/90

SCHUSTER, B. (1992): Flexible Betriebsweisen des ÖPNV im ländlichen Raum, Schriftenreihe des Lehrstuhls für Verkehrs- und Stadtplanung der TU München.

STÖVEKEN, P. (1988): Empirische Untersuchung über die Veränderung des Modal-Split, Lehrstuhl für Verkehrs- und Stadtplanung, Technische Universität München, Forschungsarbeit (nr. 70143/85) im Auftrag des Bundesministers für Verkehr..

Wissenschaftlicher Beirat im Bundesministerium für Verkehr, Gruppe B, Verkehrstechnik (1994): Städtischer Wirtschaftsverkehr, unveröffentlicht.

Kap: 3: Prozess der Verkehrsplanung

DÖRNER, D. (1797): Die Logik des Misslingens, Strategisches Denken in komplexen Situationen, Rowohlt Taschenbuch-Verlag.

Forschungsgesellschaft für das Straßen- und Verkehrswesen (1979): Rahmenrichtlinie für die Generalverkehrsplanung.

Forschungsgesellschaft für das Straßen- und Verkehrswesen (1985, 2001): Leitfaden für Verkehrsplanungen.

Forschungsgesellschaft für das Straßen- und Verkehrswesen (1991): Technisches Regelwerk „Hinweise zur Berücksichtigung rechtlicher Belange bei Verkehrsplanungen".

Forschungsgesellschaft für das Straßen- und Verkehrswesen: Arbeitspapier „Bewertung und Abwägung" des Arbeitsausschusses Grundsatzfragen der Verkehrsplanung, unveröffentlicht.

RETZKO; H.-G. (1987): Städtische Verkehrsplanung im Wandel, in: Internationales Verkehrs wesen, 7+8/87.

Kap. 4: Ermittlung und Beeinflussung der Verkehrsnachfrage

AXHAUSEN, K. (1989): Eine ereignisorientierte Simulation von Aktivitätsketten zur Parkstandswahl, Institut für Verkehrswesen Universität Karlsruhe, Schriftenreihe, Heft 40.

BEN-AKIVA, M., LERMAN, S.R. (1985): Discrete Choice Analysis – Theorie and Application to Travel Demand, MIT Press, Cambridge (Massachusetts), London.

BOBINGER, R. (1999): Modellierung der Verkehrsnachfrage bei preispolitischen Maßnahmen

BRAUN, J., WERMUTH, M. (1973): VPS3 – Konzept und Programmsystem eines analytischen Gesamtverkehrsmodells in Schriftenreihe des Instituts für Verkehrsplanung und Verkehrswesen der TU München, Heft 6.

Forschungsgesellschaft für das Straßen- und Verkehrswesen (1996): Technisches Regelwerk „Hinweise zur Messung von Präferenzstrukturen mit Methoden der Stated Preferenzes".

Forschungsgesellschaft für Straßen- und Verkehrswesen (1991): „Empfehlungen für den ruhenden Verkehr".

IVU – Gesellschaft für Informatik, Verkehrs- und Umweltplanung mbH (1995): Entwicklung eines Wirtschaftsverkehrsmodells, Forschungsarbeit im Rahmen des Forschungsprogramms Stadtverkehr des Bundesministeriums für Verkehr (Vorhaben Nr. 77370/93), Berlin.

KIRCHHOFF, P. (1972): Verkehrsverteilung mit Hilfe eines Systems bilinearer Gleichungen, Veröffentlichungen des Instituts für Stadtbauwesen, Technische Universität Braunschweig.

KÖHLER, U., WERMUTH, M. (2000): Analyse der Anwendung von Verkehrsnachfragemodellen, Forschungsarbeit i.A. des Bundesministeriums für Verkehr.

KONTIV – Kontinuierliche Erhebung zum Verkehrsverhalten (1984): Sozialdata München, Forschungsbericht (Nr. FE 90040/01) im Auftrag des Bundesministers für Verkehr.

KUTTER, E. (1981): Weiterentwicklung der Verkehrsberechnungsmodelle für die integrierte Planung, Veröffentlichungen des Instituts für Stadtbauwesen, Technische Universität Braunschweig.

LILL (1891): Das Reisegesetz und seine Anwendung auf den Eisenbahnverkehr, Wien.

LÖNHARDT, K. (2000): Wirkungsanalysen von Veränderungen im Parkraumangebot, Schriftenreihe des Lehrstuhls für Verkehrs- und Stadtplanung der Technischen Universität München, Heft 9.

MACHLEDT-MICHAEL, S. (2000): Fahrtenkettenmodell für den städtischen und regionalen Wirtschaftsverkehr, Institut für Verkehr und Stadtbauwesen, Technische Universität Braunschweig.

MÄCKE, P.A. (1964): Das Prognoseverfahren in der Straßenverkehrsplanung, Wiesbaden, Berlin.

REILLY, W.J. (1953): The Law of Retail Gravitation, New York.

RETZKO, H.-G., KIRCHHOFF, P., STRACKE, F.: Verkehrskonzept Innsbruck, 1989/90.

SCHWERDTFEGER, W. (1976): Städtischer Lieferverkehr – Bestimmungsgründe. Umfang und Ablauf des Lieferverkehrs von Einzelhandels- und Dienstleistungsbetrieben, Veröffentlichungen des Instituts für Stadtbauwesen, Technische Universität Braunschweig.

SCHWERDTFEGER, W. (1976): Städtischer Lieferverkehr – Bestimmungsgründe. Umfang und Ablauf des Lieferverkehrs von Einzelhandels- und Dienstleistungsbetrieben, Veröffentlichungen des Instituts für Stadtbauwesen, Technische Universität Braunschweig.

SPARMANN, J. (1980): ORIENT – Ein verhaltensorientiertes Simulationsmodell zur Verkehrsprognose, Schriftenreihe des Instituts für Verkehrswesen der Universität Karlsruhe, Heft 20.

SRV – System Repräsentativer Verkehrsbefragungen (1996): Schriftenreihe des Instituts für Verkehrsplanung und Straßenverkehr, Technische Universität Dresden, Heft 1.

WERMUTH, M. (1987): Modellvorstellungen zur Prognose, in: Steierwald/Künne (Hrsg.): Stadtverkehrsplanung – Grundlagen, Methoden, Ziele, Springer, Berlin

Kap. 5: Entwurf des Verkehrsangebots

ALBERS, A. (1996): Dynamische Straßenraumfreigabe für Nahverkehrsfahrzeuge, Veröffentlichungen des Instituts für Verkehrswirtschaft, , Straßenwesen und Städtebau der Universität Hannover, Heft 17.

BAIER, R. ct. al. (2000): Gesamtwirkungsanalyse zur Parkraumbewirtschaftung, Berichte der Bundesanstalt für Straßenwesen.

DÜRR, P. (2001): Integration des ÖPNV in die dynamische Fahrwegsteuerung des Straßenverkehrs, Schriftenreihe des Lehrstuhls für Verkehrs- und Stadtplanung der Technischen Universität München, Heft 11.

Forschungsgesellschaft für Straßen- und Verkehrswesen (1991): „Empfehlungen für Verkehrserhebungen – EVE91"

Forschungsgesellschaft für Straßen- und Verkehrswesen (2001): "Handbuch für die Bemessung von Straßenverkehrsanlagen".

Forschungsgesellschaft für Straßen- und Verkehrswesen (1977): "Hinweisen für die Ermittlung von Verhaltensweisen im Verkehr".

Forschungsgesellschaft für Straßen- und Verkehrswesen (1986): „Merkblatt über Verkehrserhebungen und Datenschutz".

Forschungsgesellschaft für Straßen- und Verkehrswesen (1988): „Richtlinien für die Anlage von Straßen – Teil Netzgestaltung (RAS-N)".

FRIEDRICH, M. (1994): Rechnergestütztes Entwurfsverfahren für den ÖPNV im ländlichen Raum, Schriftenreihe des Lehrstuhls für Verkehrs- und Stadtplanung der Technischen Universität München, Heft 5.

GÜNTHER, R. (1985): Untersuchung planerischer und betrieblicher Maßnahmen zur Verbesserung der Anschlusssicherung in städtischen Busnetzen, Schriftenreihe des Instituts für Verkehrsplanung und Verkehrswegebau – Technische Universität Berlin, Heft 15.

HÖHNBERG, G. (2002): Parkraummanagement in innenstadtnahen Mischgebieten, Schriftenreihe des Lehrstuhls für Verkehrs- und Stadtplanung der Technischen Universität München, Heft 14.

HOLZ, S., KIRCHHOFF, P. (1987): Optimierung von Fahrzeitvorgaben für Busse und Straßenbahnen, in: Der Nahverkehr, Heft 3.

HÜMPFNER, S. (2002): Standortoptimierung von Park-and-Ride-Anlagen, Schriftenreihe des Lehrstuhls für Verkehrs- und Stadtplanung der Technischen Universität München, Heft 15.

HÜTTMANN, R. (1979): Planungsmodell zur Entwicklung von Nahverkehrsnetzen liniengebundener Verkehrsmittel, Veröffentlichungen des Instituts für Verkehrswirtschaft, Straßenwesen und Städtebau, Universität Hannover, Heft 1.

INTRAPLAN CONSULT GmbH (1992): Berechnung zur P+R-Nachfrage an Haltestellen von Neu- und Ausbaustrecken, Hessisches Landesamt für Straßenbau.

KELLERMANN, P., SCHENK, G. (1984): Planfahrt – Automatische Analyse des Fahrtablaufs im Omnibusbetrieb, in: Der Nahverkehr Heft 2/1984.

KIRCHHOFF, P., HEINZE, G.W., KÖHLER, U. (1999): Planungshandbuch für den ÖPNV in der Fläche. Heft 53 der Reihe „direkt", Verbesserung der Verkehrsverhältnisse in den Gemeinden, Hrsg. Bundesministerium für Verkehr, Bau- und Wohnungswesen.

MÜNCHENER VERKEHRSVERBUND (2001): Machbarkeitsstudie für eine Stadt-Umland-Bahn in der Region München, Ergebnisbericht des Forschungsprojektes MOBINET.

NAGEL, K., SCHRECKENBERGER, M., (1992): A cellular automaton model for freeway traffic. J. Phys. I. France, 2:2221.

PARKRAUMBEWIRTSCHAFTUNG IN WIEN (1997): Werkstattbericht der Stadtplanung Wien.

PLOSS, G. (1993): Ein dynamisches Verfahren zur Schätzung von Verkehrsbeziehungen aus Querschnittszählungen, Veröffentlichungen des Fachgebiets Verkehrstechnik und Verkehrsplanung, Technische Universität München.

RETZKO, H.-G., KIRCHHOFF, P., STRACKE, F. (1990): Verkehrskonzept Innsbruck

SAHLING, B. (1981): Linienplanung im öffentlichen Personennahverkehr, Institutsnotiz Nr. 29 des Instituts für Verkehrswesen, Universität Karlsruhe, unveröffentlicht; nähere Informationen bei MOTT, P., SPARMANN, U. (1983) Interaktive Liniennetzplanung im praktischen Einsatz, in: Der Nahverkehr, Heft 6 und KEUDEL, W., KIRCHHOFF P. (1985) Rechnergestützte Liniennetzbildung und Angebotsbemessung durch DIANA, in: Der Nahverkehr, Heft 1.

SONNTAG, H. (1977): Linienplanung im öffentlichen Personennahverkehr, Dissertation Fachbereich Informatik der TU-Berlin.

STEIERWALD, M. (1993): Benutzerfreundliche Parkgaragen, Schriftenreihe des Lehrstuhls für Verkehrs- und Stadtplanung der Technischen Universität München, Heft 4.

WIEDEMANN, R (1974): Simulation des Verkehrsflusses, Schriftenreihe des Instituts für Verkehrswesen, Universität Karlsruhe, Heft 8.

Kap. 6: Steuerung des Verkehrsablaufs

Sachwortverzeichnis